信息科学技术学术著作丛书

线性相位完全重构滤波器组的格型结构研究

李勃东　高协平　著

科学出版社

北京

内 容 简 介

本书阐述基于格型结构的线性相位完全重构滤波器组设计方法，以及相应滤波器组的格型结构自由参数初始化方法，主要内容包括滤波器组和格型结构的性质和特点、设计滤波器组的可逆方法、设计滤波器组的组合多相方法、设计滤波器组的取舍变换方法、约束滤波器长度情形的自由参数初始化方法、任意滤波器长度情形的自由参数初始化方法，以及设计和优化的滤波器组在实际问题中的应用等内容。

本书适合信号处理、通信工程等相关领域科技人员参考，也可供高等院校相关专业的高年级本科生和研究生阅读。

图书在版编目（CIP）数据

线性相位完全重构滤波器组的格型结构研究 / 李勃东, 高协平著. -- 北京: 科学出版社, 2025. 5. --（信息科学技术学术著作丛书）. -- ISBN 978-7-03-082056-3

Ⅰ. TN713

中国国家版本馆 CIP 数据核字第 2025FU9255 号

责任编辑：张艳芬　杨　然 / 责任校对：邹慧卿

责任印制：师艳茹 / 封面设计：无极书装

科学出版社 出版

北京东黄城根北街 16 号

邮政编码: 100717

http://www.sciencep.com

北京富资园科技发展有限公司印刷

科学出版社发行　各地新华书店经销

*

2025 年 5 月第　一　版　开本：720×1000　1/16

2025 年 5 月第一次印刷　印张：11 1/2

字数：232 000

定价：120.00 元

(如有印装质量问题，我社负责调换)

“信息科学技术学术著作丛书”序

21 世纪是信息科学技术发生深刻变革的时代，一场以网络科学、高性能计算和仿真、智能科学、计算思维为特征的信息科学革命正在兴起。信息科学技术正在逐步融入各个应用领域并与生物、纳米、认知等交织在一起，悄然改变着我们的生活方式。信息科学技术已经成为人类社会进步过程中发展最快、交叉渗透性最强、应用面最广的关键技术。

如何进一步推动我国信息科学技术的研究与发展；如何将信息技术发展的新理论、新方法与研究成果转化为社会发展的新动力；如何抓住信息技术深刻发展变革的机遇，提升我国自主创新和可持续发展的能力？这些问题的解答都离不开我国科技工作者和工程技术人员的求索和艰辛付出。为这些科技工作者和工程技术人员提供一个良好的出版环境和平台，将这些科技成就迅速转化为智力成果，将对我国信息科学技术的发展起到重要的推动作用。

“信息科学技术学术著作丛书”是科学出版社在广泛征求专家意见的基础上，经过长期考察、反复论证之后组织出版的。这套丛书旨在传播网络科学和未来网络技术，微电子、光电子和量子信息技术、超级计算机、软件和信息存储技术，数据知识化和基于知识处理的未来信息服务业，低成本信息化和用信息技术提升传统产业，智能与认知科学、生物信息学、社会信息学等前沿交叉科学，信息科学基础理论，信息安全等几个未来信息科学技术重点发展领域的优秀科研成果。丛书力争起点高、内容新、导向性强，具有一定的原创性；体现出科学出版社“高层次、高水平、高质量”的特色和“严肃、严密、严格”的优良作风。

希望这套丛书的出版，能为我国信息科学技术的发展、创新和突破带来一些启迪和帮助。同时，欢迎广大读者提出好的建议，以促进和完善丛书的出版工作。

中国工程院院士

中国科学院计算技术研究所原所长

李国杰

前　　言

20 世纪 70 年代，数字滤波器组的设计研究蓬勃发展，涌现出多种多样的方法，其中格型结构特别有效。20 世纪 90 年代初，滤波器组的格型结构研究结果不断出现在 *IEEE Transactions on Signal Processing*、*IEEE Transactions on Image Processing*、*IEEE Transactions on Circuits and Systems-I*、*IEEE Transactions on Circuits and Systems-II*、*IEEE Signal Processing Letters*、*Signal Processing* 等国际权威期刊上。所得滤波器组设计结果覆盖线性相位、完全重构、正则性、对偶镜像等多种性质，包含多维、过采样、复数、任意长度等多种情形。此后，滤波器组的格型结构一直是研究热点。

滤波器组的格型结构研究长盛不衰，缘于滤波器组广泛的应用前景，以及格型结构的独特优势。一方面，滤波器组可具备多种优秀性质，可有效区分信号的不同成分，逐渐成为语音处理与识别、图像与视频压缩、信号去噪、数字通信等领域的关键技术。另一方面，格型结构可抑制量化与运算精度对完全重构性质的破坏，能够结构性满足线性相位、完全重构等多种性质，从而提供无约束优化的设计过程以满足其他性质，而且可以采用快速鲁棒的电路实现。

本书内容源自作者多年的滤波器组格型结构研究结果。第 1 章综述滤波器组和格型结构的研究进展，并概述作者的研究工作。第 2 章介绍滤波器组和格型结构的基础知识。第 3~6 章介绍格型结构设计结果，分别针对一维严格采样线性相位完全重构滤波器组（linear-phase perfect reconstruction filter bank, LPPRFB）、一维过采样 LPPRFB、多维严格采样 LPPRFB、多维过采样 LPPRFB 展开论述。第 7、8 章描述格型结构参数初始化方法，分别围绕一维 LPPRFB 与多维 LPPRFB 格型结构开展。第 9 章描述格型结构所设计滤波器组的应用性能。第 10 章总结本书的研究结果，并进行展望。

本书得到了国家自然科学基金面上项目（61771415、61972333、62372170、62376238）、国家自然科学基金青年科学基金项目（61302182）等的资助。

限于作者水平，且相关研究处于不断探索阶段，书中难免存在不妥之处，敬请广大读者批评指正。

作　者

2025 年 1 月

目　　录

第 1 章　绪　　论

1.1　滤波器组概述

现代信号处理技术飞速发展，随之而来的信号处理、传输和存储等工作量越来越大，同时不断铺设的通信信道限于当时当地的要求往往采用不同的通信标准。为了节省计算代价与存储开销，以及协调不同信道间的通信，信号处理系统需要不同的采样率及其之间的相互转换。在这种背景下，多速率（multirate）数字信号处理技术形成并发展起来，其中最常用的是多速率数字滤波器组（multirate digital filter banks），简称滤波器组 [1–20]。

滤波器组包括分析与合成两个部分。信号经过分析端的 P 个滤波器处理后，通过取样矩阵为 $\boldsymbol{M}$（$M=|\det(\boldsymbol{M})|$）的下采样形成变换信号，变换信号在处理后经过信道进行传播，合成端接收到信道上的信号，对其进行取样矩阵为 $\boldsymbol{M}$ 的上采样，上采样后的信号经过 P 个合成滤波器形成新的信号。称此系统为 P 通道（或 P 带）$\boldsymbol{M}$ 取样滤波器组，其中 $P=M$ 与 $P>M$ 情形分别对应严格采样（critically sampled）与过采样（oversampled）滤波器组。滤波器组的两个重要性质是完全重构（perfect reconstruction，PR）与线性相位（linear phase，LP）。

（1）滤波器组满足完全重构性质。令系统输出 $y(\boldsymbol{n})$ 是输入 $x(\boldsymbol{n})$ 的纯延迟，即 $y(\boldsymbol{n})=x(\boldsymbol{n}-\boldsymbol{n}_0)$。不失一般性，取 $\boldsymbol{n}_0=\boldsymbol{0}$。令 $\boldsymbol{E}(\boldsymbol{z})$ 与 $\boldsymbol{R}(\boldsymbol{z})$ 分别表示分析多相矩阵与合成多相矩阵，完全重构滤波器组满足 $\boldsymbol{R}(\boldsymbol{z})=\boldsymbol{E}^{-1}(\boldsymbol{z})$。完全重构性质不仅提供了无损的信号表示方式，而且简化了滤波器组的误差分析。特别地，$\boldsymbol{R}(\boldsymbol{z})=\boldsymbol{E}^{\mathrm{T}}(\boldsymbol{z}^{-\boldsymbol{I}})$ 对应一类特殊的完全重构滤波器组，称之为仿酉（paraunitary）滤波器组。仿酉滤波器组能够给出信号能量的紧凑表示，而频域能量等于时域能量使误差分析更为简单。此外，它采用简单的矩阵转置运算即可完成合成滤波器设计，避免了一般的完全重构情形包含的耗时的矩阵求逆运算。

（2）滤波器组满足线性相位性质。令分析滤波器 $H_i(\boldsymbol{z})$ 与合成滤波器 $F_i(\boldsymbol{z})$ 都是对称或反对称的，即 $H_i(\boldsymbol{z})=s_i\ \boldsymbol{z}^{\boldsymbol{n}_h}H_i(\boldsymbol{z}^{-\boldsymbol{I}}), F_i(\boldsymbol{z})=s_i\ \boldsymbol{z}^{\boldsymbol{n}_f}F_i(\boldsymbol{z}^{-\boldsymbol{I}})$，其中 $\boldsymbol{n}_h$ 和 $\boldsymbol{n}_f$ 为整数向量，$s_i=\pm 1$ 表示对称或反对称。线性相位性质能有效避免图像和视频信号重构时的相位扭曲效应。它通过对称延拓即可实现信号的精确重构，相比于一般的周期延拓避免了变换信号在边界处的剧烈振荡现象。

除了完全重构与线性相位性质，滤波器组的频域划分方式可以与人类的视听觉系统高度一致，这使它成为语音处理与识别 [21–29]、图像与视频压缩 [30–46]、信号抑噪 [47–54]，以及数字通信 [55–64] 等领域的关键技术。例如，早年的图像压缩标准 JPEG（joint photographic experts group）采用离散余弦变换（discrete cosine transform，DCT）滤波器组形成稀疏数据。经过多年的发展，即使新一代图像压缩标准 JPEG2000 [65] 已经问世，其中至关重要的稀疏化仍沿用滤波器组技术，不同的只是使用了性能更优的 CDF（Cohen-Daubechies-Feauveau）系列滤波器组。类似的现象同样出现在信号去噪领域，无论早期的 VisuShresh [54]、SureShrink [53] 和 BayesShrink [50] 方法，还是后来的 BivariateShrink [48,49] 方法，其信号概貌与噪声分离这一关键步骤均由滤波器组完成。此外，信号建模 [66–70]、数字水印 [71–76]、信号检测 [77–80] 等诸多工程领域都离不开滤波器组。因此，滤波器组具有非常重要的应用价值，对其理论与设计进行研究有重大意义。

滤波器组的理论与设计研究可追溯到 20 世纪 70 年代 [81]。截至 90 年代初，一维滤波器组已经取得了一系列丰硕结果 [82–88]，随后多维滤波器组成为新的研究热点。滤波器组设计的另一个变化表现在采样比例（sampling ratio）P/M(P 表示滤波器个数，M 表示取样因子) 上，对应于严格采样到过采样的过渡。20 世纪 90 年代过采样滤波器组受到广泛关注，同样成为研究热点。

1. 多维滤波器组

信号处理技术绝大多数应用在图像视频处理、计算机视觉等多维情形下。多维滤波器组的构造是其成功应用的重要前提和关键保障。人们通常使用的多维滤波器组是经过一维滤波器组的张量构造得到的，亦称张量滤波器组。然而，该方法具有明显的不足，如缺少设计自由度，在空间上强加了一种不必要、不恰当的乘积结构，使其方向不能针对具体问题而调节等。因此，为处理多维信号，一个重要的方向就是直接构造任意取样下的多维滤波器组，即多维非张量滤波器组。尽管构造复杂，但其具有设计自由度大、非张量取样更适合人的视觉系统以及具有更好的滤波性质等特点。因此，多维（非张量）滤波器组的构造受到众多专家学者的关注，在实际应用中也展示了卓越的性能 [89–91]。

20 世纪 90 年代以来，多维滤波器组的设计备受关注。1990 年 Karlsson 和 Vetterli [92]，1991 年 Viscito 和 Allebach [93]，1992 年 Kovacevic 和 Vetterli [94]，1996 年 Lin 和 Vaidyanathan [95] 讨论了多维滤波器组的基本理论，包括多维取样、完全重构与线性相位等。多维滤波器的构造方法主要有变量变换、递归迭代、Cayley 变换与提升格式等。变量变换方法最经典的工作是 1976 年 Mersereau 等 [96,97] 的二维滤波器设计方法，也就是信号处理领域著名的 McClellan 变换。McClellan 变换替换一维对称滤波器的余弦变量 $\cos\omega$ 为二维余弦变量。1993 年，Tay 和 Kingsbury [98] 提出另一种设计方法，设计过程替换一维对称滤波器的变量 z 为二

维的 Z 变换表达式。变量变换设计的多维滤波器能够保持一维滤波器的对称和消失矩性质，但很难推广到多于二带的情形。递归迭代方法不仅适合二带滤波器，同时可设计任意其他带滤波器。1995 年，Kovacevic 和 Vetterli [99] 通过仿酉因子的连乘，迭代设计了梅花形（Quincunx）和面心正交（face-centered orthorhombic, FCO）取样下的多维滤波器。1996 年和 1998 年，Stanhill 和 Zeevi [100,101] 采用广泛使用的 McMillan 仿酉因子及其变形形式迭代构造了二维正交及二维对称滤波器。Cayley 变换法将多维滤波器设计的非线性约束变换为线性约束，大大简化了设计过程，但是变换过程的复杂性限制了该方法的应用，这一方法以 2005 年与 2006 年 Zhou 等 [102,103] 的工作为代表。提升格式方法是一种完全基于时域的滤波器构造方法，与频域的因式分解方法相比，提升格式方法有固定的滤波器构造公式，不仅简单易于理解，具有通用性和灵活性，而且有高效的滤波实现方式。2000 年，Kovacevic 和 Sweldens [104] 引入 Neville 滤波器，使用提升格式设计了任意取样任意阶消失矩的插值滤波器。2009 年，Gao 等 [105] 提出了 Hermite-Neville 滤波器，由此采用提升格式设计了任意取样任意阶消失矩的 Hermite 插值滤波器。2010 年，Eslami 和 Radha [106] 通过三步提升格式设计了具备优秀频率性质的任意阶消失矩的插值滤波器。

2. 过采样滤波器组

严格采样滤波器组的信号表示是无冗余的，变换系数的污染或丢失会造成严重的后果。冗余的表示方式可避免这种灾难，即使精确重构不再可能，仍可通过冗余性获得信号的高精度逼近 [107]。对于很多应用，严格采样下的正交性质并不是必需的，而且往往与其他设计需求冲突 [108]。例如，一维二带正交滤波器除 Haar 滤波器之外均不对称，严格采样滤波器缺乏平移不变性。在这种需求下，过采样滤波器组引起人们的重视，它不仅具备冗余性、平移不变性等重要性质，而且设计自由度更大（例如，合成滤波器的不唯一性提供了更多可能的选择），另外框架界比例（frame bound ratio）[109] 优于严格采样情形。这些优秀的性质使过采样滤波器组在弹性误差编码（error-resilient coding）[110,111]、信号去噪 [112] 等应用中取得了非常好的效果。

过采样滤波器组的研究可追溯到 20 世纪 90 年代后期。1997 年，Ron 等提出了过采样滤波器组构造的基本准则：酉扩展原则（unitary extension principle）[113] 和混合扩展原则（mixed extension principle）[114]。为了构造高阶消失矩和逼近阶的过采样滤波器，2002 年 Chui 等 [115]、2003 年 Daubechies 等 [116] 提出斜扩展原则（oblique extension principle）和混合斜扩展原则（mixed oblique extension principle）。以这些基本原则为基础，学者们构造出了一系列过采样滤波器组，主要的构造方法包括矩阵扩充法、张量法与卷积法等。矩阵扩充法由给定的低通滤波器扩充计算高通滤波器，以 2006 年 Lai 和 Stockler [117] 的工作为代表。张量法由初始的完全重构滤波器组与另一个带混叠的滤波器组的张量积构造新的完全重构滤波器组，该方法用于提高滤波器组的光滑性，以 1998 年 Ron 和 Shen [118]、2001 年 Chui 和 He [119]，以及 2008 年 Ehler [120] 的工作为代表。张量法构造的滤波器组包含的通道数约为初始完全重构滤波器组的通道数的平方，计算代价较大。为了解决这个问题，卷积法被提出来，即只让初始完全重构滤波器组与带混叠滤波器组的低通滤波器进行卷积，设计出的滤波器组包含的通道数约为初始完全重构滤波器组的通道数的 2 倍，大幅减少了计算代价。卷积法的应用以 1998 年 Ron 和 Shen [118]、1998 年 Grochenig 和 Ron [121]，以及 2004 年 Salvatori 和 Soardi [122] 的研究成果为代表。该方法最经典的工作是 2007 年 Ehler [123] 构造的任意取样下的高消失矩插值滤波器组。

1.2　格型结构概述

滤波器组变换信号过程中，滤波器系数与中间运算结果的量化，以及计算机运算精度的限制，都会破坏滤波器组的完全重构性质，这在变换编码等诸多应用中是不可接受的 [124]。在这种背景下，滤波器组的格型结构被提出来，它将滤波器组的多相矩阵分解为常数可逆矩阵、蝴蝶矩阵（butterfly matrix）与延迟矩阵等能够抵制量化效应与精度限制的模块的连乘。梯子结构（ladder structure），即著名的提升格式是格型结构的特例 [125]，它采用的模块通过修改单位矩阵得到，即设置单位矩阵的一个非对角元不为零。格型结构抑制了量化与运算精度对完全重构性质的破坏，因而其快速电路实现具有鲁棒性，能够结构性满足线性相位与完全重构性质，从而可提供无约束优化的设计过程以满足其他优秀性质。滤波器组的格型结构应用备受青睐 [37, 125–130]，其理论也引起了学者的广泛关注。

线性相位完全重构滤波器组（LPPRFB）的格型结构是一个研究热点，主要关注线性相位与完全重构性质，相关重要理论包括滤波器组满足线性相位的充要条件（简称线性相位充要条件）、关于对称极性的滤波器存在必要条件（简称对称极性条件）、关于滤波器长度的滤波器存在必要条件（简称滤波器长度条件）、完备性、最小性以及格型结构设计等。LPPRFB 的格型结构研究分成两种情形，约束支撑与广义支撑。一维情形下，前者的滤波器长度为 KM，后者的滤波器长度为 $KM+\beta$，其中 M 为取样因子，K、M 为正整数，β 为整数且满足 $0 \leqslant \beta < M$。与约束支撑相比，广义支撑提供了更多可能的选择，因而能够更好地折中滤波器支撑与滤波器组性能。广义支撑 LPPRFB 的理论与约束支撑情形区别较大，相应设计也难由约束支撑情形平行推广。LPPRFB 格型结构设计将滤波器组的多相矩阵分解为低阶 LPPRFB（初始模块），以及扩展初始模块为高阶 LPPRFB 的

传播模块。LPPRFB 的格型结构研究可追溯到 20 世纪 90 年代初，2000 年左右一维严格采样 LPPRFB 的格型结构形成了比较系统的结果，随后研究转移到一维过采样 LPPRFB 的格型结构。格型结构研究的另一个扩展表现在信号维数上。20 世纪 90 年代末，多维 LPPRFB 的格型结构引起关注，相关研究主要限于严格采样情形。下面从三个方面概述 LPPRFB 格型结构的研究历史。

1. 一维严格采样 LPPRFB 的格型结构

一维严格采样约束支撑 LPPRFB 的研究可以追溯到 1993 年。这一年，Soman 等 [131] 建立了这一类系统的对称极性条件，设计了偶数带（即滤波器个数为偶数）情形下满足完备性与最小性的仿酉格型结构。此处，完备性意味着能表示所有可能情形下的滤波器组，而最小性是指所用的延迟最少。类似的格型结构也出现在其他文献中 [132]，作者称之为 GenLOT。文献 [131] 和 [132] 针对的是仿酉情形，格型结构包含的自由正交矩阵（即可表示任意正交矩阵的矩阵）用 Givens 旋转矩阵与符号矩阵参数化。Tran 等 [126] 于 2000 年给出了完全重构格型结构，他们设计了偶数带与奇数带情形下满足最小性的格型结构。Tran 等在这一工作中采用奇异值分解参数化自由可逆矩阵（即可表示任意可逆矩阵的矩阵）：可逆矩阵表示为两个正交矩阵与一个正对角矩阵的乘积。Tran 等同时证明了偶数带格型结构是完备的，两年后 Gan 等 [133] 修正了这一结论：Tran 等设计的偶数带格型结构在仿酉情形下是完备的，而在完全重构情形下仅滤波器长度不超过 $2M$ (M为取样因子) 时满足完备性。为了设计更为实用的滤波器，需要优化结构中的自由参数，然而自由参数与优化标准的关系是非线性的，优化过程常常陷入局部极小，自由参数越多这种现象越严重。因此，减少格型结构包含的自由参数非常必要。2001 年，Gao 等 [134]、Gan 和 Ma [135] 独立设计了与已有结构等价但所含自由参数几乎减半的格型结构。至此，一维严格采样约束支撑 LPPRFB 的格型结构研究已经成熟。

广义支撑 LPPRFB 与约束支撑 LPPRFB 最大的不同在初始模块的设计与分析上。约束支撑下的初始模块理论很容易建立，但是与约束支撑情形不同，广义支撑情形的滤波器长度不再是取样因子的整数倍，因而适配约束支撑情形的结果不易平行推广到广义支撑情形，探讨广义支撑 LPPRFB 初始模块的设计成为研究难点。1997 年，Tran 和 Nguyen [130] 设计偶数带格型结构时，有关初始模块的设计，相应的推导是充分的，可以确保得到初始模块，但不确定能否表示所有可能情形下的初始模块。这种不可逆的推导过程意味着需要额外的证明来论述初始模块的完备性，事实上他们提供的证明涉及繁琐的矩阵秩理论。此外，他们的初始模块设计方法很难推广到 M、β 均为奇数的情形。为此，2000 年 Ikehara 等 [136] 提出利用预后滤波技术设计奇数带情形的格型结构。2003 年，Tran 等 [137]、Liang

等 [138]、Dai 和 Tran [139] 对预后滤波技术做了进一步探讨，设计了基于 DCT 的格型结构以及正则格型结构。至此，一维广义支撑格型结构的结果主要限于仿酉情形。2009 年，Xu 和 Makur [140] 考虑了完全重构情形，得到了更系统的结果。其研究涵盖奇数带与偶数带，证明了格型结构在仿酉情形中的完备性，同时考虑了正则格型结构的设计。此处，正则性表示滤波器组的直流泄漏为零，即各高通滤波器的系数之和为零；正则性在图像压缩等应用中非常重要，可有效提高变换信号的稀疏程度。值得注意的是，Xu 和 Makur [140] 仍采用充分式方法设计初始模块的格型结构，然后采用如 Tran 和 Nguyen [130] 的涉及矩阵秩的复杂过程来论证初始模块的完备性。总的来说，一维严格采样广义支撑 LPPRFB 格型结构的研究已经基本成熟。

2. 一维过采样 LPPRFB 的格型结构

相对严格采样 LPPRFB，过采样 LPPRFB 的设计自由度更大。然而，过采样 LPPRFB 的格型结构理论很难由严格采样 LPPRFB 的相应理论推广：严格采样下通过分析矩阵的迹来建立对称极性条件，这种方法在过采样下行不通；严格采样下的对称极性在偶数通道下为 $(n_{\mathrm{s}}, n_{\mathrm{a}}) = \left(\dfrac{M}{2}, \dfrac{M}{2}\right)$ 在奇数通道下为 $(n_{\mathrm{s}}, n_{\mathrm{a}}) = \left(\dfrac{M+1}{2}, \dfrac{M-1}{2}\right)$，而过采样下要复杂得多，这导致严格采样下的格型结构理论不易平行推广到过采样下的情形。一维过采样约束支撑 LPPRFB 格型结构的研究可以追溯到 2000 年。这一年，Labeau 等 [141] 利用可逆矩阵的性质建立了对称极性条件，通过推广严格采样约束支撑 LPPRFB 的格型结构设计了 $n_{\mathrm{s}} = n_{\mathrm{a}}$ 与 $n_{\mathrm{s}} = n_{\mathrm{a}} + 1$ 两种特殊情形下的完备仿酉格型结构。2004 年，Tanaka 和 Yamashita [142] 讨论了相同特殊情形下的完全重构格型结构。过采样 LPPRFB 最经典的结果是 Gan 和 Ma [143] 在 2003 年得到的。他们改进了 Labeau 等 [141] 的对称极性分析方法，建立了更精确的对称极性条件并论证它是滤波器存在的充分条件，同时设计了 $n_{\mathrm{s}} = n_{\mathrm{a}}$ 与 $n_{\mathrm{s}} \neq n_{\mathrm{a}}$ 两种情形的格型结构，并证明格型结构在仿酉情形的完备性。至此，一维过采样约束支撑 LPPRFB 格型结构的研究已经基本成熟。

一维过采样广义支撑 LPPRFB 的格型结构理论，不易由一维严格采样广义支撑与一维过采样约束支撑情形推广，或者只能推广到特殊情形。事实上，通过矩阵的迹分析一维过采样广义支撑 LPPRFB 的对称极性条件，目前没有找到可行方案，而类似 Gan 和 Ma [143] 通过可逆矩阵的性质进行讨论至今也无从下手。于是，2006 年 Xu 和 Makur [144] 不得不采用更为复杂的矩阵秩理论建立一维过采样广义支撑 LPPRFB 的对称极性条件，而且该条件是不是滤波器存在的充分条件并不清楚。有关一维过采样广义支撑 LPPRFB 的格型结构设计，现有的方法多由严格采样广义支撑 LPPRFB 推广，以至于只适合特殊情形。例如，2004 年 Gan 和 Ma [145] 与 2006 年 Xu 和 Makur [144] 的格型结构设计结果只讨论了 $n_{\mathrm{s}}=n_{\mathrm{a}}$ 情形的格型结构。

3. 多维 LPPRFB 的格型结构

多维 LPPRFB 的设计面临着相比一维 LPPRFB 更为复杂的问题：滤波器对称要求其支撑中心对称，一维支撑自然而然地中心对称，而多维支撑往往不满足这个条件。1999 年，Muramatsu 等 [146] 限定多维 LPPRFB 的支撑为 $\mathcal{N}(\boldsymbol{M\Xi})$，其中 $\mathcal{N}(\boldsymbol{M})$ 满足中心对称，$\boldsymbol{\Xi}$ 为正整数对角矩阵。理论证明该支撑中心对称，易知其包含一维约束支撑 KM 为特殊情形，故称之为多维约束支撑。多维广义支撑 LPPRFB 目前没有相关结果报道，它同样面临支撑是否对称的问题，如何合理限定多维广义支撑将在本书阐述。另外，在多维广义支撑的基础上建立滤波器组的对称性充要条件并不容易。

有关多维 LPPRFB 的格型结构设计，1999 年 Muramatsu 等 [146] 在限定支撑（约束支撑）后，即可简单借助一维约束支撑情形的结果来设计多维约束支撑 LPPRFB 的格型结构。然而对于多维广义支撑 LPPRFB，其格型结构设计很难由一维情形和多维约束支撑情形简单推广。

1.3 研究内容

本书整理了作者多年的滤波器组格型结构研究结果，重点关注 LPPRFB。书中内容主要包括 LPPRFB 格型结构的设计，以及 LPPRFB 格型结构参数优化的预先步骤，即参数初始化。此外，书中展示了研究所得滤波器组在多种实际应用中的优异性能。

1.3.1 LPPRFB 格型结构的设计

虽然约束支撑 LPPRFB 格型结构的研究比较深入，但提供更多选择的广义支撑 LPPRFB 格型结构的研究成果比较零散，主要存在以下问题：①多维广义支撑 LPPRFB 的格型理论的研究目前远未成熟，其中对称性充要条件、对称极性条件、滤波器长度条件、最小性等重要理论亟待建立。②在一维过采样广义支撑 LPPRFB 的研究中，已经建立的对称极性条件是否是滤波器存在的充分条件并不清楚，格型结构设计仅涉及 $n_{\mathrm{s}}=n_{\mathrm{a}}$ 的特殊情形。③一维严格采样广义支撑 LPPRFB 的研究虽然已经取得了一定的成果，但仍有待进一步深化。

为此，本书开展了广义支撑 LPPRFB 的格型结构设计研究。其创新体现在三个方面：①合理地限定了多维广义支撑，建立了多维广义支撑滤波器组满足线性相位的充要条件，从而使多维广义支撑 LPPRFB 的其他理论的建立成为可能。②提出了借鉴约束支撑 LPPRFB 的格型结构设计结果来构造广义支撑 LPPRFB 格型结构的思想。由此设计了一维严格采样广义支撑 LPPRFB [14]，丰富了格型结构的设计理论；设计了一维过采样广义支撑 LPPRFB 在所有可能情形下的格型结构 [11]，填补了已有方法只针对 $n_{\rm s} = n_{\rm a}$ 情形的空白；设计了多维严格采样广义支撑 LPPRFB 在所有可能情形下的格型结构 [13]；设计了多维过采样广义支撑 LPPRFB 在多数情形下的格型结构。③对一维严格采样广义支撑 LPPRFB 的深化研究还包括另外两种设计方法，即取舍变换设计 [12] 与可逆设计 [15]，它们进一步充实了格型结构设计理论。

1.3.2 LPPRFB 格型结构的参数初始化

格型结构设计的滤波器组能够结构性满足线性相位、完全重构等重要性质，优化其中的自由参数可以得到更为实用的滤波器组。然而，此中涉及的优化是高度非线性的，以至于对自由参数初值非常敏感。由此可知，LPPRFB 格型结构的参数初始化是一个极为重要的科学问题。目前，相关研究尚未引起足够重视。采用格型结构设计滤波器组的文献中，其示例部分对参数初始化虽有提及，但涉及的方法主要是浅显的常量初始化 [37,129] 与随机初始化 [147]。

这些简单的初始化方法不保证总能生成实用滤波器组，这源自它们设置的参数初值对应的滤波器组（称为初始滤波器组）一般是不实用的。从这样的初值出发，由于优化过程的高度非线性特点，优化算法终止时参数值对应的滤波器组往往也是不实用的。因此本书认为，一个好的参数初始化方法，其初始滤波器组以实用滤波器组为宜，这样才能确保最终优化得到的滤波器组总是实用的。

在这一思路的指导下，本书系统研究了 LPPRFB 格型结构的参数初始化。相关研究包括一维与多维情形，其中以一维为重点。对于一维情形，本书设计了两种初始化方法。一种方法采用低阶滤波器组初始化高阶目标滤波器组 [10]，侧重于约束支撑 LPPRFB 格型结构的参数初始化。另一种方法采用短滤波器组初始化长目标滤波器组 [9]，侧重于广义支撑 LPPRFB 格型结构的参数初始化。由于低阶与短长度情形下的高性能滤波器组容易获得，因此这两种方法结合后续优化生成的滤波器组可确保是实用的。

1.3.3 LPPRFB 的应用

滤波器组的应用非常广泛，格型结构设计的 LPPRFB 的应用也受到了关注。文献部分探索了相关 LPPRFB 的图像压缩应用 [30,37,125,126,129,130,138,139,145,148–151]。本书设计的 LPPRFB 以及初始化并优化的 LPPRFB 也将用于图像压缩 [9,13]，同时探索图像融合、图像去噪等其他应用。

1.4 符号说明

本书使用的符号描述如下。

（1） $\mathbb{Z}$、$\mathbb{Z}^+$ 分别表示整数与正整数。

（2） even、odd 分别表示偶数集合与奇数集合。

（3） n_s、n_a 分别表示滤波器组包含的对称与反对称滤波器的数目。

（4） 向量与矩阵采用粗体表示，下标仅在上下文无法反映它们的大小时给出。

（5） 令 D 表示维数，D 维向量 $\boldsymbol{z}=[z_0,z_1,\cdots,z_{D-1}]^\mathrm{T}$，$\boldsymbol{n}=[n_0,n_1,\cdots,n_{D-1}]^\mathrm{T}$，$D\times D$ 的矩阵 $\boldsymbol{M}=[\boldsymbol{m}_0,\boldsymbol{m}_1,\cdots,\boldsymbol{m}_{D-1}]$，其中 $\boldsymbol{m}_i$ 表示 $\boldsymbol{M}$ 的第 i 列，定义

$$\boldsymbol{z}^{\boldsymbol{n}}=z_0^{n_0}z_1^{n_1}\cdots z_{D-1}^{n_{D-1}}$$

$$\boldsymbol{z}^{\boldsymbol{M}}=\boldsymbol{z}^{\boldsymbol{m}_0}\boldsymbol{z}^{\boldsymbol{m}_1}\cdots\boldsymbol{z}^{\boldsymbol{m}_{D-1}}$$

对于对角矩阵 $\boldsymbol{N}=\mathrm{diag}(N_0,N_1,\cdots,N_{D-1})$ 与向量 $\boldsymbol{n}=[n_0,n_1,\cdots,n_{D-1}]^\mathrm{T}$，定义如下函数：

$$\mathcal{V}(\boldsymbol{N})=[N_0,N_1,\cdots,N_{D-1}]^\mathrm{T}$$

$$\mathcal{A}(\boldsymbol{n})=\mathrm{diag}(n_0,n_1,\cdots,n_{D-1})$$

定义实数向量 $\boldsymbol{c}=[c_0,c_1,\cdots,c_{D-1}]^\mathrm{T}$ 与 $\boldsymbol{d}=[d_0,d_1,\cdots,d_{D-1}]^\mathrm{T}$ 的点积为

$$\boldsymbol{c}\cdot\boldsymbol{d}=c_0d_0+c_1d_1+\cdots+c_{D-1}d_{D-1}$$

对于二进制向量 $\boldsymbol{b}=[b_0,b_1,\cdots,b_{D-1}]^\mathrm{T}$，其对应的十进制数 b 定义为

$$b=b_02^0+b_12^1+\cdots+b_{D-1}2^{D-1}$$

（6） 令 $\lfloor x\rfloor$ 与 $\lceil x\rceil$ 分别表示不大于 x 的最大整数，以及不小于 x 的最小整数。布尔函数 $\mathcal{B}(x)$ 满足：布尔条件 x 成立则返回 1，否则返回 0。这三个符号和函数，以及大小判断等运算也适用于矩阵，结果是一个相同大小的矩阵，元素值为输入矩阵对应元素的运算结果。对于矩阵 $\boldsymbol{A}$，$\boldsymbol{A}^\mathrm{T}$ 表示其转置；$\det(\boldsymbol{A})$ 与 $\mathrm{tr}(\boldsymbol{A})$ 分别表示其行列式值与迹；$\mathcal{K}(\boldsymbol{A})=|\det(\boldsymbol{A})|$。另外，当 $\boldsymbol{A}$ 为非奇异整数矩阵时，定义 $\mathcal{N}(\boldsymbol{A})$ 为

$$\mathcal{N}(\boldsymbol{A})=\{\boldsymbol{A}\boldsymbol{x}\in\mathbb{Z}^D|\boldsymbol{x}\in[0,1)^D\}$$

定义函数

$$f(K,s)=\left\lceil\frac{K}{2}\right\rceil\frac{1+s}{2}+\left\lfloor\frac{K}{2}\right\rfloor\frac{1-s}{2}$$

其中，K 为非负整数；$s=\pm1$，易验证其满足

$$f(K,1)=\left\lceil\frac{K}{2}\right\rceil,\quad f(K,-1)=\left\lfloor\frac{K}{2}\right\rfloor$$

$$K-f(K,s)=f(K,-s)$$

（7） 符号 $\boldsymbol{I}$、$\boldsymbol{J}$、$\mathbf{0}$、$\mathbf{1}$ 分别表示单位矩阵、反对角单位矩阵、零矩阵与全 1 向量，$\mathbf{0}_n$ 表示 $n\times n$ 的方形零矩阵。替换 $\mathbf{1}$ 的第 j 个元素为 -1 得到新的向量，表示为 $\bar{\mathbf{1}}^{\{j\}}$。$\boldsymbol{W}_{2m}$、$\boldsymbol{W}_{2m+1}$、$\boldsymbol{W}_{2m}(z)$、$\hat{\boldsymbol{I}}_M$ 表示如下特殊矩阵：

$$\boldsymbol{W}_{2m}=\begin{bmatrix}\boldsymbol{I}_m & \boldsymbol{I}_m\\ \boldsymbol{I}_m & -\boldsymbol{I}_m\end{bmatrix},\quad \boldsymbol{W}_{2m+1}=\begin{bmatrix}\boldsymbol{I}_m & & \boldsymbol{I}_m\\ & \sqrt{2} & \\ \boldsymbol{I}_m & & -\boldsymbol{I}_m\end{bmatrix}$$

$$\boldsymbol{W}_{2m}(z)=\boldsymbol{W}_{2m}\cdot\mathrm{diag}(\boldsymbol{I}_m,z^{-1}\boldsymbol{I}_m)\cdot\boldsymbol{W}_{2m},\quad \hat{\boldsymbol{I}}_M=\mathrm{diag}\left(\boldsymbol{I}_{\lceil\frac{M}{2}\rceil},\boldsymbol{J}_{\lfloor\frac{M}{2}\rfloor}\right)$$

（8） 滤波器 $H_i(\boldsymbol{z})$ 表示为

$$H_i(\boldsymbol{z})=\sum_{\boldsymbol{k}\in\mathbb{Z}^D}\boldsymbol{z}^{-\boldsymbol{k}}h_i(\boldsymbol{k})$$

它又可通过多相形式表示为

$$H_i(\boldsymbol{z})=\sum_{j=0}^{M-1}\boldsymbol{z}^{-\boldsymbol{t}_j}H_{i,j}(\boldsymbol{z})$$

其中，$\boldsymbol{t}_j$ 为取样矩阵 $\boldsymbol{M}$ 的第 j 个陪集代表元素；$H_{i,j}(\boldsymbol{z})$ 为关于 $\boldsymbol{t}_j$ 的多相分量，即

$$H_{i,j}(\boldsymbol{z})=\sum_{\boldsymbol{k}\in\mathbb{Z}^D}\boldsymbol{z}^{-\boldsymbol{k}}h_i(\boldsymbol{M}\boldsymbol{k}+\boldsymbol{t}_j)$$

（9） 术语缩写

① FB：filter bank（滤波器组）；

② PR：perfect reconstruction（完全重构）；

③ PU：paraunitary（仿酉）；
④ LP：linear phase（线性相位）；
⑤ CS：constrained support（约束支撑）；
⑥ GS：generalized support（广义支撑）；
⑦ CL：constrained length（约束长度）；
⑧ GL：generalized length（广义长度）；
⑨ AL：arbitrary length（任意长度）；
⑩ C：critically sampled（严格采样）；
⑪ O：oversampled（过采样）；
⑫ 1D：1-dimensional（一维）；
⑬ MD：multidimensional（多维）。

上述缩写中，“长度”仅针对一维情形。为方便表述，“一维”、“严格采样”与“约束长度/支撑”一般不显式标明。

参 考 文 献

[1] Pavez E, Girault B, Ortega A, et al. Two channel filter banks on arbitrary graphs with positive semi definite variation operators. IEEE Transactions on Signal Processing, 2023, 71: 917-932.

[2] Samantaray A K, Edavoor P J, Rahulkar A D. A novel design of symmetric daub-4wavelet filter bank for image analysis. IEEE Transactions on Circuits and Systems-II: Express Briefs, 2022, 69(9): 3949-3953.

[3] Jiang J, Feng H, Tay D B, et al. Theory and design of joint time-vertex nonsubsampled filter banks. IEEE Transactions on Signal Processing, 2021, 69: 1968-1982.

[4] Jiang A, Shang J, Liu X, et al. Sparse FIR filter design via partial 1-norm optimization. IEEE Transactions on Circuits and Systems-II: Express Briefs, 2020, 67(8): 1482-1486.

[5] Jiang J, Cheng C, Sun Q. Nonsubsampled graph filter banks: Theory and distributed algorithms. IEEE Transactions on Signal Processing, 2019, 67(15): 3938-3953.

[6] Brisebarre N, Filip S I, Hanrot G. A lattice basis reduction approach for the design of finite wordlength FIR filters. IEEE Transactions on Signal Processing, 2018, 66(10): 2673-2684.

[7] Lai X, Meng H, Cao J, et al. A sequential partial optimization algorithm for minimax design of separable-denominator 2-D IIR filters. IEEE Transactions on Signal Processing, 2017, 65(4): 876-887.

[8] Lai X, Lin Z. Iterative reweighted minimax phase error designs of IIR digital filters with nearly linear phases. IEEE Transactions on Signal Processing, 2016, 64(9): 2416-2428.

[9] Li B, Gao X. A method to initialize free parameters in lattice structure of arbitrary-length linear phase perfect reconstruction filter bank. Signal Processing, 2015, 106: 319-330.

[10] Li B, Gao X. A method for initializing free parameters in lattice structure of linear phase perfect reconstruction filter bank. Signal Processing, 2014, 98: 243-251.

[11] Li B, Gao X. Lattice structure for arbitrary-length oversampled linear phase paraunitary filter bank with unequal numbers of symmetric and antisymmetric filters. AEU - International Journal of Electronics and Communications, 2014, 68(6): 565-568.

[12] Li B, Gao X. Lattice structure for regular linear phase paraunitary filter bank with odd decimation factor. IEEE Signal Processing Letters, 2014, 21(1): 14-17.

[13] Gao X, Li B, Xiao F. Lattice structure for generalized-support multidimensional linear phase perfect reconstruction filter bank. IEEE Transactions on Image Processing, 2013, 22(12): 4853-4864.

[14] Li B, Gao X, Xiao F. A new design method of the starting block in lattice structure of arbitrary-length linear phase paraunitary filter bank by combining two polyphase matrices. IEEE Transactions on Circuits and Systems-II: Express Briefs, 2012, 59(2): 118-122.

[15] Li B, Gao X, Xiao F. Reversible design of the starting block in lattice structure of arbitrary-length linear phase paraunitary filter banks. AEU-International Journal of Electronics and Communications, 2011, 65(6): 599-601.

[16] Muramatsu S, Kobayashi T, Hiki M, et al. Boundary operation of 2-D nonseparable linear-phase paraunitary filter banks. IEEE Transactions on Image Processing, 2012, 21(4): 2314-2318.

[17] Muramatsu S, Han D, Kobayashi T, et al. Directional lapped orthogonal transform: Theory and design. IEEE Transactions on Image Processing, 2012, 21(5): 2434-2448.

[18] Jiang J Z, Shui P L. Design of 2D oversampled linear phase DFT modulated filter banks via modified Newton's method. Signal Processing, 2012, 92(6): 1411-1421.

[19] Chai L, Zhang J, Sheng Y. Optimal design of oversampled synthesis FBs with lattice structure constraints. IEEE Transactions on Signal Processing, 2011, 59(8): 3549-3559.

[20] You X, Du L, Cheung Y M, et al. A blind watermarking scheme using new nontensor product wavelet filter banks. IEEE Transactions on Image Processing, 2010, 19(12): 3271-3284.

[21] Umesh S, Sinha R. A study of filter bank smoothing in MFCC features for recognition of children's speech. IEEE Transactions on Audio, Speech, and Language Processing, 2007, 15(8): 2418-2430.

[22] Deng Y, Mathews V J, Farhang-Boroujeny B. Low-delay nonuniform Pseudo-QMF banks with application to speech enhancement. IEEE Transactions on Signal Processing, 2007, 55(5): 2110-2121.

[23] Cheng S, Xiong Z. Audio coding and image denoising based on the nonuniform modulated complex lapped transform. IEEE Transactions on Multimedia, 2005, 7(5): 817-827.

[24] Cvetkovic Z, Johnston J D. Nonuniform oversampled filter banks for audio signal processing. IEEE Transactions on Speech and Audio Processing, 2003, 11(5): 393-399.

[25] Kurth F, Clausen M. Filter bank tree and M-band wavelet packet algorithms in audio signal processing. IEEE Transactions on Signal Processing, 1999, 47(2): 549-554.

[26] Kahrs M, Elko G W, Elliot S J, et al. The past, present and future of audio signal processing. IEEE Signal Processing Magazine, 1997, 14(5): 30-57.

[27] Creusere C D, Mitra S K. Efficient audio coding using perfect reconstruction noncausal IIR filter banks. IEEE Transactions on Speech and Audio Processing, 1996, 4(2): 115-123.

[28] Gilloire A, Vetterli M. Adaptive filtering in subbands with critical sampling: Analysis, experiments, and application to acoustic echo cancellation. IEEE Transactions on Signal Processing, 1992, 40(8): 1862-1875.

[29] Satt A, Malah D. Design of uniform DFT filter banks optimized for subband coding of speech. IEEE Transactions on Acoustics, Speech, and Signal Processing, 1989, 31(11): 1672-1679.

[30] Uto T, Oka T, Ikehara M. M-channel nonlinear phase filter banks in image compression: Structure, design, and signal extension. IEEE Transactions on Signal Processing, 2007, 55(4): 1339-1351.

[31] Kotteri K A, Bell A E, Carletta J E. Multiplierless filter bank design: Structures that improve both hardware and image compression performance. IEEE Transactions on Circuits and Systems for Video Technology, 2006, 16(6): 776-780.

[32] Tanaka T, Hirasawa Y, Yamashita Y. Variable-length lapped transforms with a combination of multiple synthesis filter banks for image coding. IEEE Transactions on Image Processing, 2006, 15(1): 81-88.

[33] Liang J, Tu C, Tran T D. Optimal block boundary pre/postfiltering for wavelet-based image and video compression. IEEE Transactions on Image Processing, 2005, 14(12): 2151-2158.

[34] Kotteri K A, Bell A E, Carletta J E. Design of multiplierless, high-performance, wavelet filter banks with image compression applications. IEEE Transactions on Circuits and Systems-I: Regular Papers, 2004, 51(3): 483-494.

[35] Calvagno G, Mian G A, Rinaldo R, et al. Two-dimensional separable filters for optimal reconstruction of JPEG-coded images. IEEE Transactions on Circuits and Systems for Video Technology, 2001, 11(7): 777-787.

[36] Gerek O N, Cetin A E. Adaptive polyphase subband decomposition structures for image compression. IEEE Transactions on Image Processing, 2000, 9(10): 1649-1660.

[37] Tran T D, Ikehara M, Nguyen T Q. Linear phase paraunitary filter bank with filters of different lengths and its application in image compression. IEEE Transactions on Signal Processing, 1999, 47(10): 2730-2744.

[38] Shen J, Ebbini E S. Filter-based coded-excitation system for high-speed ultrasonic imaging. IEEE Transactions on Medical Imaging, 1998, 17(6): 923-934.

[39] Bi M, Ong S H, Ang Y H. Integer-modulated FIR filter banks for image compression. IEEE Transactions on Circuits and Systems for Video Technology, 1998, 8(8): 923-927.

[40] Akansu A N. Multiplierless PR quadrature mirror filters for subband image coding. IEEE Transactions on Image Processing, 1996, 5(9): 1359-1363.

[41] Belzer B, Lina J M, Villasenor J. Complex, linear-phase filters for efficient image coding. IEEE Transactions on Signal Processing, 1995, 43(10): 2425-2427.

[42] Shyu J J. Design of two-channel perfect-reconstruction linear-phase filter banks for subband image coding by the lagrange multiplier approach. IEEE Transactions on Circuits and Systems for Video Technology, 1995, 5(1): 48-51.

[43] Smith M J T, Chung W C L. Recursive time-varying filter banks for subband image coding. IEEE Transactions on Image Processing, 1995, 4(7): 885-895.

[44] Nuri V, Bamberger R H. Size-limited filter banks for subband image compression. IEEE Transactions on Image Processing, 1995, 4(9): 1317-1323.

[45] Egger O, Li W. Subband coding of images using asymmetrical filter banks. IEEE Transactions on Image Processing, 1995, 4(4): 478-485.

[46] Horng B R, Samueli H, Willson A N, et al. The design of low-complexity in linear-phase FIR filter banks using powers-of-two coefficients with an application to subband image coding. IEEE Transactions on Circuits and Systems for Video Technology, 1991, 1(4): 318-324.

[47] Chen G Y, Bui T D. Multiwavelets denoising using neighboring coefficients. IEEE Signal Processing Letters, 2003, 10(7): 211-214.

[48] Sendur L, Selesnick I W. Bivariate shrinkage functions for wavelet-based denoising exploiting interscale dependency. IEEE Transactions on Signal Processing, 2002, 50(11): 2744-2756.

[49] Sendur L, Selesnick I W. Bivariate shrinkage with local variance estimation. IEEE Signal Processing Letters, 2002, 9(12): 438-441.

[50] Chang S G, Yu B, Vetterli M. Adaptive wavelet thresholding for image denoising and compression. IEEE Transactions on Image Processing, 2000, 9(9): 1532-1546.

[51] Chang S G, Yu B, Vetterli M. Spatially adaptive wavelet thresholding with context modeling for image denoising. IEEE Transactions on Image Processing, 2000, 9(9): 1522-1531.

[52] Bui T D, Chen G. Translation-invariant denoising using multiwavelets. IEEE Transactions on Signal Processing, 1998, 46(12): 3414-3420.

[53] Donoho D L, Johnstone I M. Adapting to unknown smoothness via wavelet shrinkage. Journal of the American Statistical Association, 1995, 90: 1200-1224.

[54] Donoho D L, Johnstone I M. Ideal spatial adaptation via wavelet shrinkage. Biometrika, 1994, 81: 425-455.

[55] Gao X, You X, Sheng B, et al. An efficient digital implementation of multicarrier CDMA system based on generalized DFT filter banks. IEEE Journal on Selected Areas in Communications, 2006, 24(6): 1189-1198.

[56] Krishna A V, Hari K V S. Filter bank precoding for FIR equalization in high-rate MIMO communications. IEEE Transactions on Signal Processing, 2006, 54(5): 1645-1652.

[57] Lottici V, Luise M, Saccomando C, et al. Non-data-aided timing recovery for filter-bank multicarrier wireless communications. IEEE Transactions on Signal Processing, 2006, 54(11): 4365-4375.

[58] Harris F J, Dick C, Rice M. Digital receivers and transmitters using polyphase filter banks for wireless communications. IEEE Transactions on Microwave Theory and Techniques, 2003, 51(4): 1395-1412.

[59] Hunziker T, Dahlhaus D. Iterative detection for multicarrier transmission employing time-frequency concentrated pulses. IEEE Transactions on Communications, 2003, 51(4): 641-651.

[60] Farhang-Boroujeny B. Multicarrier modulation with blind detection capability using cosine modulated filter banks. IEEE Transactions on Communications, 2003, 51(12): 2057-2070.

[61] Vaidyanathan P P. Filter banks in digital communications. IEEE Circuits and Systems Magazine, 2001, 1(2): 4-25.

[62] Cberubini G, Eleftheriau E, Olcer S, et al. Filter bank modulation techniques for very high speed digital subscriber lines. IEEE Communications Magazine, 2000, 38(5): 98-104.

[63] Akansu A N, Tazebay M V, Haddad R A. A new look at digital orthogonal transmultiplexers for CDMA communications. IEEE Transactions on Signal Processing, 1997, 45(1): 263-267.

[64] Chevillat P R, Ungerboeck G. Optimum FIR transmitter and receiver filters for data transmission over band-limited channels. IEEE Transactions on Communications, 1982, 30(8): 1909-1915.

[65] Skodras A, Christopoulos C, Ebrahimi T. The JPEG2000 still image compression standard. IEEE Signal Processing Magazine, 2001, 18(5): 36-58.

[66] Struijk L N S A, Akay M, Struijk JJ. The single nerve fiber action potential and the filter bank: A modeling approach. IEEE Transactions on Biomedical Engineering, 2008, 55(1): 372-375.

[67] Shao Y, Chang C H. A generalized time-frequency subtraction method for robust speech enhancement based on wavelet filter banks modeling of human auditory system. IEEE Transactions on Systems, Man, and Cybernetic—Part B: Cybernetics, 2007, 37(4): 877-889.

[68] Goodwin M M, Vetterli M. Matching pursuit and atomic signal models based on recursive filter banks. IEEE Transactions on Signal Processing, 1999, 47(7): 1890-1902.
[69] Sabatini A M. Correlation receivers using laguerre filter banks for modelling narrowband ultrasonic echoes and estimating their time-of-flights. IEEE Transactions on Ultrasonics, Ferroelectrics, and Frequency Control, 1997, 44(6): 1253-1263.
[70] Haddad R A, Park K. Modeling, analysis, and optimum design of quantized M-band filter banks. IEEE Transactions on Signal Processing, 1995, 43(11): 2540-2549.
[71] Bi N, Sun Q, Huang D, et al. Robust image watermarking based on multiband wavelets and empirical mode decomposition. IEEE Transactions on Image Processing, 2007, 16(8): 1956-1966.
[72] Zhang J, Ho A T S, Qiu G, et al. Robust video watermarking of H.264/AVC. IEEE Transactions on Circuits and Systems-II: Express Briefs, 2007, 54(2): 205-209.
[73] Zou D, Shi Y Q, Ni Z, et al. A semi-fragile lossless digital watermarking scheme based on integer wavelet transform. IEEE Transactions on Circuits and Systems for Video Technology, 2006, 16(10): 1294-1300.
[74] Bao P, Ma X. Image adaptive watermarking using wavelet domain singular value decomposition. IEEE Transactions on Circuits and Systems for Video Technology, 2005, 15(1): 96-102.
[75] Nikolaidis A, Pitas I. Asymptotically optimal detection for additive watermarking in the DCT and DWT domains. IEEE Transactions on Image Processing, 2003, 12(5): 563-571.
[76] Solachidis V, Pitas I. Circularly symmetric watermark embedding in 2-D DFT domain. IEEE Transactions on Image Processing, 2001, 10(11): 1741-1753.
[77] Nakayama R, Uchiyama Y, Yamamoto K, et al. Computer-aided diagnosis scheme using a filter bank for detection of microcalcification clusters in mammograms. IEEE Transactions on Biomedical Engineering, 2006, 53(2): 273-283.
[78] Vai M I, Zhou L G. Beat-to-beat ECG ventricular late potentials variance detection by filter bank and wavelet transform as beat-sequence filter. IEEE Transactions on Biomedical Engineering, 2004, 51(8): 1407-1413.
[79] Sattar F, Salomonsson G. On detection using filter banks and higher order statistics. IEEE Transactions on Aerospace and Electronic Systems, 2000, 36(4): 1179-1189.
[80] Afonso V X, Tompkins W J, Nguyen T Q, et al. ECG beat detection using filter banks. IEEE Transactions on Biomedical Engineering, 1999, 46(2): 192-202.
[81] McClellan J H, Parks T W, Rabiner L R. A computer program for designing optimum FIR linear phase digital filters. IEEE Transactions on Audio and Electroacoustics, 1973, 21(6): 506-526.
[82] Daubechies I. Orthonormal bases of compactly supported wavelets. Communications on Pure and Applied Mathematics, 1988, 41: 909-996.
[83] Daubechies I. Orthonormal bases of compactly supported wavelets—Part II: Variations on a theme. SIAM Journal of Mathematical Analysis, 1993, 24: 499-519.

[84] Rioul O. Regular wavelets: A discrete-time approach. IEEE Transactions on Signal Processing, 1993, 41(12): 3572-3579.

[85] Zou H, Tewfik A H. Parametrization of compactly supported orthonormal wavelets. IEEE Transactions on Signal Processing, 1993, 41(3): 1428-1431.

[86] Cohen A, Daubechies I, Feauveau J C. Biorthogonal bases of compactly supported wavelets. Communications on Pure and Applied Mathematics, 1992, 45: 485-560.

[87] Deslauriers G, Dubuc S. Symmetric iterative interpolation processes. Constructive Approximation, 1989, 5: 49-68.

[88] Steffen P, Heller P N, Gopinath R A, et al. Theory of regular M-band wavelet bases. IEEE Transactions on Signal Processing, 1993, 41(12): 3497-3511.

[89] Quellec G, Lamard M, Cazuguel G, et al. Adaptive nonseparable wavelet transform via lifting and its application to content-based image retrieval. IEEE Transactions on Image Processing, 2010, 19(1): 25-35.

[90] He Z, You X, Yuan Y. Texture image retrieval based on non-tensor product wavelet filter banks. Signal Processing, 2009, 89: 1501-1510.

[91] Wang J W, Chen C H, Chien W M, et al. Texture classification using non-separable two-dimensional wavelets. Pattern Recognition Letters, 1998, 19: 1225-1234.

[92] Karlsson G, Vetterli M. Theory of two-dimensional multirate filter banks. IEEE Transactions on Acoustics, Speech and Signal Processing, 1990, 38(6): 925-937.

[93] Viscito E, Allebach J P. The analysis and design of multidimensional FIR perfect reconstruction filter banks for arbitrary sampling lattices. IEEE Transactions on Circuits and Systems, 1991, 38(1): 29-41.

[94] Kovacevic J, Vetterli M. Nonseparable multidimensional perfect reconstruction filter banks and wavelet bases for R^n. IEEE Transactions on Information Theory, 1992, 38(3): 533-555.

[95] Lin Y P, Vaidyanathan P P. Theory and design of two-dimensional filter banks: A review. Multidimensional Systems and Signal Processing, 1996, 7: 263-330.

[96] Mersereau R M, Mecklenbrauker W F G, Quatieri T F, et al. McClellan transformations for two-dimensional digital filtering—Part I: Design. IEEE Transactions on Circuits and Systems, 1976, 23(7): 405-414.

[97] Mecklenbrauker W F G, Mersereau R M. McClellan transformations for two-dimensional digital filtering—Part II: implementation. IEEE Transactions on Circuits and Systems, 1976, 23(7): 414-422.

[98] Tay D B H, Kingsbury N G. Flexible design of multidimensional perfect reconstruction FIR 2-band filters using transformations of variables. IEEE Transactions on Image Processing, 1993, 2(4): 466-480.

[99] Kovacevic J, Vetterli M. Nonseparable two-and three-dimensional wavelets. IEEE Transactions on Signal Processing, 1995, 43(5): 1269-1273.

[100] Stanhill D, Zeevi Y Y. Two-dimensional orthogonal wavelets with vanishing moments. IEEE Transactions on Signal Processing, 1996, 44(10): 2579-2590.

[101] Stanhill D, Zeevi Y Y. Two-dimensional orthogonal filter banks and wavelets with linear phase. IEEE Transactions on Signal Processing, 1998, 46(1): 183-190.

[102] Zhou J, Do M N, Kovacevic J. Multidimensional orthogonal filter bank characterization and design using the cayley transform. IEEE Transactions on Image Processing, 2005, 14(6): 760-769.

[103] Zhou J, Do M N, Kovacevic J. Special paraunitary matrices, cayley transform, and multidimensional orthogonal filter banks. IEEE Transactions on Image Processing, 2006, 15(2): 511-519.

[104] Kovacevic J, Sweldens W. Wavelet families of increasing order in arbitrary dimensions. IEEE Transactions on Image Processing, 2000, 9(3): 480-496.

[105] Gao X, Xiao F, Li B. Construction of arbitrary dimensional biorthogonal multiwavelet using lifting scheme. IEEE Transactions on Image Processing, 2009, 18(5): 942-955.

[106] Eslami R, Radha H. Design of regular wavelets using a three-step lifting scheme. IEEE Transactions on Signal Processing, 2010, 58(4): 2088-2101.

[107] Kovacevic J, Chebira A. Life beyond bases: The advent of frames—Part I. IEEE Signal Processing Magazine, 2007, 24(4): 86-104.

[108] Cvetkovic Z, Vetterli M. Oversampled filter banks. IEEE Transactions on Signal Processing, 1998, 46(5): 1245-1255.

[109] Bolcskei H, Hlawatsch F. Oversampled cosine modulated filter banks with perfect reconstruction. IEEE Transactions on Circuits and Systems—Part II: Analog and Digital Signal Processing, 1998, 45(8): 1057-1071.

[110] Boufounos P, Oppenheim A V, Goyal V K. Causal compensation for erasures in frame representations. IEEE Transactions on Signal Processing, 2008, 56(3): 1071-1082.

[111] Kovacevic J, Dragotti P L, Goyal V K. Filter bank frame expansions with erasures. IEEE Transactions on Information Theory, 2002, 48(6): 1439-1450.

[112] Shen L, Papadakis M, Kakadiaris I A, et al. Image denoising using a tight frame. IEEE Transactions on Image Processing, 2006, 15(5): 1254-1263.

[113] Ron A, Shen Z. Affine systems in $L_2(\mathbb{R}^d)$: The analysis of the analysis operator. Journal of Functional Analysis, 1997, 148: 408-447.

[114] Ron A, Shen Z. Affine system in $L_2(\mathbb{R}^d)$II: Dual systems. Journal of Fourier Analysis and Applications, 1997, 3: 617-637.

[115] Chui C K, He W, Stockler J. Compactly supported tight and sibling frames with maximum vanishing moments. Applied and Computational Harmonic Analysis, 2002, 13: 224-262.

[116] Daubechies I, Han B, Ron A, et al. Framelets: MRA-based constructions of wavelet frames. Applied and Computational Harmonic Analysis, 2003, 14: 1-46.

[117] Lai M J, Stockler J. Construction of multivariate compactly supported tight wavelet frames. Applied and Computational Harmonic Analysis, 2006, 21: 324-348.

[118] Ron A, Shen Z. Compactly supported tight affine spline frames in $L_2(R^d)$. Mathematics of Computation, 1998, 67: 191-207.

[119] Chui C K, He W. Construction of multivariate tight frames via kronecker products. Applied and Computational Harmonic Analysis, 2001, 11: 305-312.

[120] Ehler M. Compactly supported multivariate pairs of dual wavelet frames obtained by convolution. International Journal of Wavelets, Multiresolution and Information Processing, 2008, 6: 183-208.

[121] Grochenig K, Ron A. Tight compactly supported wavelet frames of arbitrarily high smoothness. Proceedings of the American Mathematical Society, 1998, 126: 1101-1107.

[122] Salvatori M, Soardi P M. Multivariate tight affine frames with a small number of generators. Journal of Approximation Theory, 2004, 127: 61-73.

[123] Ehler M. On multivariate compactly supported bi-frames. Journal of Fourier Analysis and Applications, 2007, 13: 511-532.

[124] Bruekers F A M L, Enden A W M van den. New networks for perfect inversion and perfect reconstruction. IEEE Journal on Selected Areas in Communications, 1992, 10(1): 130-137.

[125] Tran T D. M-channel linear phase perfect reconstruction filter bank with rational coefficients. IEEE Transactions on Circuits and Systems—Part I: Fundamental Theory and Applications, 2002, 49(7): 914-927.

[126] Tran T D, de Queiroz R L, Nguyen T Q. Linear-phase perfect reconstruction filter bank: Lattice structure, design, and application in image coding. IEEE Transactions on Signal Processing, 2000, 48(1): 133-147.

[127] Tran T D. The BinDCT: Fast multiplierless approximation of the DCT. IEEE Signal Processing Letters, 2000, 7(6): 141-144.

[128] Tran T D. The LiftLT: Fast-lapped transforms via lifting steps. IEEE Signal Processing Letters, 2000, 7(6): 145-148.

[129] Tran T D, Nguyen T Q. A progressive transmission image coder using linear phase uniform filterbanks as block transforms. IEEE Transactions on Image Processing, 1999, 8(11): 1493-1507.

[130] Tran T D, Nguyen T Q. On M-channel linear-phase FIR filter banks and application in image compression. IEEE Transactions on Signal Processing, 1997, 45(9): 2175-2187.

[131] Soman A K, Vaidyanathan P P, Nguyen T Q. Linear phase paraunitary filter banks: Theory, factorizations and designs. IEEE Transactions on Signal Processing, 1993, 41(12): 3480-3496.

[132] de Queiroz R L, Nguyen T Q, Rao K R. The GenLOT: Generalized linear-phase lapped orthogonal transform. IEEE Transactions on Signal Processing, 1996, 44(3): 497-507.

[133] Gan L, Ma K K, Nguyen T Q, et al. On the completeness of the lattice factorization for linear-phase perfect reconstruction filter banks. IEEE Signal Processing Letters, 2002, 9(4): 133-136.

[134] Gao X, Nguyen T Q, Strang G. On factorization of M-channel paraunitary filterbanks. IEEE Transactions on Signal Processing, 2001, 49(7): 1433-1446.

[135] Gan L, Ma K K. A simplified lattice factorization for linear-phase perfect reconstruction filter bank. IEEE Signal Processing Letters, 2001, 8(7): 207-209.

[136] Ikehara M, Nagai T, Nguyen T Q. Time-domain design and lattice structure of FIR paraunitary filter banks with linear phase. Signal Processing, 2000, 80(2): 333-342.

[137] Tran T D, Liang J, Tu C. Lapped transform via time-domain pre-and post-filtering. IEEE Transactions on Signal Processing, 2003, 51(6): 1557-1571.

[138] Liang J, Tran T D, Queiroz R L de. DCT-based general structure for linear-phase paraunitary filter banks. IEEE Transactions on Signal Processing, 2003, 51(6): 1572-1580.

[139] Dai W, Tran T D. Regularity-constrained pre- and post-filtering for block DCT-based systems. IEEE Transactions on Signal Processing, 2003, 51(10): 2568-2581.

[140] Xu Z, Makur A. On the arbitrary-length M-channel linear phase perfect reconstruction filter banks. IEEE Transactions on Signal Processing, 2009, 57(10): 4118-4123.

[141] Labeau F, Vandendorpe L, Macq B. Structures, factorizations, and design criteria for oversampled paraunitary filterbanks yielding linear-phase filters. IEEE Transactions on Signal Processing, 2000, 48(11): 3062-3071.

[142] Tanaka T, Yamashita Y. The generalized lapped pseudo-biorthogonal transform: Oversampled linear-phase perfect reconstruction filterbanks with lattice structures. IEEE Transactions on Signal Processing, 2004, 52(2): 434-446.

[143] Gan L, Ma K K. Oversampled linear-phase perfect reconstruction filterbanks: Theory, lattice structure and parameterization. IEEE Transactions on Signal Processing, 2003, 51(3): 744-759.

[144] Xu Z, Makur A. Theory and lattice structures for oversampled linear phase paraunitary filter banks with arbitrary filter length. European Signal Processing Conference, Florence, 2006: 1-5.

[145] Gan L, Ma K K. Time-domain oversampled lapped transforms: Theory, structure, and application in image coding. IEEE Transactions on Signal Processing, 2004, 52(10): 2762-2775.

[146] Muramatsu S, Yamada A, Kiya H. A design method of multidimensional linear-phase paraunitary filter banks with a lattice structure. IEEE Transactions on Signal Processing, 1999, 47(3): 690-700.

[147] Parfieniuk M, Petrovsky A. Dependencies between coding gain and filter length in paraunitary filter banks designed using quaternionic approach. European Signal Processing Conference, Poznan, 2007: 1327-1331.

[148] Oraintara S, Tran T D, Heller P N, et al. Lattice structure for regular paraunitary linearphase filterbanks and M-band orthogonal symmetric wavelets. IEEE Transactions on Signal Processing, 2001, 49(11): 2659-2672.

[149] Chen Y J, Amaratunga K S. M-channel lifting factorization of perfect reconstruction filter banks and reversible M-band wavelet transforms. IEEE Transactions on Circuits and Systems—Part II: Analog and Digital Signal Processing, 2003, 50(12): 963-976.

[150] Oraintara S, Tran T D, Nguyen T Q. A class of regular biorthogonal linear-phase filterbanks: Theory, structure, and application in image coding. IEEE Transactions on Signal Processing, 2003, 51(12): 3220-3235.

[151] Chen Y J, Oraintara S, Amaratunga K S. Dyadic-based factorizations for regular paraunitary filterbanks and M-band orthogonal wavelets with structural vanishing moments. IEEE Transactions on Signal Processing, 2005, 53(1): 193-207.

第 2 章　基础知识

本章描述本书用到的基础知识，包括滤波器组、完全重构、线性相位、正则性，以及格型结构的相关概念。

2.1　滤波器组

2.1.1　采样

多维信号的采样（sampling）是通过伸缩矩阵 $\boldsymbol{M}$（也称取样矩阵）来描述的。如果把 D 维空间 $\mathbb{Z}^D$ 当作一个网格 $\boldsymbol{\Lambda}$，那么空间 $\mathbb{Z}^D$ 的取样可用子网格 $\boldsymbol{\Lambda}_{\boldsymbol{M}}$ 表示，$\boldsymbol{\Lambda}_{\boldsymbol{M}} = \{\boldsymbol{M}\boldsymbol{k}, \boldsymbol{k} \in \mathbb{Z}^D\}$，其中 $\boldsymbol{M}$ 为 $D \times D$ 的取样矩阵，其每一个特征根的绝对值均大于 1。令 $M = |\det(\boldsymbol{M})|$。

一维情形下，取样矩阵 $\boldsymbol{M}$ 退化为整数取样因子 M。经过取样形成 $\boldsymbol{\Lambda}_{\boldsymbol{M}}$ 的 M 个互不相交的陪集覆盖整数轴 $\mathbb{Z}$，这 M 个陪集的代表元素为 $\boldsymbol{\Delta} = \{0, 1, \cdots, M-1\}$。与之类似，多维取样后就会形成 M 个互不相交的陪集 $\boldsymbol{S}_i, i = 0, 1, \cdots, M-1$ 覆盖整个网格 $\boldsymbol{\Lambda}$，其中 $\boldsymbol{S}_i = \{\boldsymbol{M}\boldsymbol{k} + \boldsymbol{t}_i, \boldsymbol{k} \in \mathbb{Z}^D\}$，$\bigcup\limits_{i=0}^{M-1} \boldsymbol{S}_i = \mathbb{Z}^D$ 且 $\boldsymbol{S}_i \cap \boldsymbol{S}_j = \varnothing, i \neq j$，$\boldsymbol{t}_i$ 为陪集 $\boldsymbol{S}_i$ 的代表元素，$\boldsymbol{\Delta} = \{\boldsymbol{t}_0, \boldsymbol{t}_1, \cdots, \boldsymbol{t}_{M-1}\}$。不难看出，$\boldsymbol{S} = \{\boldsymbol{S}_0, \boldsymbol{S}_1, \cdots, \boldsymbol{S}_{M-1}\}$ 是空间 $\mathbb{Z}^D$ 的一个划分。通常取陪集代表元素集合为 $\boldsymbol{\Delta} = \mathcal{N}(\boldsymbol{M})$。图 2-1 给出了几个常用取样矩阵的陪集划分，对应的陪集代表元素集合见表 2-1，其中

$$\boldsymbol{M}_0 = \begin{bmatrix} 1 & 1 \\ 1 & -1 \end{bmatrix}, \quad \boldsymbol{M}_1 = \begin{bmatrix} 2 & 1 \\ -1 & 1 \end{bmatrix}, \quad \boldsymbol{M}_2 = \begin{bmatrix} 2 & 1 \\ 2 & -1 \end{bmatrix}, \quad \boldsymbol{M}_3 = \begin{bmatrix} 2 & 0 \\ 0 & 2 \end{bmatrix}$$

1. 下采样

令 $x(\boldsymbol{k})$ 表示 D 维输入信号，取样矩阵为 $\boldsymbol{M}$，则下采样 [1] 可表示为

$$y(\boldsymbol{k}) = x(\boldsymbol{M}\boldsymbol{k})$$

其中，$y(\boldsymbol{k})$ 为采样后的信号，对应的 Z 变换形式为

$$Y(\boldsymbol{z}) = \frac{1}{M} \sum_{i=0}^{M-1} X(\boldsymbol{z}^{\boldsymbol{M}^{-1}} \cdot \mathrm{e}^{-\mathrm{j}2\pi \boldsymbol{M}^{-\mathrm{T}} \boldsymbol{t}_i})$$

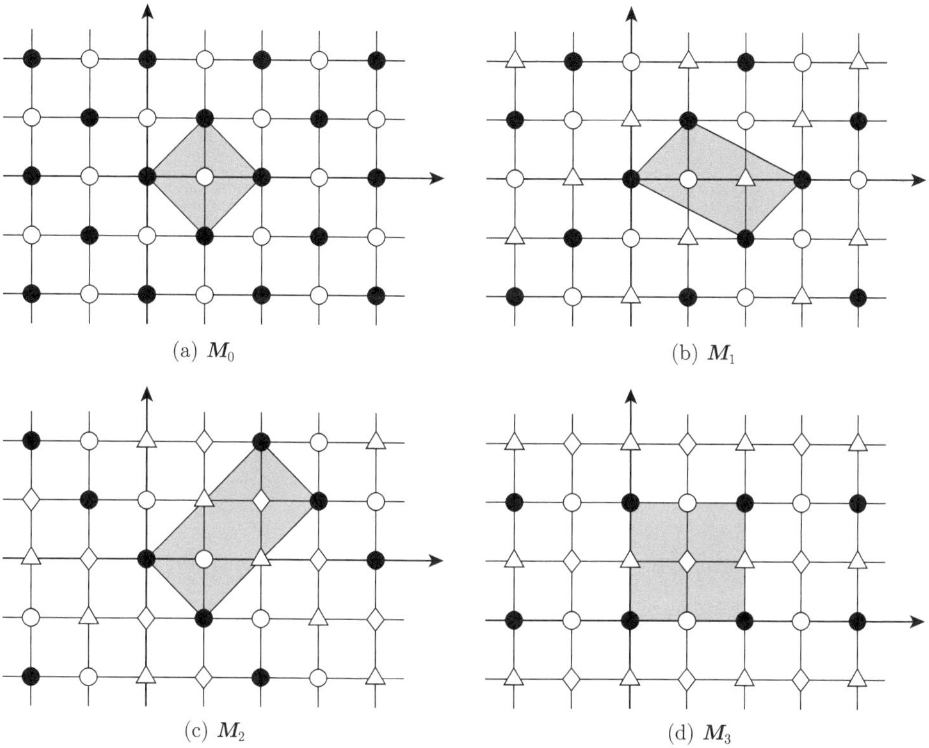

(a) $\boldsymbol{M}_0$ (b) $\boldsymbol{M}_1$

(c) $\boldsymbol{M}_2$ (d) $\boldsymbol{M}_3$

图 2-1 多维采样示意图

表 2-1 多维取样矩阵的陪集代表元素

取样矩阵	陪集代表元素
$\boldsymbol{M}_0$	$\begin{bmatrix}0\\0\end{bmatrix},\begin{bmatrix}1\\0\end{bmatrix}$
$\boldsymbol{M}_1$	$\begin{bmatrix}0\\0\end{bmatrix},\begin{bmatrix}1\\0\end{bmatrix},\begin{bmatrix}2\\0\end{bmatrix}$
$\boldsymbol{M}_2$	$\begin{bmatrix}0\\0\end{bmatrix},\begin{bmatrix}1\\0\end{bmatrix},\begin{bmatrix}1\\1\end{bmatrix},\begin{bmatrix}2\\1\end{bmatrix}$
$\boldsymbol{M}_3$	$\begin{bmatrix}0\\0\end{bmatrix},\begin{bmatrix}1\\0\end{bmatrix},\begin{bmatrix}0\\1\end{bmatrix},\begin{bmatrix}1\\1\end{bmatrix}$

2. 上采样

上采样 [1] 过程可表示为

$$y(\boldsymbol{k})=\begin{cases}x(\boldsymbol{M}^{-1}\boldsymbol{k}), & \boldsymbol{k}\in\boldsymbol{M}\mathbb{Z}^D\\ 0, & 其他\end{cases}$$

其中，$y(\boldsymbol{k})$ 为上采样后的信号，对应的 Z 变换形式为

$$Y(\boldsymbol{z}) = X(\boldsymbol{z}^{\boldsymbol{M}})$$

2.1.2　支撑

滤波器 $H_i(\boldsymbol{z})$ 可表示为

$$H_i(\boldsymbol{z}) = \sum_{\boldsymbol{k}\in\boldsymbol{\Omega}} h_i(\boldsymbol{k})\boldsymbol{z}^{-\boldsymbol{k}}$$

其中，$h_i(\boldsymbol{k})$ 为滤波器系数；$\boldsymbol{k}$ 为系数坐标，系数坐标的集合 $\boldsymbol{\Omega}$ 为滤波器支撑。

一维滤波器 $H_i(z)$ 通常表示为

$$H_i(z) = \sum_{k=0}^{N-1} h_i(k)z^{-k}$$

此时滤波器的支撑为 $\boldsymbol{\Omega} = \{0,1,\cdots,N-1\}$，称 N 为滤波器长度。当 $N = MK, K \in \mathbb{N}^+$ 时，称滤波器长度为约束长度，称相应的滤波器支撑为约束支撑。当 $N = MK + \beta, K \in \mathbb{N}^+, \beta \in \mathbb{N}, 0 \leqslant \beta < M$ 时，称滤波器长度为任意长度，称相应的滤波器支撑为广义支撑。

多维滤波器的约束支撑为 $\boldsymbol{\Omega} = \mathcal{N}(\boldsymbol{M}\boldsymbol{\Xi})$，其中 $\boldsymbol{\Xi}$ 为正整数对角矩阵。这类似于一维滤波器长度为取样因子整数倍的情形，即一维约束长度情形。多维滤波器的广义支撑类似于一维的任意长度情形，但要复杂得多，将在第 5 章给出严格定义。

2.1.3　滤波器组的表示

对于 P 通道 $\boldsymbol{M}$ 取样的滤波器组，其一般表示如图 2-2 所示，其中 $H_i(\boldsymbol{z}), i = 0,1,\cdots,P-1$ 为分析滤波器，$F_i(\boldsymbol{z}), i = 0,1,\cdots,P-1$ 为合成滤波器，$X(\boldsymbol{z})$ 与 $Y(\boldsymbol{z})$ 分别为原始信号与合成信号。

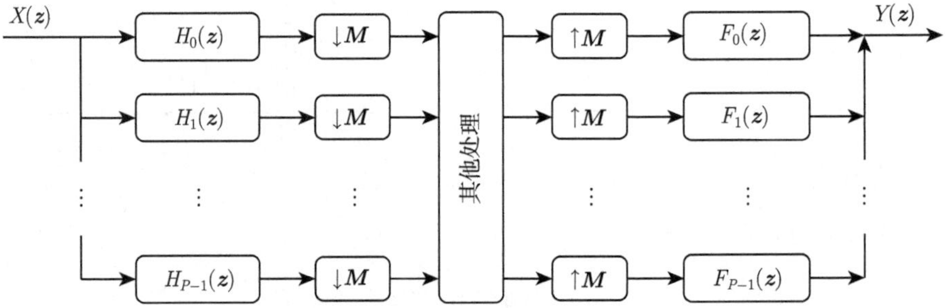

图 2-2　滤波器组的一般表示

定义滤波器 $H_i(\boldsymbol{z})$ 的 Z 变换及多相元素为

$$H_i(\boldsymbol{z}) = \sum_{\boldsymbol{k}\in\mathbb{Z}^D} h_i(\boldsymbol{k})\boldsymbol{z}^{-\boldsymbol{k}}$$

$$H_{i,l}(\boldsymbol{z}) = \sum_{\boldsymbol{k}\in\mathbb{Z}^D} h_i(\boldsymbol{M}\boldsymbol{k}+\boldsymbol{t}_l)\boldsymbol{z}^{-\boldsymbol{k}}, \quad l=0,1,\cdots,M-1$$

则滤波器可由对应的 M 个多相元素表示：$H_i(\boldsymbol{z}) = \sum\limits_{i=0}^{M-1} \boldsymbol{z}^{-\boldsymbol{t}_i} H_{i,l}(\boldsymbol{z})$。可类似定义合成滤波器 $F_i(\boldsymbol{z})$ 的 Z 变换与多相元素。定义滤波器组的分析多相矩阵为

$$\boldsymbol{E}(\boldsymbol{z}) = \begin{bmatrix} H_{0,0}(\boldsymbol{z}) & H_{0,1}(\boldsymbol{z}) & \cdots & H_{0,M-1}(\boldsymbol{z}) \\ H_{1,0}(\boldsymbol{z}) & H_{1,1}(\boldsymbol{z}) & \cdots & H_{1,M-1}(\boldsymbol{z}) \\ \vdots & \vdots & & \vdots \\ H_{P-1,0}(\boldsymbol{z}) & H_{P-1,1}(\boldsymbol{z}) & \cdots & H_{P-1,M-1}(\boldsymbol{z}) \end{bmatrix}$$

滤波器组可表示为

$$\begin{bmatrix} H_0(\boldsymbol{z}) \\ H_1(\boldsymbol{z}) \\ \vdots \\ H_{P-1}(\boldsymbol{z}) \end{bmatrix} = \boldsymbol{E}(\boldsymbol{z}^{\boldsymbol{M}}) \begin{bmatrix} \boldsymbol{z}^{-\boldsymbol{t}_0} \\ \boldsymbol{z}^{-\boldsymbol{t}_1} \\ \vdots \\ \boldsymbol{z}^{-\boldsymbol{t}_{M-1}} \end{bmatrix} \tag{2.1}$$

合成多相矩阵的转置 $\boldsymbol{R}^{\mathrm{T}}(\boldsymbol{z})$ 可类似描述。通过多相表示，滤波器组的一般表示可转换成图 2-3 的多相表示形式。

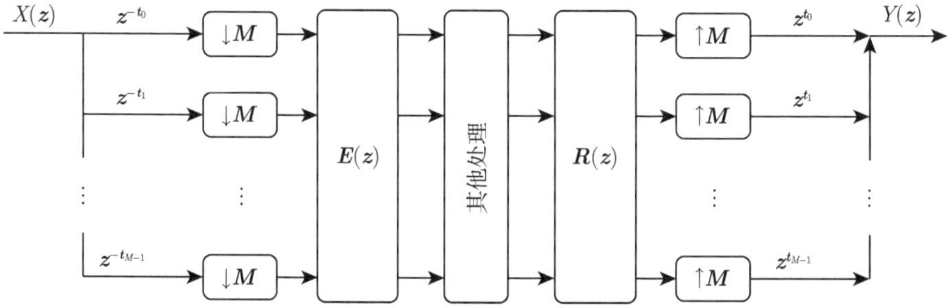

图 2-3 滤波器组的多相表示

2.2 滤波器组的性质

2.2.1 完全重构

滤波器组的完全重构性质提供了无损的信号表示方式，在图像视频压缩、信号去噪、数字水印等应用方面几乎不可或缺，而且完全重构性质极大简化了信号处理的误差分析过程。考虑 P 通道 $\boldsymbol{M}$ 取样的过采样滤波器组，如图 2-2 所示，令原始信号、分析滤波后的信号、上采样后的信号以及合成信号分别为 $X(\boldsymbol{z})$、$X_i(\boldsymbol{z})$、$Y_i(\boldsymbol{z})$、$Y(\boldsymbol{z})$。定义 $\mathbf{e}^{(l)} \overset{\text{def}}{=\!=} \mathbf{e}^{-\mathrm{j}2\pi\boldsymbol{M}^{-\mathrm{T}}\boldsymbol{t}_l}$，由多维采样理论可得

$$
\begin{aligned}
Y(\boldsymbol{z}) &= \sum_{i=0}^{P-1} F_i(\boldsymbol{z})Y_i(\boldsymbol{z}) \\
&= \sum_{i=0}^{P-1} F_i(\boldsymbol{z})\frac{1}{M}\sum_{l=0}^{M-1} X_l(\boldsymbol{z}\cdot\mathbf{e}^{(l)}) \\
&= \sum_{i=0}^{P-1} F_i(\boldsymbol{z})\frac{1}{M}\sum_{l=0}^{M-1} H_i(\boldsymbol{z}\cdot\mathbf{e}^{(l)})X(\boldsymbol{z}\cdot\mathbf{e}^{(l)}) \\
&= \sum_{l=0}^{M-1}\sum_{i=0}^{P-1} \frac{1}{M}F_i(\boldsymbol{z})H_i(\boldsymbol{z}\cdot\mathbf{e}^{(l)})X(\boldsymbol{z}\cdot\mathbf{e}^{(l)})
\end{aligned}
\tag{2.2}
$$

当 $Y(\boldsymbol{z}) = X(\boldsymbol{z})$ 时，滤波器组完全重构，由式(2.2)得

$$
\sum_{i=0}^{P-1} F_i(\boldsymbol{z})H_i(\boldsymbol{z}\cdot\mathbf{e}^{(l)}) = M\delta_l \tag{2.3}
$$

称此条件为滤波器组的完全重构条件。

条件(2.3)的周期为 $\boldsymbol{M}^{-\mathrm{T}}$，故有

$$
\sum_{i=0}^{P-1} F_i(\boldsymbol{z}\cdot\mathbf{e}^{(l_1)})H_i(\boldsymbol{z}\cdot\mathbf{e}^{(l_2)}) = M\delta_{l_1,l_2}
$$

因此完全重构条件等价于

$$
\begin{bmatrix}
F_0(\boldsymbol{z}\cdot\mathbf{e}^{(0)}) & F_1(\boldsymbol{z}\cdot\mathbf{e}^{(0)}) & \cdots & F_{P-1}(\boldsymbol{z}\cdot\mathbf{e}^{(0)}) \\
F_0(\boldsymbol{z}\cdot\mathbf{e}^{(1)}) & F_1(\boldsymbol{z}\cdot\mathbf{e}^{(1)}) & \cdots & F_{P-1}(\boldsymbol{z}\cdot\mathbf{e}^{(1)}) \\
\vdots & \vdots & & \vdots \\
F_0(\boldsymbol{z}\cdot\mathbf{e}^{(M-1)}) & F_1(\boldsymbol{z}\cdot\mathbf{e}^{(M-1)}) & \cdots & F_{P-1}(\boldsymbol{z}\cdot\mathbf{e}^{(M-1)})
\end{bmatrix}
$$

$$\times \begin{bmatrix} H_0(\boldsymbol{z}\cdot\mathbf{e}^{(0)}) & H_0(\boldsymbol{z}\cdot\mathbf{e}^{(1)}) & \cdots & H_0(\boldsymbol{z}\cdot\mathbf{e}^{(M-1)}) \\ H_1(\boldsymbol{z}\cdot\mathbf{e}^{(0)}) & H_1(\boldsymbol{z}\cdot\mathbf{e}^{(1)}) & \cdots & H_1(\boldsymbol{z}\cdot\mathbf{e}^{(M-1)}) \\ \vdots & \vdots & & \vdots \\ H_{P-1}(\boldsymbol{z}\cdot\mathbf{e}^{(0)}) & H_{P-1}(\boldsymbol{z}\cdot\mathbf{e}^{(1)}) & \cdots & H_{P-1}(\boldsymbol{z}\cdot\mathbf{e}^{(M-1)}) \end{bmatrix}$$

$$\overset{\text{def}}{=\!=}\boldsymbol{R}^{(m)}(\boldsymbol{z})\boldsymbol{E}^{(m)}(\boldsymbol{z}) = M\boldsymbol{I}_M \tag{2.4}$$

称式(2.4)为调制完全重构条件，$\boldsymbol{E}^{(m)}(\boldsymbol{z})$、$\boldsymbol{R}^{(m)}(\boldsymbol{z})$ 分别为分析、合成调制矩阵。

由式(2.1)可知，调制矩阵 $\boldsymbol{E}^{(m)}(\boldsymbol{z})$ 满足

$$\boldsymbol{E}^{(m)}(z) = \sqrt{M}\boldsymbol{E}(\boldsymbol{z}^{\boldsymbol{M}})$$

$$\times \frac{1}{\sqrt{M}}\begin{bmatrix} \mathbf{e}^{(0)}\cdot\boldsymbol{z}^{-\boldsymbol{t}_0} & \mathbf{e}^{(1)}\cdot\boldsymbol{z}^{-\boldsymbol{t}_0} & \cdots & \mathbf{e}^{(M-1)}\cdot\boldsymbol{z}^{-\boldsymbol{t}_0} \\ \mathbf{e}^{(0)}\cdot\boldsymbol{z}^{-\boldsymbol{t}_1} & \mathbf{e}^{(1)}\cdot\boldsymbol{z}^{-\boldsymbol{t}_1} & \cdots & \mathbf{e}^{(M-1)}\cdot\boldsymbol{z}^{-\boldsymbol{t}_1} \\ \vdots & \vdots & & \vdots \\ \mathbf{e}^{(0)}\cdot\boldsymbol{z}^{-\boldsymbol{t}_{M-1}} & \mathbf{e}^{(1)}\cdot\boldsymbol{z}^{-\boldsymbol{t}_{M-1}} & \cdots & \mathbf{e}^{(M-1)}\cdot\boldsymbol{z}^{-\boldsymbol{t}_{M-1}} \end{bmatrix}$$

其右端第二个因子为正交矩阵。合成多相矩阵的转置 $\boldsymbol{R}^{\mathrm{T}}(\boldsymbol{z})$ 可类似描述，故多相域的滤波器组完全重构条件可表示为 $\boldsymbol{R}(\boldsymbol{z}^{\boldsymbol{M}})\boldsymbol{E}(\boldsymbol{z}^{\boldsymbol{M}}) = \boldsymbol{I}_M$，等价于

$$\boldsymbol{R}(\boldsymbol{z})\boldsymbol{E}(\boldsymbol{z}) = \boldsymbol{I}_M$$

特别值得一提的是一类特殊的完全重构滤波器组，其限定合成滤波器为分析滤波器的时逆，称为仿酉滤波器组，对应的调制与多相完全重构条件分别为

$$\left(\boldsymbol{E}^{(m)}(\boldsymbol{z}^{-\boldsymbol{I}})\right)^{\mathrm{T}}\boldsymbol{E}^{(m)}(\boldsymbol{z}) = M\boldsymbol{I}_M, \quad \boldsymbol{E}^{\mathrm{T}}(\boldsymbol{z}^{-\boldsymbol{I}})\boldsymbol{E}(\boldsymbol{z}) = \boldsymbol{I}_M$$

2.2.2 线性相位

如前所述，滤波器组的线性相位性质能有效避免图像和视频信号重构时的相位扭曲效应。它通过对称延拓即可实现信号的精确重构，相比于一般的周期延拓，其避免了变换信号在边界处的剧烈振荡。令 $\boldsymbol{\Omega}$ 表示多维滤波器 $H_i(\boldsymbol{z})$ 的支撑，则它的 Z 变换表达式为

$$H_i(\boldsymbol{z}) = \sum_{\boldsymbol{k}\in\boldsymbol{\Omega}} \boldsymbol{z}^{-\boldsymbol{k}} h_i(\boldsymbol{k})$$

定义 2.1

称 $H_i(\boldsymbol{z})$ 满足线性相位，如果

$$H_i(\boldsymbol{z}) = s_i\ \boldsymbol{z}^{-2\boldsymbol{c}} H_i(\boldsymbol{z}^{-\boldsymbol{I}}) \quad \text{或} \quad h_i(\boldsymbol{n}) = s_i h_i(2\boldsymbol{c} - \boldsymbol{n})$$

其中，$s_i = \pm 1$ 表示对称或反对称；$\boldsymbol{c} \in \dfrac{1}{2}\mathbb{N}^d$ 表示支撑 $\boldsymbol{\Omega}$ 的对称中心。♣

定义 2.2

令 $\boldsymbol{\Omega}$ 表示滤波器支撑。若任意的 $\boldsymbol{n}_i \in \boldsymbol{\Omega}$ 可通过 $\boldsymbol{n}_j \in \boldsymbol{\Omega}$ 表示为 $\boldsymbol{n}_i = 2\boldsymbol{c} - \boldsymbol{n}_j$，则称 $\boldsymbol{\Omega}$ 关于 $\boldsymbol{c}$ 影像不变，$\boldsymbol{c}$ 为 $\boldsymbol{\Omega}$ 的中心，$\boldsymbol{n}_j$ 是 $\boldsymbol{n}_i$ 的影像。♣

引理 2.3[2]

若 $\boldsymbol{\Omega}$ 为线性相位滤波器的支撑，则其影像不变。♠

引理 2.4[2]

假设 $\boldsymbol{\Xi}$ 为整数对角矩阵，则 $\mathcal{N}(\boldsymbol{\Xi})$ 关于 $\boldsymbol{c}_{\boldsymbol{\Xi}} = \dfrac{\mathcal{V}(\boldsymbol{\Xi}) - \boldsymbol{1}}{2}$ 影像不变。♠

引理 2.5[2]

令 $\boldsymbol{\Xi}$ 为正整数对角矩阵，$\boldsymbol{c}_{\boldsymbol{\Xi}}$ 为 $\mathcal{N}(\boldsymbol{\Xi})$ 的中心，则 $\mathcal{N}(\boldsymbol{M})$ 关于 $\boldsymbol{c}_{\boldsymbol{M}}$ 影像不变，当且仅当 $\mathcal{N}(\boldsymbol{M\Xi})$ 关于 $\boldsymbol{M}\boldsymbol{c}_{\boldsymbol{\Xi}} + \boldsymbol{c}_{\boldsymbol{M}}$ 影像不变。♠

考虑多元 P 通道 $\boldsymbol{M}$ 取样的线性相位滤波器组。滤波器满足线性相位，要求其系数对称（或反对称）。这显然要满足先决条件，即滤波器支撑影像不变。一元情形下滤波器支撑显然影像不变，支撑为 $[0,\gamma]$ 的滤波器的影像中心为 $\dfrac{\gamma}{2}$。多元情形下滤波器的支撑往往不满足影像不变。1999 年，Muramatsu 等 [2] 讨论多元滤波器组满足线性相位的充要条件时，限定滤波器的支撑为 $\mathcal{N}(\boldsymbol{M\Xi})$，满足：① $\mathcal{N}(\boldsymbol{M})$ 关于 $\boldsymbol{c}_{\boldsymbol{M}}$ 影像不变；② $\boldsymbol{\Xi}$ 为正整数对角矩阵。这就是第 1 章提到的约束支撑。由引理 2.5，$\mathcal{N}(\boldsymbol{M\Xi})$ 关于 $\boldsymbol{M}\boldsymbol{c}_{\boldsymbol{\Xi}} + \boldsymbol{c}_{\boldsymbol{M}}$ 影像不变。令线性相位滤波器 $H_i(\boldsymbol{z}) = \sum\limits_{\boldsymbol{n} \in \mathcal{N}(\boldsymbol{M\Xi})} h_i(\boldsymbol{n}) \boldsymbol{z}^{-\boldsymbol{n}}$，排列 $\boldsymbol{M}$ 的陪集代表元素使 $\boldsymbol{t}_i = 2\boldsymbol{c}_{\boldsymbol{M}} - \boldsymbol{t}_{M-1-i}, i =$

$0,1,\cdots,M-1$，则 $H_i(\boldsymbol{z})$ 的多相分量 $H_{i,l}(\boldsymbol{z})$ 满足

$$\begin{aligned}
H_{i,l}(\boldsymbol{z}) &= \sum_{\boldsymbol{n}\in\mathcal{N}(\boldsymbol{\Xi})} h_i(\boldsymbol{M}\boldsymbol{n}+\boldsymbol{t}_l)\boldsymbol{z}^{-\boldsymbol{n}} \\
&= \sum_{\boldsymbol{n}\in\mathcal{N}(\boldsymbol{\Xi})} s_i h_i(2\boldsymbol{c}-\boldsymbol{M}\boldsymbol{n}-\boldsymbol{t}_l)\boldsymbol{z}^{-\boldsymbol{n}} \\
&= \sum_{\boldsymbol{n}\in\mathcal{N}(\boldsymbol{\Xi})} s_i h_i(2\boldsymbol{M}\boldsymbol{c}_{\boldsymbol{\Xi}}+2\boldsymbol{c}_{\boldsymbol{M}}-\boldsymbol{M}\boldsymbol{n}-\boldsymbol{t}_l)\boldsymbol{z}^{-\boldsymbol{n}} \\
&= \sum_{\boldsymbol{n}\in\mathcal{N}(\boldsymbol{\Xi})} s_i h_i(\boldsymbol{M}(2\boldsymbol{c}_{\boldsymbol{\Xi}}-\boldsymbol{n})+2\boldsymbol{c}_{\boldsymbol{M}}-\boldsymbol{t}_l)\boldsymbol{z}^{2\boldsymbol{c}_{\boldsymbol{\Xi}}-\boldsymbol{n}}\boldsymbol{z}^{-2\boldsymbol{c}_{\boldsymbol{\Xi}}} \\
&= s_i\boldsymbol{z}^{-2\boldsymbol{c}_{\boldsymbol{\Xi}}} \sum_{\boldsymbol{n}\in\mathcal{N}(\boldsymbol{\Xi})} h_i(\boldsymbol{M}(2\boldsymbol{c}_{\boldsymbol{\Xi}}-\boldsymbol{n})+\boldsymbol{t}_{M-1-l})\boldsymbol{z}^{2\boldsymbol{c}_{\boldsymbol{\Xi}}-\boldsymbol{n}} \\
&= s_i\boldsymbol{z}^{-2\boldsymbol{c}_{\boldsymbol{\Xi}}} \sum_{\boldsymbol{n}\in\mathcal{N}(\boldsymbol{\Xi})} h_i(\boldsymbol{M}\boldsymbol{n}+\boldsymbol{t}_{M-1-l})\boldsymbol{z}^{\boldsymbol{n}} \\
&= s_i\boldsymbol{z}^{-2\boldsymbol{c}_{\boldsymbol{\Xi}}} H_{i,M-1-l}(\boldsymbol{z}^{-\boldsymbol{I}}) \\
&= s_i\boldsymbol{z}^{-(\mathcal{V}(\boldsymbol{\Xi})-\boldsymbol{1})} H_{i,M-1-l}(\boldsymbol{z}^{-\boldsymbol{I}})
\end{aligned}$$

因此，$H_i(\boldsymbol{z})$ 的所有多相分量满足如下关系：

$$\begin{aligned}
&[H_{i,0}(\boldsymbol{z}),H_{i,1}(\boldsymbol{z}),\cdots,H_{i,M-1}(\boldsymbol{z})] \\
&= s_i\boldsymbol{z}^{-(\mathcal{V}(\boldsymbol{\Xi})-\boldsymbol{1})}[H_{i,M-1}(\boldsymbol{z}^{-\boldsymbol{I}}),H_{i,M-2}(\boldsymbol{z}^{-\boldsymbol{I}}),\cdots,H_{i,0}(\boldsymbol{z}^{-\boldsymbol{I}})] \\
&= s_i\boldsymbol{z}^{-(\mathcal{V}(\boldsymbol{\Xi})-\boldsymbol{1})}[H_{i,0}(\boldsymbol{z}^{-\boldsymbol{I}}),H_{i,1}(\boldsymbol{z}^{-\boldsymbol{I}}),\cdots,H_{i,M-1}(\boldsymbol{z}^{-\boldsymbol{I}})]\boldsymbol{J}
\end{aligned}$$

故滤波器组的分析多相矩阵 $\boldsymbol{E}(\boldsymbol{z})$ 满足

$$\begin{aligned}
\boldsymbol{E}(\boldsymbol{z}) &= \begin{bmatrix} H_{0,0}(\boldsymbol{z}) & H_{0,1}(\boldsymbol{z}) & \cdots & H_{0,M-1}(\boldsymbol{z}) \\ H_{1,0}(\boldsymbol{z}) & H_{1,1}(\boldsymbol{z}) & \cdots & H_{1,M-1}(\boldsymbol{z}) \\ \vdots & \vdots & & \vdots \\ H_{P-1,0}(\boldsymbol{z}) & H_{P-1,1}(\boldsymbol{z}) & \cdots & H_{P-1,M-1}(\boldsymbol{z}) \end{bmatrix} \\
&= \begin{bmatrix} s_0\boldsymbol{z}^{-(\mathcal{V}(\boldsymbol{\Xi})-\boldsymbol{1})}[H_{0,0}(\boldsymbol{z}^{-\boldsymbol{I}}),H_{0,1}(\boldsymbol{z}^{-\boldsymbol{I}}),\cdots,H_{0,M-1}(\boldsymbol{z}^{-\boldsymbol{I}})]\boldsymbol{J} \\ s_1\boldsymbol{z}^{-(\mathcal{V}(\boldsymbol{\Xi})-\boldsymbol{1})}[H_{1,0}(\boldsymbol{z}^{-\boldsymbol{I}}),H_{1,1}(\boldsymbol{z}^{-\boldsymbol{I}}),\cdots,H_{1,M-1}(\boldsymbol{z}^{-\boldsymbol{I}})]\boldsymbol{J} \\ \vdots \\ s_{P-1}\boldsymbol{z}^{-(\mathcal{V}(\boldsymbol{\Xi})-\boldsymbol{1})}[H_{P-1,0}(\boldsymbol{z}^{-\boldsymbol{I}}),H_{P-1,1}(\boldsymbol{z}^{-\boldsymbol{I}}),\cdots,H_{P-1,M-1}(\boldsymbol{z}^{-\boldsymbol{I}})]\boldsymbol{J} \end{bmatrix} \\
&= \boldsymbol{z}^{-(\mathcal{V}(\boldsymbol{\Xi})-\boldsymbol{1})}\mathrm{diag}(s_0,s_1,\cdots,s_{P-1})\boldsymbol{E}(\boldsymbol{z}^{-\boldsymbol{I}})\boldsymbol{J}
\end{aligned}$$

$$= \boldsymbol{z}^{-(\mathcal{V}(\boldsymbol{\Xi})-\boldsymbol{1})}\boldsymbol{D}\boldsymbol{E}(\boldsymbol{z}^{-\boldsymbol{I}})\boldsymbol{J}$$

其中，$\boldsymbol{D}=\mathrm{diag}(s_0,s_1,\cdots,s_{P-1})$。合成多相矩阵 $\boldsymbol{R}(\boldsymbol{z})$ 可以得出类似的结果。概括起来，有以下结论成立。

定理 2.6

多维滤波器组的分析滤波器 $H_i(\boldsymbol{z})$ 的支撑为 $\mathcal{N}(\boldsymbol{M\Xi})$，而合成滤波器 $F_i(\boldsymbol{z})$ 的支撑为 $\mathcal{N}(-\boldsymbol{M\Xi})$，则滤波器组满足线性相位当且仅当

$$\boldsymbol{E}(\boldsymbol{z}) = \boldsymbol{z}^{-(\mathcal{V}(\boldsymbol{\Xi})-\boldsymbol{1})}\boldsymbol{D}\boldsymbol{E}(\boldsymbol{z}^{-\boldsymbol{I}})\boldsymbol{J}$$
$$\boldsymbol{R}^{\mathrm{T}}(\boldsymbol{z}^{-\boldsymbol{I}}) = \boldsymbol{z}^{-(\mathcal{V}(\boldsymbol{\Xi})-\boldsymbol{1})}\boldsymbol{D}\boldsymbol{R}(\boldsymbol{z}^{-\boldsymbol{I}})\boldsymbol{J}$$

特别地，一维约束支撑滤波器组满足线性相位当且仅当

$$\boldsymbol{E}(z) = z^{-(K-1)}\boldsymbol{D}\boldsymbol{E}(z^{-1})\boldsymbol{J}$$
$$\boldsymbol{R}^{\mathrm{T}}(z^{-1}) = z^{-(K-1)}\boldsymbol{D}\boldsymbol{R}^{\mathrm{T}}(z)\boldsymbol{J}$$

♡

对于多维广义支撑滤波器组，其满足线性相位的充要条件尚未见报道，第 5 章将对其进行研究。对于一维广义支撑滤波器组，Tran 和 Nguyen [3] 于 1997 年建立了相应的线性相位充要条件，即

$$\boldsymbol{E}(z) = z^{-(K-1)}\boldsymbol{D}\boldsymbol{E}(z^{-1})\mathrm{diag}(z^{-1}\boldsymbol{J}_{\beta},\boldsymbol{J}_{M-\beta})$$
$$\boldsymbol{R}^{\mathrm{T}}(z^{-1}) = z^{-(K-1)}\boldsymbol{D}\boldsymbol{R}^{\mathrm{T}}(z)\mathrm{diag}(z^{-1}\boldsymbol{J}_{\beta},\boldsymbol{J}_{M-\beta})$$

2.2.3 正则性

滤波器组满足正则性，对应其直流泄漏为零，即各高通滤波器的系数之和为零。正则性在图像压缩等应用中非常重要，可有效提高变换信号的稀疏程度。正则性的阶数越高，往往变换所得信号越稀疏，同时滤波器组的复杂度也会提高。本书主要关注一阶正则性。

引理 2.7

滤波器组满足 $(K_{\mathrm{a}},K_{\mathrm{s}})$ 阶正则性当且仅当

$$\frac{\mathrm{d}^n}{\mathrm{d}\boldsymbol{z}^n}\begin{bmatrix} H_0(\boldsymbol{z}) \\ H_1(\boldsymbol{z}) \\ \vdots \\ H_{P-1}(\boldsymbol{z}) \end{bmatrix}\Bigg|_{\boldsymbol{z}=\boldsymbol{1}} = \begin{bmatrix} c \\ 0 \\ \vdots \\ 0 \end{bmatrix}$$

$$\frac{\mathrm{d}^m}{\mathrm{d}\boldsymbol{z}^m}\begin{bmatrix} F_0(\boldsymbol{z}) \\ F_1(\boldsymbol{z}) \\ \vdots \\ F_{P-1}(\boldsymbol{z}) \end{bmatrix}\Bigg|_{\boldsymbol{z}=\mathbf{1}} = \begin{bmatrix} d \\ 0 \\ \vdots \\ 0 \end{bmatrix}$$

其中，$n=0,1,\cdots,K_{\mathrm{a}}$；$m=0,1,\cdots,K_{\mathrm{s}}$；$c$、$d$ 为非零常量。♠

定理 2.8

滤波器组满足 $(K_{\mathrm{a}},K_{\mathrm{s}})$ 阶正则性当且仅当

$$\frac{\mathrm{d}^n}{\mathrm{d}\boldsymbol{z}^n}\boldsymbol{E}(\boldsymbol{z}^{\boldsymbol{M}})\begin{bmatrix} \boldsymbol{z}^{-\boldsymbol{t}_0} \\ \boldsymbol{z}^{-\boldsymbol{t}_1} \\ \vdots \\ \boldsymbol{z}^{-\boldsymbol{t}_{M-1}} \end{bmatrix}\Bigg|_{\boldsymbol{z}=\mathbf{1}} = \begin{bmatrix} c \\ 0 \\ \vdots \\ 0 \end{bmatrix}$$

$$\frac{\mathrm{d}^m}{\mathrm{d}\boldsymbol{z}^m}\boldsymbol{R}^{\mathrm{T}}(\boldsymbol{z}^{\boldsymbol{M}})\begin{bmatrix} \boldsymbol{z}^{\boldsymbol{t}_0} \\ \boldsymbol{z}^{\boldsymbol{t}_1} \\ \vdots \\ \boldsymbol{z}^{\boldsymbol{t}_{M-1}} \end{bmatrix}\Bigg|_{\boldsymbol{z}=\mathbf{1}} = \begin{bmatrix} d \\ 0 \\ \vdots \\ 0 \end{bmatrix}$$

其中，$n=0,1,\cdots,K_{\mathrm{a}}$；$m=0,1,\cdots,K_{\mathrm{s}}$；$c$、$d$ 为非零常量。♡

2.3 格型结构

2.3.1 LPPRFB 格型结构的理论

本书研究的是 LPPRFB 的格型结构，相关理论包括线性相位充要条件、关于对称极性的滤波器存在必要条件（简称对称极性条件）、关于滤波器长度的滤波器存在必要条件（简称滤波器长度条件）、完备性、最小性等。与格型结构已有文献相同，本书要求分析多相矩阵 $\boldsymbol{E}(\boldsymbol{z})$ 满足因果性质（causality），即 $\boldsymbol{E}(\boldsymbol{z})$ 不包含负延迟，或者说 $\boldsymbol{E}(\boldsymbol{z})=\sum\limits_{\boldsymbol{k}}\boldsymbol{z}^{-\boldsymbol{k}}\mathbf{e}_{\boldsymbol{k}}$，其中向量 $\boldsymbol{k}$ 的所有元素均为非负整数。这使得对应的一维分析滤波器也满足因果性质，不过对应的多维分析滤波器不一定满足该性质 [2]。

1. 线性相位充要条件

线性相位充要条件描述的是滤波器组满足线性相位时，其多相矩阵应满足的充要条件。因基于多相矩阵的滤波器设计非常灵活，故该条件成为格型结构设计的重要前提。

文献 [2] 的定理 5 给出了多维 LPPRFB 的线性相位充要条件，亦见定理 2.6。

2. 对称极性条件

对称极性条件描述对称滤波器个数 n_{s} 与反对称滤波器个数 n_{a} 的取值范围。该条件缩小了格型结构设计的讨论空间。文献 [2] 的定理 6 给出了多维 LPPRFB 的对称极性条件，亦见定理 2.9。

定理 2.9

多维滤波器组的分析滤波器 $H_i(\boldsymbol{z})$ 的支撑为 $\mathcal{N}(\boldsymbol{M\Xi})$，而合成滤波器 $F_i(\boldsymbol{z})$ 的支撑为 $\mathcal{N}(-\boldsymbol{M\Xi})$，其中 $\boldsymbol{\Xi}$ 为正整数对角矩阵。当 M 为偶数时，对称与反对称滤波器个数均为 $M/2$。当 M 为奇数时，对称与反对称滤波器个数分别为 $(M+1)/2$ 与 $(M-1)/2$。♡

3. 滤波器长度条件

滤波器长度条件排除了不可能的长度取值。类似于对称极性条件，该条件也可缩小格型结构设计的讨论空间。文献 [2] 的定理 7 给出了多维 LPPRFB 的滤波器长度条件。该定理仅针对奇数 M 情形，因为偶数 M 情形无长度限制。详见定理 2.10。

定理 2.10

多维滤波器组的分析滤波器 $H_i(\boldsymbol{z})$ 的支撑为 $\mathcal{N}(\boldsymbol{M\Xi})$，而合成滤波器 $F_i(\boldsymbol{z})$ 的支撑为 $\mathcal{N}(-\boldsymbol{M\Xi})$，其中 $\boldsymbol{\Xi}$ 为正整数对角矩阵。当 M 为奇数时，$\boldsymbol{\Xi}$ 的各对角元均为奇数。♡

4. 完备性

若一个格型结构能够表示所有具备特定性质（如 LP 与 PR 性质）的滤波器组，则称其完备或满足完备性，称之为完备格型结构。完备性无疑给出了所有可能的选择。

多维 LPPRFB 的完备格型结构难以设计，文献多探讨一维 LPPRFB 的完备性。

5. 最小性

若一个格型结构能够采用最少的电路延迟实现特定的滤波器组，则称其满足最小性，称之为最小格型结构。最小格型结构的即时响应速度是最快的。文献 [2] 中详细论证了多维 LPPRFB 格型结构的最小性。

2.3.2 LPPRFB 格型结构的设计

LPPRFB 格型结构的设计，通过分解其多相矩阵 $\boldsymbol{E}(\boldsymbol{z})$ 为低阶模块的连乘实现。下面以一维严格采样约束支撑情形为例描述 LPPRFB 格型结构的设计，此时滤波器长度为 KM，M 为取样因子，K 为正整数。

当 M 为偶数时，多相矩阵 $\boldsymbol{E}(z)$ 可分解为 [4]

$$\boldsymbol{E}(z) = \boldsymbol{G}_{K-1}(z)\boldsymbol{G}_{K-2}(z)\cdots\boldsymbol{G}_1(z)\boldsymbol{E}_0$$

其中，$\boldsymbol{E}_0$ 与 $\boldsymbol{G}_k(z)(k=1,2,\cdots,K-1)$ 分别为初始模块与传播模块，分别满足

$$\boldsymbol{E}_0 = \boldsymbol{D}\boldsymbol{E}_0\boldsymbol{J}$$

$$\boldsymbol{G}_k(z) = z^{-1}\boldsymbol{D}\boldsymbol{G}_k(z^{-1})\boldsymbol{D}$$

这两个模块可进一步分解为 [5]

$$\boldsymbol{E}_0 = \frac{\sqrt{2}}{2}\mathrm{diag}\left(\boldsymbol{U}_0, \boldsymbol{V}_0\right)\boldsymbol{W}_M\hat{\boldsymbol{I}}_M$$

$$\boldsymbol{G}_k(z) = \frac{1}{2}\mathrm{diag}\left(\boldsymbol{I}_m, \boldsymbol{V}_k\right)\boldsymbol{W}_M\mathrm{diag}\left(\boldsymbol{I}_m, z^{-1}\boldsymbol{I}_m\right)\boldsymbol{W}_M$$

其中，$m=M/2$；$\boldsymbol{U}_k$ 与 $\boldsymbol{V}_k(k=0,1,2,\cdots,K-1)$ 均为 $m\times m$ 的可逆矩阵。

当 M 为奇数时，K 必为奇数，多相矩阵 $\boldsymbol{E}(z)$ 可分解为 [4]

$$\boldsymbol{E}(z) = \boldsymbol{G}_{\frac{K-1}{2}}(z)\boldsymbol{G}_{\frac{K-3}{2}}(z)\cdots\boldsymbol{G}_1(z)\boldsymbol{E}_0$$

其中，$\boldsymbol{E}_0$ 与 $\boldsymbol{G}_k(z)\left(k=1,2,\cdots,\dfrac{K-1}{2}\right)$ 分别为初始模块与传播模块，分别满足

$$\boldsymbol{E}_0 = \boldsymbol{D}\boldsymbol{E}_0\boldsymbol{J}$$

$$\boldsymbol{G}_k(z) = z^{-2}\boldsymbol{D}\boldsymbol{G}_k(z^{-1})\boldsymbol{D}$$

这两个模块可进一步分解为 [5]

$$\boldsymbol{E}_0 = \frac{\sqrt{2}}{2}\mathrm{diag}\left(\boldsymbol{U}_0, \boldsymbol{V}_0\right)\boldsymbol{W}_M\hat{\boldsymbol{I}}_M$$

$$G_k(z) = \mathrm{diag}(\boldsymbol{U}_k, \boldsymbol{I}_m)\boldsymbol{W}^{(a)}(z)\mathrm{diag}(\boldsymbol{I}_{m+1}, \boldsymbol{V}_k)\boldsymbol{W}^{(b)}(z)$$

此处

$$\boldsymbol{W}^{(a)}(z) = \frac{1}{2}\boldsymbol{W}_M\mathrm{diag}(\boldsymbol{I}_{m+1}, z^{-1}\boldsymbol{I}_m)\boldsymbol{W}_M$$

$$\boldsymbol{W}^{(b)}(z) = \frac{1}{2}\boldsymbol{W}_M\mathrm{diag}(\boldsymbol{I}_m, z^{-1}\boldsymbol{I}_{m+1})\boldsymbol{W}_M$$

其中，$m = (M-1)/2$；$\boldsymbol{U}_k$ 与 $\boldsymbol{V}_k$ $\left(k = 0, 1, 2, \cdots, \dfrac{K-1}{2}\right)$ 分别为 $(m+1)\times(m+1)$ 与 $m \times m$ 的可逆矩阵。

参考文献

[1] Kovacevic J, Vetterli M. Nonseparable multidimensional perfect reconstruction filter banks and wavelet bases for R^n. IEEE Transactions on Information Theory, 1992, 38(3): 533-555.

[2] Muramatsu S, Yamada A, Kiya H. A design method of multidimensional linear-phase paraunitary filter banks with a lattice structure. IEEE Transactions on Signal Processing, 1999, 47(3): 690-700.

[3] Tran T D, Nguyen T Q. On M-channel linear-phase FIR filter banks and application in image compression. IEEE Transactions on Signal Processing, 1997, 45(9): 2175-2187.

[4] Tran T D, de Queiroz R L, Nguyen T Q. Linear-phase perfect reconstruction filter bank: Lattice structure, design, and application in image coding. IEEE Transactions on Signal Processing, 2000, 48(1): 133-147.

[5] Xu Z, Makur A. On the arbitrary-length M-channel linear phase perfect reconstruction filter banks. IEEE Transactions on Signal Processing, 2009, 57(10): 4118-4123.

第 3 章　一维严格采样 LPPRFB 格型结构的设计

3.1　引　　言

一维严格采样约束支撑 LPPRFB（滤波器长度为 KM，即约束长度）格型结构的研究可追溯到 20 世纪 90 年代初。1993 年，Soman 等 [1] 建立了对称极性条件，设计了偶数带情形的完备格型结构。1996 年，de Queiroz 等 [2] 设计了与 Soman 等 [1] 等价的格型结构。这两个格型结构针对的是仿酉情形。2000 年，Tran 等 [3] 系统研究了完全重构情形的格型结构设计，既覆盖偶数带又包含奇数带，同时讨论了格型结构的完备性。

相比于约束支撑滤波器组，一维严格采样广义支撑 LPPRFB（滤波器长度为 $KM+\beta$，即任意长度）提供了更多可能的选择，能够更好地折中滤波器支撑与滤波器性能，其格型结构研究始于 20 世纪 90 年代末。1997 年，Tran 和 Nguyen [4] 讨论了对应的对称极性条件，设计了偶数带情形的完备格型结构。2000 年，Ikehara 等 [5] 设计了奇数带情形的格型结构。这两个格型结构考虑的是仿酉情形。2009 年，Xu 和 Makur [6] 考虑了完全重构情形，形成了系统性的结果。其研究涵盖奇数带与偶数带情形，同时涉及了格型结构在仿酉情形的完备性。

由文献 [4] 可知，LPPRFB 格型结构的设计关键在于初始模块，而事实上完备性证明的关键也在初始模块 [4]。一维严格采样广义支撑 LPPRFB 的格型结构研究虽然形成了比较系统性的结果，但在初始模块的设计及其完备性证明上，仍存在两个可进一步深化的地方：①目前的初始模块设计都是一步式的，没有借鉴其他相关研究的结果。考虑与相关研究的联系，并以此作为设计基础，形成两步式方法，很可能得到新的设计视角。这将丰富一维严格采样广义支撑 LPPRFB 的格型结构的设计理论。②目前初始模块的设计与完备性证明需要分别进行，这种局面是由已有设计包含的推导的单向性（不可逆）造成的，因而完成设计后需要额外的论述来证明初始模块的完备性，事实上已有结果提供的证明还很复杂。如果能够构造性地证明初始模块的完备性，或者说采用可逆的过程设计初始模块，那么就可以摒弃额外且复杂的证明过程。除了这两个问题，信号处理需要的一类重要的 LPPRFB，即正则 LPPRFB 的格型结构设计没有形成系统结果，其奇数取样的结果有待探索。

本章进行了三个方面的研究：①考虑到一维广义支撑 LPPRFB 与一维约束

支撑 LPPRFB 的关系，借鉴一维约束支撑 LPPRFB 的系统性结果，提出一种组合方法设计一维广义支撑 LPPRFB 的初始模块 [7]。该方法通过组合约束支撑 LPPRFB 的多相矩阵来构造广义支撑 LPPRFB 的多相矩阵，故称之为组合多相方法。②直接求解一维广义支撑 LPPRFB 初始模块对应的约束方程组，避开了传统方法基于性质分析与猜测的单向设计，其推导过程可逆因而直接确保了初始模块的完备性 [8]。③提出取舍变换方法 [9]，设计了奇数取样的一维广义支撑正则 LPPRFB。这三项工作结果通过仿酉情形（即 LPPUFB）描述，将其中涉及的自由正交矩阵修改为自由可逆矩阵，也就推广到一般的完全重构情形（即 LPPRFB）。

3.2 组合多相方法

考虑一维严格采样广义支撑滤波器组，即 M 带、取样因子为 M、长度为 $KM+\beta$ 的滤波器组。此型滤波器组构成广义支撑（即任意长度）线性相位仿酉滤波器组（ALLPPUFB）的条件为：相应的 $M\times M$ 多相矩阵 $\boldsymbol{E}(z)$ 满足仿酉性质 $\boldsymbol{E}^{\mathrm{T}}(z^{-1})\boldsymbol{E}(z)=\boldsymbol{I}$ 和线性相位性质 $\boldsymbol{E}(z)=z^{-(K-1)}\boldsymbol{D}\boldsymbol{E}(z^{-1})\hat{\boldsymbol{J}}(z)$。此处，$\boldsymbol{D}=\mathrm{diag}(\boldsymbol{I}_{n_{\mathrm{s}}},-\boldsymbol{I}_{n_{\mathrm{a}}})$，$\hat{\boldsymbol{J}}(z)=\mathrm{diag}(z^{-1}\boldsymbol{J}_{\beta},\boldsymbol{J}_{M-\beta})$，$n_{\mathrm{s}}$ 与 n_{a} 分别表示对称与反对称滤波器的个数，称 $K-1$ 为滤波器组的阶。显然，$\beta=0$ 的情形对应约束长度线性相位仿酉滤波器组（CLLPPUFB）。

由文献 [6] 可知，ALLPPUFB 只存在于以下三种情形。

情形 A: $M\in\mathrm{even},\beta\in\mathrm{even},K\in\mathbb{Z}$。

情形 B: $M\in\mathrm{odd},\beta\in\mathrm{even},K\in\mathrm{odd}$。

情形 C: $M\in\mathrm{odd},\beta\in\mathrm{odd},K\in\mathrm{even}$。

第一种情形下 $n_{\mathrm{s}}=n_{\mathrm{a}}$，其他情形下 $n_{\mathrm{s}}=n_{\mathrm{a}}+1$ [6]。类似于 CLLPPUFB [3]，$K-1$ 阶 ALLPPUFB 可分解为

$$\boldsymbol{E}(z)=\begin{cases}\boldsymbol{G}_{K-1}(z)\cdots\boldsymbol{G}_2(z)\boldsymbol{G}_1(z)\boldsymbol{E}_0(z), & n_{\mathrm{s}}=n_{\mathrm{a}}\\ \boldsymbol{G}_{\lfloor\frac{K-1}{2}\rfloor}(z)\cdots\boldsymbol{G}_2(z)\boldsymbol{G}_1(z)\boldsymbol{E}_0(z), & n_{\mathrm{s}}=n_{\mathrm{a}}+1\end{cases}$$

其中，$\boldsymbol{G}_i(z)$ 与 $\boldsymbol{E}_0(z)$ 分别为传播模块和初始模块。传播模块满足

$$\boldsymbol{G}_i(z)=z^{-N_1}\boldsymbol{D}\boldsymbol{G}_i(z^{-1})\boldsymbol{D}$$

其中，$n_{\mathrm{s}}=n_{\mathrm{a}}$ 时 $N_1=1$；$n_{\mathrm{s}}=n_{\mathrm{a}}+1$ 时 $N_1=2$。初始模块满足

$$\boldsymbol{E}_0(z)=z^{-N_0}\boldsymbol{D}\boldsymbol{E}_0(z^{-1})\hat{\boldsymbol{J}}(z)$$

其中，N_0 是初始模块的最小阶，当 $\beta \in \text{even}$ 时（即情形 A 与情形 B），$N_0 = 0$；当 $\beta \in \text{odd}$ 时（即情形 C），$N_0 = 1$。如上所示，$\boldsymbol{E}(z)$ 的设计可通过分解构造模块 $\boldsymbol{G}_i(z)$ 与 $\boldsymbol{E}_0(z)$ 得到。$\boldsymbol{G}_i(z)$ 的分解在文献 [4]、[10] 和 [11] 中已有详细阐述，因而本章只讨论 $\boldsymbol{E}_0(z)$ 的分解。

3.2.1 设计

定理 3.1

假设 $\boldsymbol{E}_x(z)$ 是 N_0+1 阶取样因子为 β 的 CLLPPUFB 的多相矩阵，$\boldsymbol{E}_y(z)$ 是 N_0 阶取样因子为 $M-\beta$ 的 CLLPPUFB 的多相矩阵，其中 $\beta \in \text{even}$ 时 $N_0 = 0$，$\beta \in \text{odd}$ 时 $N_0 = 1$。令

$$\boldsymbol{E}_0(z) = \text{diag}(\boldsymbol{Q}_0, \boldsymbol{Q}_1)\boldsymbol{P}\text{diag}\Big(\boldsymbol{E}_x(z), \boldsymbol{E}_y(z)\Big) \tag{3.1}$$

其中，$\boldsymbol{Q}_0$ 与 $\boldsymbol{Q}_1$ 分别为 $\left\lceil \dfrac{M}{2} \right\rceil$ 与 $\left\lfloor \dfrac{M}{2} \right\rfloor$ 的自由正交矩阵；$\boldsymbol{P}$ 为如下所示的置换矩阵：

$$\boldsymbol{P} = \begin{bmatrix} \boldsymbol{I}_{\lceil \frac{\beta}{2} \rceil} & & & \\ & & \boldsymbol{I}_{\lceil \frac{M-\beta}{2} \rceil} & \\ & \boldsymbol{I}_{\lfloor \frac{\beta}{2} \rfloor} & & \\ & & & \boldsymbol{I}_{\lfloor \frac{M-\beta}{2} \rfloor} \end{bmatrix} \tag{3.2}$$

那么 $\boldsymbol{E}_0(z)$ 生成 N_0 阶 ALLPPUFB，即 $\boldsymbol{E}_0(z)$ 是 ALLPPUFB 的初始模块。 ♡

证明 由式(3.1)，以及 $\boldsymbol{Q}_0$、$\boldsymbol{Q}_1$、$\boldsymbol{P}$、$\boldsymbol{E}_x(z)$ 与 $\boldsymbol{E}_y(z)$ 满足仿酉性质可知

$$\boldsymbol{E}_0^{\mathrm{T}}(z^{-1})\boldsymbol{E}_0(z) = \boldsymbol{I} \tag{3.3}$$

对于所有可能的情形，易证 $n_{\mathrm{s}} = \left\lceil \dfrac{M}{2} \right\rceil, n_{\mathrm{a}} = \left\lfloor \dfrac{M}{2} \right\rfloor$，$\left\lceil \dfrac{M}{2} \right\rceil = \left\lceil \dfrac{\beta}{2} \right\rceil + \left\lceil \dfrac{M-\beta}{2} \right\rceil$ 与 $\left\lfloor \dfrac{M}{2} \right\rfloor = \left\lfloor \dfrac{\beta}{2} \right\rfloor + \left\lfloor \dfrac{M-\beta}{2} \right\rfloor$。令 $\boldsymbol{Q}_0$ 与 $\boldsymbol{Q}_1$ 为

$$\boldsymbol{Q}_0 = [\boldsymbol{Q}_{0,x}, \boldsymbol{Q}_{0,y}], \quad \boldsymbol{Q}_1 = [\boldsymbol{Q}_{1,x}, \boldsymbol{Q}_{1,y}] \tag{3.4}$$

其中子矩阵的大小分别为 $\left\lceil \dfrac{M}{2} \right\rceil \times \left\lceil \dfrac{\beta}{2} \right\rceil$、$\left\lceil \dfrac{M}{2} \right\rceil \times \left\lceil \dfrac{M-\beta}{2} \right\rceil$、$\left\lfloor \dfrac{M}{2} \right\rfloor \times \left\lfloor \dfrac{\beta}{2} \right\rfloor$ 与

$\left\lfloor\dfrac{M}{2}\right\rfloor\times\left\lfloor\dfrac{M-\beta}{2}\right\rfloor$。将式(3.4)代入式(3.1)可得

$$\boldsymbol{E}_0(z)=[\mathrm{diag}(\boldsymbol{Q}_{0,x},\boldsymbol{Q}_{1,x})\boldsymbol{E}_x(z),\mathrm{diag}(\boldsymbol{Q}_{0,y},\boldsymbol{Q}_{1,y})\boldsymbol{E}_y(z)] \tag{3.5}$$

易得

$$\begin{aligned}&\mathrm{diag}(\boldsymbol{Q}_{0,x},\boldsymbol{Q}_{1,x})\\=&\boldsymbol{D}\mathrm{diag}(\boldsymbol{Q}_{0,x},\boldsymbol{Q}_{1,x})\mathrm{diag}(\boldsymbol{I}_{\lceil\frac{\beta}{2}\rceil},-\boldsymbol{I}_{\lfloor\frac{\beta}{2}\rfloor})\end{aligned} \tag{3.6}$$

$$\begin{aligned}&\mathrm{diag}(\boldsymbol{Q}_{0,y},\boldsymbol{Q}_{1,y})\\=&\boldsymbol{D}\mathrm{diag}(\boldsymbol{Q}_{0,y},\boldsymbol{Q}_{1,y})\mathrm{diag}(\boldsymbol{I}_{\lceil\frac{M-\beta}{2}\rceil},-\boldsymbol{I}_{\lfloor\frac{M-\beta}{2}\rfloor})\end{aligned} \tag{3.7}$$

由问题假设与文献 [1] 中式 (2.1)、定理 1 可得

$$\boldsymbol{E}_x(z)=z^{-(N_0+1)}\mathrm{diag}(\boldsymbol{I}_{\lceil\frac{\beta}{2}\rceil},-\boldsymbol{I}_{\lfloor\frac{\beta}{2}\rfloor})\boldsymbol{E}_x(z^{-1})\boldsymbol{J}_\beta \tag{3.8}$$

$$\boldsymbol{E}_y(z)=z^{-N_0}\mathrm{diag}(\boldsymbol{I}_{\lceil\frac{M-\beta}{2}\rceil},-\boldsymbol{I}_{\lfloor\frac{M-\beta}{2}\rfloor})\boldsymbol{E}_y(z^{-1})\boldsymbol{J}_{M-\beta} \tag{3.9}$$

将式(3.6)~ 式(3.9)代入式(3.5)可得

$$\boldsymbol{E}_0(z)=z^{-N_0}\boldsymbol{D}\boldsymbol{E}(z^{-1})\hat{\boldsymbol{J}}(z) \tag{3.10}$$

由式(3.10)与式(3.3)可知，$\boldsymbol{E}_0(z)$ 生成 N_0 阶 ALLPPUFB。因 N_0 是滤波器组的最小阶，故 $\boldsymbol{E}_0(z)$ 是 ALLPPUFB 的初始模块。　□

下面采用 CLLPPUFB 分解 [3,10,11] 来构造 ALLPPUFB 的初始模块。

1. β 为偶数

此时有 $\left\lceil\dfrac{\beta}{2}\right\rceil=\left\lfloor\dfrac{\beta}{2}\right\rfloor=\dfrac{\beta}{2}$，$N_0=0$。由定理 3.1 可知 $\boldsymbol{E}_x(z)$ 与 $\boldsymbol{E}_y(z)$ 分别生成 1 阶取样因子为 β 的 CLLPPUFB 与 0 阶取样因子为 $M-\beta$ 的 CLLPPUFB。它们可分解 [3,10] 为

$$\boldsymbol{E}_x(z)=\frac{1}{2}\mathrm{diag}(\boldsymbol{U}_{x,1},\boldsymbol{I}_{\frac{\beta}{2}})\boldsymbol{W}_\beta(z)\frac{\sqrt{2}}{2}\mathrm{diag}(\boldsymbol{U}_{x,0},\boldsymbol{V}_{x,0})\boldsymbol{W}_\beta\hat{\boldsymbol{I}}_\beta$$

$$\boldsymbol{E}_y(z)=\frac{\sqrt{2}}{2}\mathrm{diag}(\boldsymbol{U}_{y,0},\boldsymbol{V}_{y,0})\boldsymbol{W}_{M-\beta}\hat{\boldsymbol{I}}_{M-\beta}$$

其中，自由正交矩阵 $\boldsymbol{U}_{x,1}$、$\boldsymbol{U}_{x,0}$ 与 $\boldsymbol{V}_{x,0}$ 的大小为 $\dfrac{\beta}{2}$；$\boldsymbol{U}_{y,0}$ 与 $\boldsymbol{V}_{y,0}$ 的大小分别为 $\left\lceil\dfrac{M-\beta}{2}\right\rceil$ 与 $\left\lfloor\dfrac{M-\beta}{2}\right\rfloor$。类似于文献 [10]，式(3.1)的 ALLPPUFB 初始模块可以化简，然后 $\boldsymbol{U}_{x,1}$、$\boldsymbol{U}_{x,0}$、$\boldsymbol{U}_{y,0}$ 与 $\boldsymbol{V}_{y,0}$ 将变成单位矩阵，$\boldsymbol{Q}_0$、$\boldsymbol{Q}_1$ 与 $\boldsymbol{V}_{x,0}$ 将变成自由正交矩阵，即有

$$\begin{aligned}\boldsymbol{E}_0(z)=&\operatorname{diag}(\boldsymbol{Q}_0,\boldsymbol{Q}_1)\boldsymbol{P}\operatorname{diag}\left(\frac{1}{2}\boldsymbol{W}_\beta(z)\right.\\&\left.\cdot\frac{\sqrt{2}}{2}\operatorname{diag}(\boldsymbol{I}_{\frac{\beta}{2}},\boldsymbol{V}_{x,0})\boldsymbol{W}_\beta\hat{\boldsymbol{I}}_\beta,\frac{\sqrt{2}}{2}\boldsymbol{W}_{M-\beta}\hat{\boldsymbol{I}}_{M-\beta}\right)\end{aligned}\tag{3.11}$$

如引理 3.2 所示，式(3.11)等价于文献 [6] 中式 (9)，即

$$\begin{aligned}\boldsymbol{E}_0(z)=&\frac{\sqrt{2}}{2}\operatorname{diag}(\boldsymbol{Q}_0,\boldsymbol{Q}_1)\boldsymbol{W}_M\hat{\boldsymbol{I}}_M\operatorname{diag}(\boldsymbol{I}_b,\boldsymbol{I}_{M-\beta},z^{-1}\boldsymbol{I}_b)\\&\cdot\begin{bmatrix}\boldsymbol{I}_b&&\\&&\boldsymbol{I}_{M-\beta}\\&\boldsymbol{I}_b&\end{bmatrix}\operatorname{diag}(\hat{\boldsymbol{I}}_\beta,\boldsymbol{I}_{M-\beta})\operatorname{diag}(\boldsymbol{W}_\beta,\boldsymbol{I}_{M-\beta})\\&\cdot\operatorname{diag}\left(\frac{1}{2}\boldsymbol{I}_b,\frac{1}{2}\boldsymbol{V}_{x,0},\boldsymbol{I}_{M-\beta}\right)\operatorname{diag}(\boldsymbol{W}_\beta,\boldsymbol{I}_{M-\beta})\\&\cdot\operatorname{diag}(\hat{\boldsymbol{I}}_\beta,\boldsymbol{I}_{M-\beta})\end{aligned}\tag{3.12}$$

引理 3.2

式(3.11)等价于式(3.12)。 ♠

证明 符号 $\boldsymbol{P}$ 表示式(3.2)的置换矩阵。令

$$\boldsymbol{P}_0=\begin{bmatrix}\boldsymbol{I}_b&&\\&&\boldsymbol{I}_b\\&\boldsymbol{I}_{M-\beta}&\end{bmatrix},\quad\boldsymbol{P}_1=\begin{bmatrix}\boldsymbol{I}_b&&\\&&\boldsymbol{I}_{M-\beta}\\&\boldsymbol{I}_b&\end{bmatrix}$$

容易证明以下等式成立：

$$\operatorname{diag}(\boldsymbol{I}_b,z^{-1}\boldsymbol{I}_b,\boldsymbol{I}_{M-\beta})=\boldsymbol{P}_0\operatorname{diag}(\boldsymbol{I}_b,\boldsymbol{I}_{M-\beta},z^{-1}\boldsymbol{I}_b)\boldsymbol{P}_1\tag{3.13}$$

$$\operatorname{diag}(\boldsymbol{I}_b,\boldsymbol{I}_{M-\beta},z^{-1}\boldsymbol{I}_b)\boldsymbol{P}_1=\operatorname{diag}(\boldsymbol{I}_b,\boldsymbol{I}_{M-\beta},\boldsymbol{J}_b)$$

$$\cdot\operatorname{diag}(\boldsymbol{I}_b,\boldsymbol{I}_{M-\beta},z^{-1}\boldsymbol{I}_b)\boldsymbol{P}_1\operatorname{diag}(\boldsymbol{I}_b,\boldsymbol{J}_b,\boldsymbol{I}_{M-\beta}) \tag{3.14}$$

$$\boldsymbol{P}\operatorname{diag}(\boldsymbol{W}_\beta,\boldsymbol{W}_{M-\beta}\hat{\boldsymbol{I}}_{M-\beta})\boldsymbol{P}_0\operatorname{diag}(\boldsymbol{I}_b,\boldsymbol{I}_{M-\beta},\boldsymbol{J}_b)=\boldsymbol{W}_M\hat{\boldsymbol{I}}_M \tag{3.15}$$

由式(3.11)可知

$$\begin{aligned}\boldsymbol{E}_0(z)=&\frac{\sqrt{2}}{2}\operatorname{diag}(\boldsymbol{Q}_0,\boldsymbol{Q}_1)\boldsymbol{P}\operatorname{diag}(\boldsymbol{W}_\beta,\boldsymbol{W}_{M-\beta}\hat{\boldsymbol{I}}_{M-\beta})\\&\cdot\operatorname{diag}(\boldsymbol{I}_b,z^{-1}\boldsymbol{I}_b,\boldsymbol{I}_{M-\beta})\operatorname{diag}(\boldsymbol{W}_\beta,\boldsymbol{I}_{M-\beta})\\&\cdot\operatorname{diag}\left(\frac{1}{2}\boldsymbol{I}_b,\frac{1}{2}\boldsymbol{V}_{x,0},\boldsymbol{I}_{M-\beta}\right)\operatorname{diag}(\boldsymbol{W}_\beta,\boldsymbol{I}_{M-\beta})\\&\cdot\operatorname{diag}(\hat{\boldsymbol{I}}_\beta,\boldsymbol{I}_{M-\beta})\end{aligned}$$

结合式(3.13)可得

$$\begin{aligned}\boldsymbol{E}_0(z)=&\frac{\sqrt{2}}{2}\operatorname{diag}(\boldsymbol{Q}_0,\boldsymbol{Q}_1)\boldsymbol{P}\operatorname{diag}(\boldsymbol{W}_\beta,\boldsymbol{W}_{M-\beta}\hat{\boldsymbol{I}}_{M-\beta})\\&\cdot\boldsymbol{P}_0\operatorname{diag}(\boldsymbol{I}_b,\boldsymbol{I}_{M-\beta},z^{-1}\boldsymbol{I}_b)\boldsymbol{P}_1\\&\cdot\operatorname{diag}(\boldsymbol{W}_\beta,\boldsymbol{I}_{M-\beta})\operatorname{diag}\left(\frac{1}{2}\boldsymbol{I}_b,\frac{1}{2}\boldsymbol{V}_{x,0},\boldsymbol{I}_{M-\beta}\right)\\&\cdot\operatorname{diag}(\boldsymbol{W}_\beta,\boldsymbol{I}_{M-\beta})\operatorname{diag}(\hat{\boldsymbol{I}}_\beta,\boldsymbol{I}_{M-\beta})\end{aligned}$$

将式(3.14)代入上式可得

$$\begin{aligned}\boldsymbol{E}_0(z)=&\frac{\sqrt{2}}{2}\operatorname{diag}(\boldsymbol{Q}_0,\boldsymbol{Q}_1)\boldsymbol{P}\operatorname{diag}(\boldsymbol{W}_\beta,\boldsymbol{W}_{M-\beta}\hat{\boldsymbol{I}}_{M-\beta})\\&\cdot\boldsymbol{P}_0\operatorname{diag}(\boldsymbol{I}_b,\boldsymbol{I}_{M-\beta},\boldsymbol{J}_b)\operatorname{diag}(\boldsymbol{I}_b,\boldsymbol{I}_{M-\beta},z^{-1}\boldsymbol{I}_b)\boldsymbol{P}_1\\&\cdot\operatorname{diag}(\boldsymbol{I}_b,\boldsymbol{J}_b,\boldsymbol{I}_{M-\beta})\operatorname{diag}(\boldsymbol{W}_\beta,\boldsymbol{I}_{M-\beta})\\&\cdot\operatorname{diag}\left(\frac{1}{2}\boldsymbol{I}_b,\frac{1}{2}\boldsymbol{V}_{x,0},\boldsymbol{I}_{M-\beta}\right)\operatorname{diag}(\boldsymbol{W}_\beta,\boldsymbol{I}_{M-\beta})\\&\cdot\operatorname{diag}(\hat{\boldsymbol{I}}_\beta,\boldsymbol{I}_{M-\beta})\end{aligned}$$

结合式(3.15)立即得到式(3.12)。 □

由于文献 [6] 证明了式(3.12)的完备性，故式(3.11)的初始模块也是完备的。图 3-1(a) 给出了 β 为偶数时初始模块的例子。

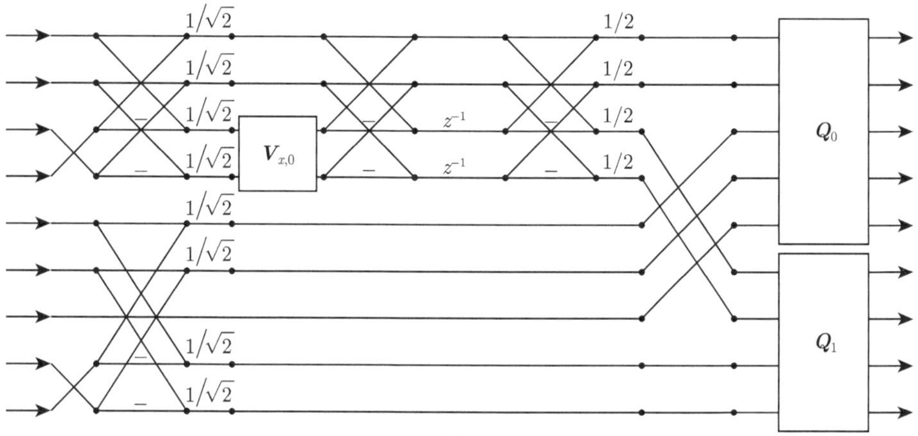

(a) M=9, β=4

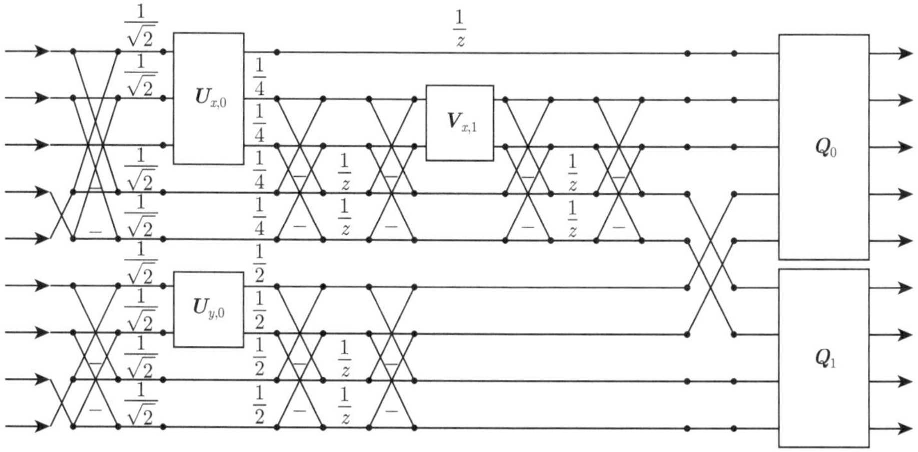

(b) M=9, β=5

图 3-1　ALLPPUFB 的初始模块

2. β 为奇数

此时有 $\left\lceil \dfrac{M-\beta}{2} \right\rceil = \left\lfloor \dfrac{M-\beta}{2} \right\rfloor = \dfrac{M-\beta}{2}$，以及 $N_0 = 1$。由定理 3.1 可知，$\boldsymbol{E}_x(z)$ 与 $\boldsymbol{E}_y(z)$ 分别生成 2 阶取样因子为 β 的 CLLPPUFB 与 1 阶取样因子为 $M-\beta$ 的 CLLPPUFB。依据文献 [3]、[10] 和 [11]，它们可以分解为

$$\boldsymbol{E}_x(z) = \mathrm{diag}(\boldsymbol{U}_{x,1}, \boldsymbol{I}_{\lfloor \frac{\beta}{2} \rfloor})$$

$$\cdot\,\mathrm{diag}\Big(z^{-1}, \frac{1}{4}\boldsymbol{W}_{2\lfloor\frac{\beta}{2}\rfloor}(z)\mathrm{diag}(\boldsymbol{V}_{x,1}, \boldsymbol{I}_{\lfloor\frac{\beta}{2}\rfloor})\boldsymbol{W}_{2\lfloor\frac{\beta}{2}\rfloor}(z)\Big)$$

$$\cdot\,\frac{\sqrt{2}}{2}\mathrm{diag}(\boldsymbol{U}_{x,0}, \boldsymbol{V}_{x,0})\boldsymbol{W}_{\beta}\hat{\boldsymbol{I}}_{\beta}$$

$$\boldsymbol{E}_y(z) = \frac{1}{2}\mathrm{diag}(\boldsymbol{U}_{y,1}, \boldsymbol{I}_{\frac{M-\beta}{2}})\boldsymbol{W}_{M-\beta}(z)$$

$$\cdot\,\frac{\sqrt{2}}{2}\mathrm{diag}(\boldsymbol{U}_{y,0}, \boldsymbol{V}_{y,0})\boldsymbol{W}_{M-\beta}\hat{\boldsymbol{I}}_{M-\beta}$$

其中，自由正交矩阵 $\boldsymbol{U}_{x,1}$ 与 $\boldsymbol{U}_{x,0}$ 的大小为 $\left\lceil\frac{\beta}{2}\right\rceil$；$\boldsymbol{V}_{x,1}$ 与 $\boldsymbol{V}_{x,0}$ 的大小为 $\left\lfloor\frac{\beta}{2}\right\rfloor$；$\boldsymbol{U}_{y,1}$、$\boldsymbol{U}_{y,0}$ 与 $\boldsymbol{V}_{y,0}$ 的大小为 $\frac{M-\beta}{2}$。类似于文献 [10]，式(3.1)的初始模块化简后，$\boldsymbol{U}_{x,1}$、$\boldsymbol{U}_{y,1}$、$\boldsymbol{V}_{x,0}$ 与 $\boldsymbol{V}_{y,0}$ 变成单位矩阵，$\boldsymbol{Q}_0$、$\boldsymbol{Q}_1$、$\boldsymbol{V}_{x,1}$、$\boldsymbol{U}_{x,0}$ 与 $\boldsymbol{U}_{y,0}$ 变成新的自由正交矩阵。称这种化简的 ALLPPUFB 初始模块为 ALLPPUFB-SB-odd。图 3-1(b) 给出了 β 为奇数时初始模块的例子。

文献 [6] 中 β 为奇数时，初始模块为

$$\boldsymbol{E}_0(z) = \boldsymbol{E}_0^f \boldsymbol{\Lambda}_0(z)\boldsymbol{\Gamma}_0\boldsymbol{\Lambda}_1(z)\boldsymbol{\Gamma}_1 \tag{3.16}$$

其中

$$\boldsymbol{E}_0^f = \frac{\sqrt{2}}{2}\mathrm{diag}(\boldsymbol{U}_0, \boldsymbol{V}_0)\boldsymbol{W}_M\hat{\boldsymbol{I}}_M$$

$$\boldsymbol{\Lambda}_0(z) = \mathrm{diag}(\boldsymbol{I}_{m+1}, z^{-1}\boldsymbol{I}_m)$$

$$\boldsymbol{\Lambda}_1(z) = \mathrm{diag}(z^{-1}\boldsymbol{I}_b, \boldsymbol{I}_{M-b-1}, z^{-1})$$

$$\boldsymbol{\Gamma}_0 = \begin{bmatrix} \boldsymbol{I}_m & & \\ & & 1 \\ & \boldsymbol{I}_m & \end{bmatrix}\mathrm{diag}(\hat{\boldsymbol{I}}_{2m}, 1)\mathrm{diag}(\boldsymbol{W}_{2m}, 1)$$

$$\cdot\,\mathrm{diag}\left(\frac{1}{2}\boldsymbol{I}_m, \frac{1}{2}\boldsymbol{N}_0, 1\right)\mathrm{diag}(\boldsymbol{W}_{2m}, 1)\mathrm{diag}(\hat{\boldsymbol{I}}_{2m}, 1)$$

$$\boldsymbol{\Gamma}_1 = \begin{bmatrix} \boldsymbol{I}_b & & & \\ & & \boldsymbol{I}_{M-\beta} & \\ & \boldsymbol{I}_b & & \\ 1 & & & \end{bmatrix} \mathrm{diag}(\hat{\boldsymbol{I}}_\beta, \boldsymbol{I}_{M-\beta})\mathrm{diag}(\boldsymbol{W}_\beta, \boldsymbol{I}_{M-\beta})$$

$$\cdot\, \mathrm{diag}\left(\frac{1}{2}\boldsymbol{N}_1, \frac{1}{2}\boldsymbol{I}_b, \boldsymbol{I}_{M-\beta}\right)\mathrm{diag}(\boldsymbol{W}_\beta, \boldsymbol{I}_{M-\beta})$$

$$\cdot\, \mathrm{diag}(\hat{\boldsymbol{I}}_\beta, \boldsymbol{I}_{M-\beta})$$

这里自由正交矩阵 $\boldsymbol{U}_0$、$\boldsymbol{V}_0$、$\boldsymbol{N}_0$ 与 $\boldsymbol{N}_1$ 的大小分别为 $m+1$、m、m 与 $b+1$，$\boldsymbol{\Gamma}_0$ 与 $\boldsymbol{\Gamma}_1$ 被文献 [6] 称为预滤波器。

3.2.2 例子

如前所述,偶数 β 情形下,本节的 ALLPPUFB 初始模块与文献 [6][即式(3.12)] 生成的滤波器组相同，因此这里不讨论这种情形的设计例子。对于奇数 β 情形，文献 [6] 提出初始模块 [即式(3.16)] 是完备的。不过相应的完备性证明是有限制的，即初始模块可分解为两个模块 [即式(3.16)的 $\boldsymbol{E}_0^f\boldsymbol{\Lambda}_0(z)\boldsymbol{\Gamma}_0$ 与 $\boldsymbol{\Lambda}_1(z)\boldsymbol{\Gamma}_1$]，其中的一个模块（称为 Block-A）生成滤波器长度为 $2M-1$ 的 ALLPPUFB，另一个模块扩展 Block-A 得到滤波器长度为 $2M+\beta$ 的 ALLPPUFB。也就是说，他们的奇数 β 情形下 ALLPPUFB 初始模块仅仅是所有可能情形的一个子集下的完备。本节针对奇数 β 情形的初始模块（即 ALLPPUFB-SB-odd)，目前不能证明其完备性，也不能证明它与文献 [6] 的奇数 β 情形初始模块之间的等价性。事实上由下面的设计例子可知，对于奇数 β 情形，本节的初始模块不同于文献 [6]。

设计例子中的滤波器组 $H_i(z), i=0,1,\cdots,M-1$，其对应的多相矩阵 $\boldsymbol{E}(z)$ 为 ALLPPUFB 的初始模块 $\boldsymbol{E}_0(z)$。$H_i(z)$ 的优化通过最小化下面的止带能量完成：

$$C_{\mathrm{stop}} = \sum_{i=0}^{M-1}\int_0^{\omega_{i,L}} |H_i(\mathrm{e}^{\mathrm{j}\omega})|^2\mathrm{d}\omega + \sum_{i=0}^{M-1}\int_{\omega_{i,H}}^{\pi} |H_i(\mathrm{e}^{\mathrm{j}\omega})|^2\mathrm{d}\omega$$

其中，$[\omega_{i,L},\omega_{i,H}]$ 表示 $H_i(z)$ 的通带，$\omega_{i,L}=\max(0,(i-0.6)\pi/M)$ 且 $\omega_{i,H}=\min(\pi,(i+1.6)\pi/M)$。格型结构中，大小为 m 的自由正交矩阵采用 $\binom{m}{2}$ 个 Givens 旋转角参数化。设计结果包括本节和文献 [6] 的初始模块。对于不同的 (M,β,K) 情形，本节使用某仿真软件优化工具箱的 fminunc 函数优化 1000 次。对于每次优化，Givens 旋转角被随机初始化，迭代误差达到 10^{-6} 时结束。

对于实际应用，绝大多数有用滤波器组的止带衰减（SA）大于阈值 t（单位：$-$dB）。本节选择 $t=10$，同时测试了 SA $\geqslant$ 15、SA $\geqslant$ 20 与 SA $\geqslant$ 25 的情形。称 SA $<$ 10 的滤波器组无用，SA $\geqslant$ 10 的滤波器组有用，SA $\geqslant$ 25 的滤波器组优秀。对于四种不同的 (M,β,K) 情形，表 3-1 描述了不同 (M,β,k) 情形下不同测试项的滤波器组数目，以及 1000 次优化中的最大止带衰减（MaxSA）。由表可知，在 $(M,\beta,K)=(7,5,4)$ 时，文献 [6] 的 ALLPPUFB 初始模块生成了更多的有用滤波器组，本节的初始模块在 $(M,\beta,K)=(9,5,2)$，$(9,5,4)$，$(7,5,2)$ 时生成了更多的有用滤波器组。在 $(M,\beta,K)=(7,5,4)$ 时，文献 [6] 的 ALLPPUFB 初始模块生成了更多的优秀滤波器组，本节的初始模块在 $(M,\beta,K)=(9,5,4)$ 时生成了更多的优秀滤波器组。在 $(M,\beta,K)=(9,5,2)$，$(9,5,4)$，$(7,5,2)$ 时，文献 [6] 的 ALLPPUFB 初始模块生成的滤波器组具有更大的 MaxSA，本节的初始模块在 $(M,\beta,K)=(7,5,4)$ 时得到更大的 MaxSA（图 3-2）。

表 3-1　不同 (M,β,k) 情形下不同测试项的滤波器组的数目，以及 1000 次优化中的 MaxSA

(M,β,K)	测试项	文献 [6]	本节
(9,5,2)	无用	909	**651**
	有用	91	**349**
	SA $\geqslant$ 15	**90**	86
	SA $\geqslant$ 20	**64**	0
	优秀	0	0
	MaxSA	**21.54**	15.81
(9,5,4)	无用	972	**942**
	有用	28	**58**
	SA $\geqslant$ 15	28	**58**
	SA $\geqslant$ 20	28	**58**
	优秀	26	**56**
	MaxSA	**26.92**	26.01
(7,5,2)	无用	819	**306**
	有用	181	**694**
	SA $\geqslant$ 15	**181**	0
	SA $\geqslant$ 20	**136**	0
	优秀	0	0
	MaxSA	**21.56**	14.90
(7,5,4)	无用	**929**	961
	有用	**71**	39
	SA $\geqslant$ 15	**71**	39
	SA $\geqslant$ 20	**71**	39
	优秀	**61**	34
	MaxSA	25.68	**26.06**

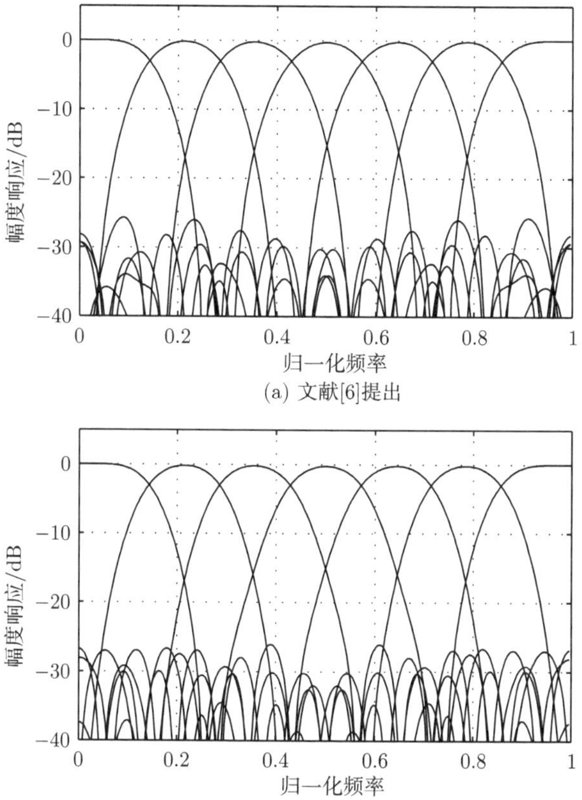

(a) 文献[6]提出

(b) 本节提出

图 3-2 ALLPPUFB 的频率响应: $M = 7, \beta = 5, K = 4$
图中，幅度响应是指频率响应的幅度, 余同

3.3 取舍变换方法

满足正则性的线性相位仿酉滤波器组特别适合图像处理，其格型结构设计的关键在于形成一个易处理的正则条件。其中的偶数取样情形已见报道[6,12]，而奇数取样情形有所报道但仅限滤波器长度不超过 $2M+\beta$ 的情况[13]，一般长度情况无法形成易处理的正则条件以致相应设计一直没有完成。

对于奇数取样情形，设置其中的部分自由正交矩阵为单位矩阵，能够得到易处理的正则条件。然而由于丢弃自由参数太多，对滤波器组的性能影响较大，因此需要这么一个设计过程，它能形成易处理的正则条件，但只舍弃小部分自由参数，从而能够得到奇数情形的性能更好的正则滤波器组。这个问题将由本节提出的取舍变换设计解决[9]，“取舍”是指舍弃少量自由参数，“变换”意在对格型结构进行等价变换以便形成易处理的正则条件。为讨论方便，令 $m = \lfloor M/2 \rfloor$，$b = \lfloor \beta/2 \rfloor$。

称长度为 $KM+\beta$ 的滤波器组为线性相位仿酉滤波器组（LPPUFB），如果其多相矩阵 $\boldsymbol{E}(z)$ 满足 $\boldsymbol{E}^{-1}(z)=\boldsymbol{E}^{\mathrm{T}}(z^{-1})$ 与 $\boldsymbol{E}(z)=z^{-(K-1)}\boldsymbol{D}\boldsymbol{E}(z^{-1})\hat{\boldsymbol{J}}(z)$，其中 $\hat{\boldsymbol{J}}(z)=\mathrm{diag}(z^{-1}\boldsymbol{J}_{\beta},\boldsymbol{J}_{M-\beta})$，$\boldsymbol{D}=\mathrm{diag}(\boldsymbol{I}_{n_{\mathrm{s}}},-\boldsymbol{I}_{n_{\mathrm{a}}})$，$n_{\mathrm{s}}$ 与 n_{a} 分别为对称与反对称滤波器个数。采用格型结构，取样 M 为奇数的 LPPUFB 构造可通过分解 $\boldsymbol{E}(z)$ 完成 [6]。

当 β 为偶数时，有

$$\boldsymbol{E}(z)=\boldsymbol{G}_{\frac{K-1}{2}}(z)\boldsymbol{G}_{\frac{K-3}{2}}(z)\cdots\boldsymbol{G}_1(z)\boldsymbol{E}_0(z)$$

其中，K 必为奇数，而

$$\begin{aligned}\boldsymbol{E}_0(z)=&\frac{\sqrt{2}}{2}\mathrm{diag}(\boldsymbol{U}_0,\boldsymbol{V}_0)\boldsymbol{W}_M\hat{\boldsymbol{I}}_M\mathrm{diag}(\boldsymbol{I}_b,\boldsymbol{I}_{M-\beta},z^{-1}\boldsymbol{I}_b)\\&\cdot\begin{bmatrix}\boldsymbol{I}_b&&\\&&\boldsymbol{I}_{M-\beta}\\&\boldsymbol{I}_b&\end{bmatrix}\mathrm{diag}(\hat{\boldsymbol{I}}_{\beta},\boldsymbol{I}_{M-\beta})\\&\cdot\mathrm{diag}(\boldsymbol{W}_{\beta},\boldsymbol{I}_{M-\beta})\mathrm{diag}\left(\frac{1}{2}\boldsymbol{I}_b,\frac{1}{2}\boldsymbol{T}_0,\boldsymbol{I}_{M-\beta}\right)\\&\cdot\mathrm{diag}(\boldsymbol{W}_{\beta},\boldsymbol{I}_{M-\beta})\mathrm{diag}(\hat{\boldsymbol{I}}_{\beta},\boldsymbol{I}_{M-\beta})\end{aligned}$$

$$\boldsymbol{G}_k(z)=\mathrm{diag}(\boldsymbol{U}_k,\boldsymbol{I}_m)\boldsymbol{W}^{(a)}(z)\mathrm{diag}(\boldsymbol{I}_{m+1},\boldsymbol{V}_k)\boldsymbol{W}^{(b)}(z)$$

此处

$$\boldsymbol{W}^{(a)}(z)=\frac{1}{2}\boldsymbol{W}_M\mathrm{diag}(\boldsymbol{I}_{m+1},z^{-1}\boldsymbol{I}_m)\boldsymbol{W}_M$$

$$\boldsymbol{W}^{(b)}(z)=\frac{1}{2}\boldsymbol{W}_M\mathrm{diag}(\boldsymbol{I}_m,z^{-1}\boldsymbol{I}_{m+1})\boldsymbol{W}_M$$

这种情形涉及的自由正交矩阵，即 $\boldsymbol{U}_i$、$\boldsymbol{V}_i$ 与 $\boldsymbol{T}_0$ 的大小分别为 $m+1$、m 与 b。

当 β 为奇数时，有

$$\boldsymbol{E}(z)=\boldsymbol{G}_{\frac{K-2}{2}}(z)\boldsymbol{G}_{\frac{K-4}{2}}(z)\cdots\boldsymbol{G}_1(z)\boldsymbol{E}_0(z)$$

其中，K 必为偶数，$\boldsymbol{G}_k(z)$ 与 β 为偶数的情形相同，而

$$\boldsymbol{E}_0(z)=\boldsymbol{E}_0^f\boldsymbol{\Lambda}_0(z)\boldsymbol{\Gamma}_0\boldsymbol{\Lambda}_1(z)\boldsymbol{\Gamma}_1$$

此处

$$\boldsymbol{E}_0^f=\frac{\sqrt{2}}{2}\mathrm{diag}(\boldsymbol{U}_0,\boldsymbol{V}_0)\boldsymbol{W}_M\hat{\boldsymbol{I}}_M$$

$$\boldsymbol{\Lambda}_0(z) = \mathrm{diag}(\boldsymbol{I}_{m+1}, z^{-1}\boldsymbol{I}_m)$$

$$\boldsymbol{\Lambda}_1(z) = \mathrm{diag}(z^{-1}\boldsymbol{I}_b, \boldsymbol{I}_{M-b-1}, z^{-1})$$

$$\boldsymbol{\Gamma}_0 = \begin{bmatrix} \boldsymbol{I}_m & & \\ & & 1 \\ & \boldsymbol{I}_m & \end{bmatrix} \mathrm{diag}(\hat{\boldsymbol{I}}_{2m}, 1)\mathrm{diag}(\boldsymbol{W}_{2m}, 1)$$

$$\cdot \,\mathrm{diag}\left(\frac{1}{2}\boldsymbol{I}_m, \frac{1}{2}\boldsymbol{N}_0, 1\right)\mathrm{diag}(\boldsymbol{W}_{2m}, 1)\mathrm{diag}(\hat{\boldsymbol{I}}_{2m}, 1)$$

$$\boldsymbol{\Gamma}_1 = \begin{bmatrix} \boldsymbol{I}_b & & & \\ & & & \boldsymbol{I}_{M-\beta} \\ & & \boldsymbol{I}_b & \\ & 1 & & \end{bmatrix} \mathrm{diag}(\hat{\boldsymbol{I}}_{\beta}, \boldsymbol{I}_{M-\beta})$$

$$\cdot \,\mathrm{diag}(\boldsymbol{W}_{\beta}, \boldsymbol{I}_{M-\beta})\mathrm{diag}\left(\frac{1}{2}\boldsymbol{N}_1, \frac{1}{2}\boldsymbol{I}_b, \boldsymbol{I}_{M-\beta}\right)$$

$$\cdot \,\mathrm{diag}(\boldsymbol{W}_{\beta}, \boldsymbol{I}_{M-\beta})\mathrm{diag}(\hat{\boldsymbol{I}}_{\beta}, \boldsymbol{I}_{M-\beta})$$

为方便讨论，令 $\boldsymbol{\Pi}(z) = \boldsymbol{E}_0^f \boldsymbol{\Lambda}_0(z)\boldsymbol{\Gamma}_0\boldsymbol{\Lambda}_1(z)$。这种情形涉及的自由正交矩阵，即 $\boldsymbol{U}_i$、$\boldsymbol{V}_i$、$\boldsymbol{N}_0$ 与 $\boldsymbol{N}_1$ 的大小分别为 $m+1$、m、m 与 $b+1$。

本节讨论的正则是指一阶正则。如文献 [6]、[12] 和 [13] 所述，称滤波器组正则如果其多相矩阵 $\boldsymbol{E}(z)$ 满足

$$\boldsymbol{E}(1)\boldsymbol{1}_M = \left[\sqrt{M}, \boldsymbol{0}_{M-1}^{\mathrm{T}}\right]^{\mathrm{T}} \tag{3.17}$$

其中，$\boldsymbol{0}$ 表示零向量①。称式(3.17)为正则条件。在设计正则 LPPUFB（regular LPPUFB, RLPPUFB）时，先形成 LPPUFB 格型结构的正则条件，再求解该条件，即得到结构性满足正则性的 LPPUFB（即 RLPPUFB）。

3.3.1 设计

1. 偶数 β 情形

此时 LPPUFB 的格型结构如图 3-3(a) 所示，式(3.17)的正则条件可化简为

$$\left(\prod_{k=\frac{K-1}{2}}^{0} \boldsymbol{U}_k\right)\left[\boldsymbol{1}_m^{\mathrm{T}}, 1/\sqrt{2}\right]^{\mathrm{T}} = \left[\sqrt{M/2}, \boldsymbol{0}_m^{\mathrm{T}}\right]^{\mathrm{T}} \tag{3.18}$$

① 本书其他章节中，$\boldsymbol{0}$ 表示零矩阵。

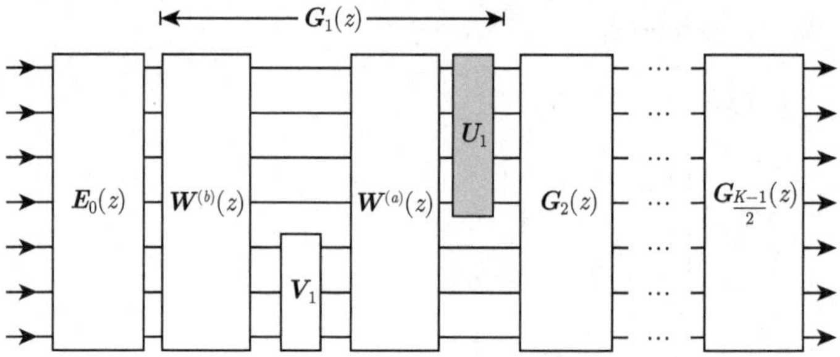

(a) 文献[6]的情形

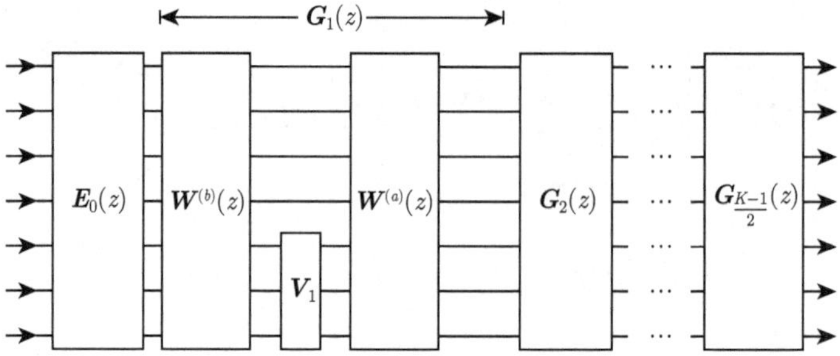

(b) 设置 $U_i=I$, $i>0$的情形

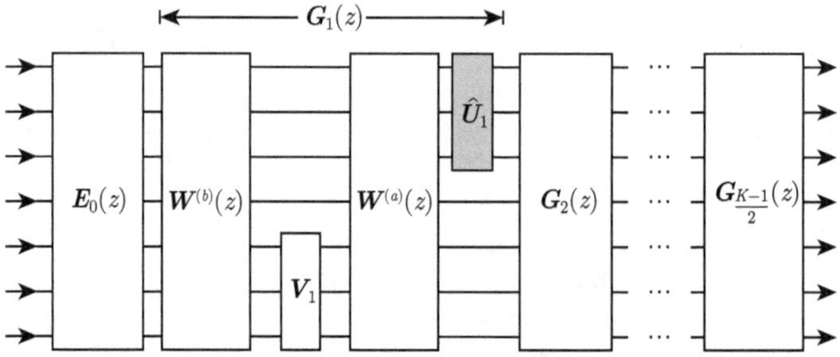

(c) 舍弃小部分自由参数的情形

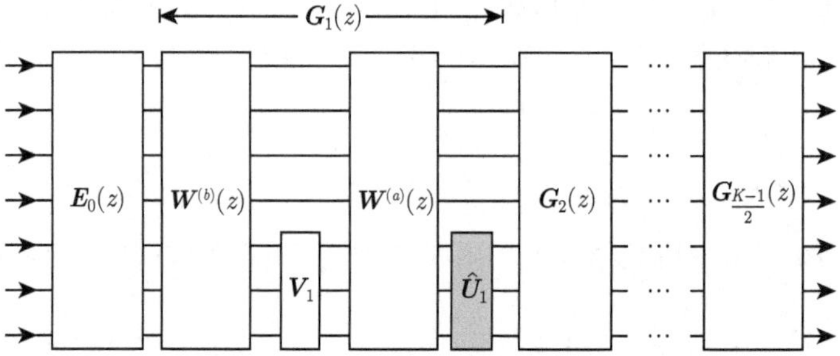

(d) 本节的RLPPUFB

图 3-3　长度为 $KM+\beta$ 的 LPPUFB 的格型结构，其中 $M=7$ 且 $\beta=4$

该条件已见于文献 [6]。作者没有完成式(3.18)中自由正交矩阵的参数化，因为不预先设置其中的某些矩阵为常量矩阵（或设置某些自由参数为常数），则很难完成相应参数化。

将式(3.18)中的矩阵 $\boldsymbol{U}_k, k>0$ 设置为单位矩阵，可得更简单的正则条件为

$$\boldsymbol{U}_0\left[\mathbf{1}_m^{\mathrm{T}}, 1/\sqrt{2}\right]^{\mathrm{T}}=\left[\sqrt{M/2}, \mathbf{0}_m^{\mathrm{T}}\right]^{\mathrm{T}} \tag{3.19}$$

如文献 [12] 中定理 IV.1 所示，式(3.19)的正交矩阵 $\boldsymbol{U}_0$ 容易参数化。然而，将 $\boldsymbol{U}_i=\boldsymbol{I}, i>0$ 设置为单位矩阵的格型结构 [图 3-3(b)] 舍弃了太多的自由参数。每个大小为 m 的正交矩阵均可表示为 $m(m-1)/2$ 个 Givens 旋转角与 m 个符号参数 [14]，为方便讨论本书主要考虑 Givens 旋转角。与图 3-3(a) 相比，图 3-3(b) 的格型结构舍弃了 $(K-1)(m+1)m/4$ 个 Givens 旋转角。这大约是图 3-3(a) 中自由参数的一半，后者包含 $(K-1)m^2/2+b(b-1)/2$ 个 Givens 旋转角。由此可见，我们失去了获得更好 RLPPUFB 的机会。

如上所述，保留全部自由参数无法得到易处理的正则条件，舍弃过多自由参数虽然可以得到易处理的正则条件，但会产生不太理想的滤波器组。能否舍弃小部分自由参数以得到易处理的正则条件，这样就能生成好得多的正则滤波器组。下面给出实现方式。

首先将图 3-3(a) 的 $\boldsymbol{U}_k, k>0$ 设置为 $\operatorname{diag}(\hat{\boldsymbol{U}}_k, 1)$，其中 $\hat{\boldsymbol{U}}_k$ 是大小为 m 的自由正交矩阵。这种设置只舍弃了较少的自由参数，即 $(K-1)m/2$ 个 Givens 旋转角。此时，格型结构如图 3-3(c) 所示，其中

$$\boldsymbol{G}_k(z)=\operatorname{diag}(\hat{\boldsymbol{U}}_k, \boldsymbol{I}_{m+1})\boldsymbol{W}^{(a)}(z)\operatorname{diag}(\boldsymbol{I}_{m+1}, \boldsymbol{V}_k)\boldsymbol{W}^{(b)}(z)$$

式(3.17)的正则条件变成

$$\left(\prod_{k=\frac{K-1}{2}}^{1}\operatorname{diag}(\hat{\boldsymbol{U}}_k, 1)\right)\boldsymbol{U}_0\left[\mathbf{1}_m^{\mathrm{T}}, 1/\sqrt{2}\right]^{\mathrm{T}}=\left[\sqrt{M/2}, \mathbf{0}_m^{\mathrm{T}}\right]^{\mathrm{T}}$$

仍难以处理。幸运的是，类似于文献 [10] 的方式，图 3-3(c) 的格型结构等价于图 3-3(d) 的形式，其中

$$\boldsymbol{G}_k(z)=\operatorname{diag}(\boldsymbol{I}_{m+1}, \hat{\boldsymbol{U}}_k)\boldsymbol{W}^{(a)}(z)\operatorname{diag}(\boldsymbol{I}_{m+1}, \boldsymbol{V}_k)\boldsymbol{W}^{(b)}(z)$$

易得此时的正则条件也是式(3.19)。如前所述，其中的正交矩阵 $\boldsymbol{U}_0$ 易于参数化。

本节提出的设计，其正则条件与设置 $\boldsymbol{U}_k, k>0$ 为单位矩阵的情形相同。不过本节的设计只舍弃了少到 $(K-1)m/2$ 个 Givens 旋转角，而设置 $\boldsymbol{U}_k, k>0$ 为单位矩阵的情形舍弃了多达 $(K-1)(m+1)m/4$ 个 Givens 旋转角。

2. 奇数 β 情形

对于此情形的格型结构 [图 3-4(a)]，由于使用复杂的初始模块（即 $\boldsymbol{E}_0(z)$），甚至无法获得形如式(3.19)的简单形式的正则条件。为解决此问题，可以设置 $\boldsymbol{U}_i = \boldsymbol{I}, i > 0$ 且 $\boldsymbol{N}_1 = \boldsymbol{I}$，对应的格型结构变成图 3-4(b) 的形式。然而，此操作舍弃了过多自由参数。为此，本节设置初始模块中的 $\boldsymbol{N}_1 = \text{diag}(\hat{\boldsymbol{N}}_1, 1)$ 以及模块 $\boldsymbol{G}_k(z)$ 中的 $\boldsymbol{U}_k = \text{diag}(\hat{\boldsymbol{U}}_k, 1)$，相应的格型结构变成图 3-4(c) 的形式，其中

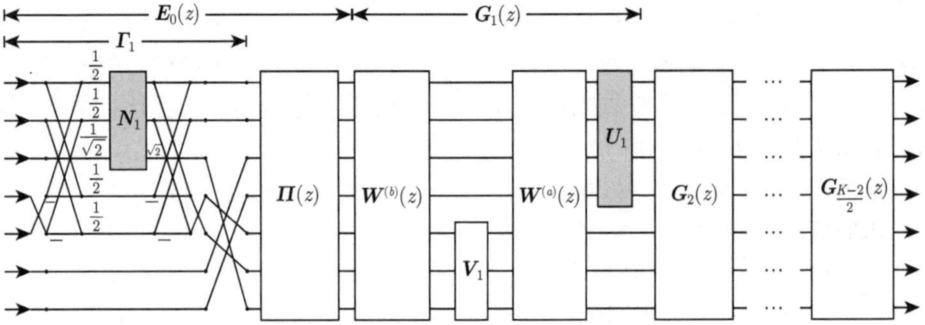

(a) 文献[6]的情形

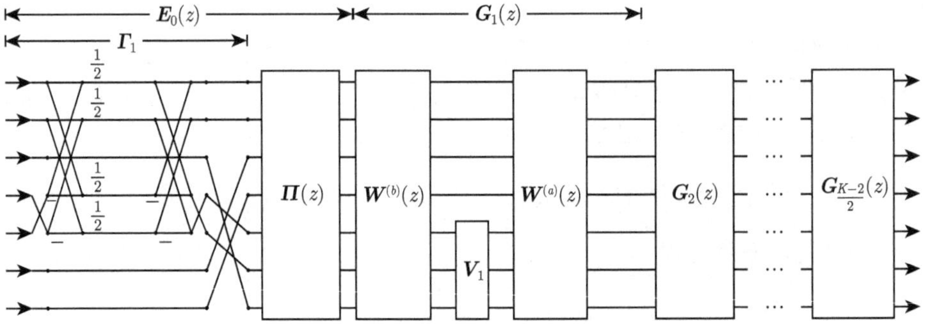

(b) 设置 $N_1=I$, $U_i=I$, $i>0$ 的情形

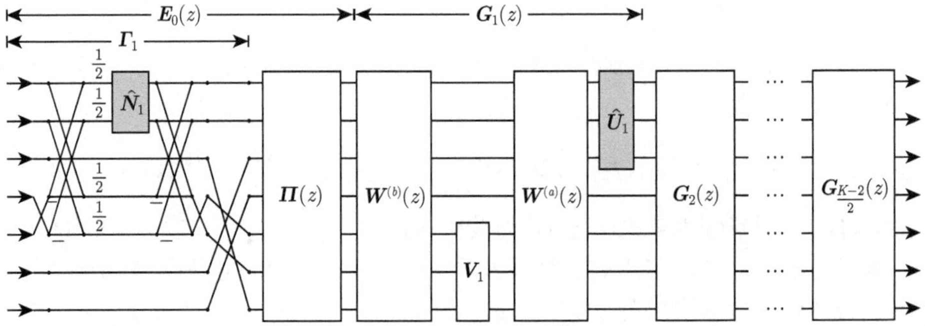

(c) 舍弃小部分自由参数的情形

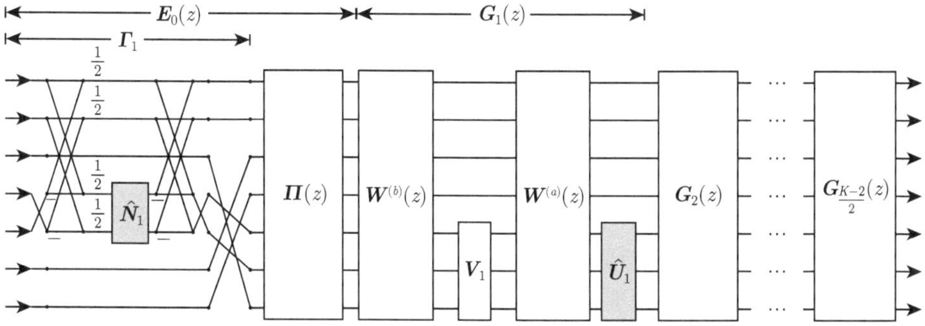

(d) 本节的RLPPUFB

图 3-4 长度为 $KM+\beta$ 的 LPPUFB 的格型结构，其中 $M=7$ 且 $\beta=5$

$$\boldsymbol{\Gamma}_1 = \begin{bmatrix} \boldsymbol{I}_b & & & \\ & & & \boldsymbol{I}_{M-\beta} \\ & & \boldsymbol{I}_b & \\ & 1 & & \end{bmatrix} \mathrm{diag}(\hat{\boldsymbol{I}}_\beta, \boldsymbol{I}_{M-\beta})$$

$$\cdot\, \mathrm{diag}(\boldsymbol{W}_\beta, \boldsymbol{I}_{M-\beta})\mathrm{diag}\left(\frac{1}{2}\hat{\boldsymbol{N}}_1, \frac{1}{2}\boldsymbol{I}_{b+1}, \boldsymbol{I}_{M-\beta}\right)$$

$$\cdot\, \mathrm{diag}(\boldsymbol{W}_\beta, \boldsymbol{I}_{M-\beta})\mathrm{diag}(\hat{\boldsymbol{I}}_\beta, \boldsymbol{I}_{M-\beta})$$

$$\boldsymbol{G}_k(z) = \mathrm{diag}(\hat{\boldsymbol{U}}_k, \boldsymbol{I}_{m+1})\boldsymbol{W}^{(a)}(z)\mathrm{diag}(\boldsymbol{I}_{m+1}, \boldsymbol{V}_k)\boldsymbol{W}^{(b)}(z)$$

采用与文献 [10] 相同的方式，图 3-4(c) 的格型结构等价于图 3-4(d) 的形式，其中

$$\boldsymbol{\Gamma}_1 = \begin{bmatrix} \boldsymbol{I}_b & & & \\ & & & \boldsymbol{I}_{M-\beta} \\ & & \boldsymbol{I}_b & \\ & 1 & & \end{bmatrix} \mathrm{diag}(\hat{\boldsymbol{I}}_\beta, \boldsymbol{I}_{M-\beta})$$

$$\cdot\, \mathrm{diag}(\boldsymbol{W}_\beta, \boldsymbol{I}_{M-\beta})\mathrm{diag}\left(\frac{1}{2}\boldsymbol{I}_{b+1}, \frac{1}{2}\hat{\boldsymbol{N}}_1, \boldsymbol{I}_{M-\beta}\right)$$

$$\cdot\, \mathrm{diag}(\boldsymbol{W}_\beta, \boldsymbol{I}_{M-\beta})\mathrm{diag}(\hat{\boldsymbol{I}}_\beta, \boldsymbol{I}_{M-\beta})$$

$$\boldsymbol{G}_k(z) = \mathrm{diag}(\boldsymbol{I}_{m+1}, \hat{\boldsymbol{U}}_k)\boldsymbol{W}^{(a)}(z)\mathrm{diag}(\boldsymbol{I}_{m+1}, \boldsymbol{V}_k)\boldsymbol{W}^{(b)}(z)$$

易得其正则条件也是式(3.19)的形式，与 β 为偶数的情形相同。

综上可知，设计 β 为奇数情形的 RLPPUFB，本节舍弃的自由度较少，只有 $(K-2)m/2+b$ 个 Givens 旋转角。

3.3.2 例子

优化 RLPPUFB 格型结构中的自由参数，可为信号处理提供更实用的滤波器组。优化算法的适用度函数为止带能量，其实现采用某仿真软件优化工具箱的 fminunc 函数。此外，最小阶 RLPPUFB 的自由参数采用 DCT 方式[4] 初始化，$K-1$ 阶滤波器组采用 $K-3$ 阶滤波器组初始化。

这里希望参与比较的滤波器组也能由其低阶形式初始化，然而，图 3-3(b) 与图 3-4(b) 的格型结构并不能如此处理，故采用如下的类似格型结构替代。对于 β 为偶数的情形，参与比较的格型结构如图 3-5 所示，与图 3-3(b) 类似。对于 β 为奇数的情形，参与比较的格型结构如图 3-6 所示，与图 3-4(b) 类似。

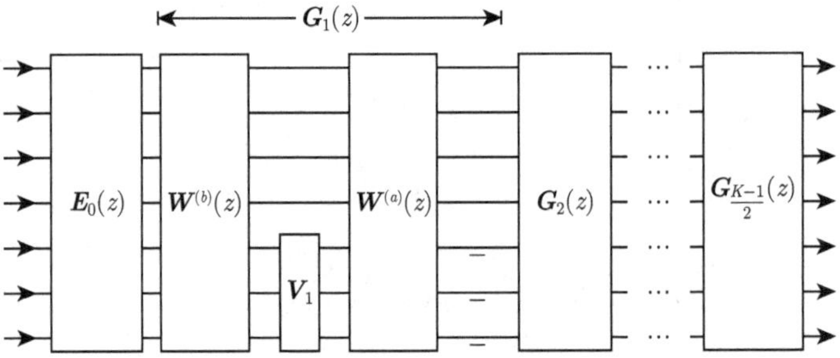

图 3-5　类似于图 3-3(b) 的格型结构

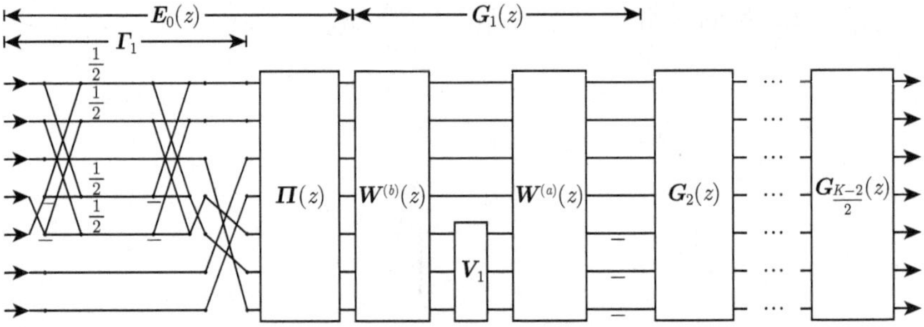

图 3-6　类似于图 3-4(b) 的格型结构

表 3-2 给出了优化的 RLPPUFB 的止带能量，第 2 列对应上一段描述的类似于简单设置 $\boldsymbol{N}_1, \boldsymbol{U}_k, k>0$ 为单位矩阵的格型结构，第 3 列对应本节的设计。由表 3-2 可知，无论 β 为偶数还是奇数，利用本节方法生成的滤波器组，其频率性质均优于简单设置 $\boldsymbol{N}_1, \boldsymbol{U}_k, k>0$ 为单位矩阵的格型结构。图 3-7 也佐证了这一

点。此外，如表 3-2 所示，当滤波器组的阶（即 $K-1$）增加到大于 3 之后，简单方法并不能生成更好的滤波器组，而这个问题可由本节方法解决。

表 3-2　简单方法与本节方法所生成滤波器组的止带能量

M, β, K	简单方法	本节方法
7,4,1	1.25	1.25
7,4,3	1.16	**0.57**
7,4,5	1.16	**0.45**
7,4,7	1.16	**0.39**
7,5,2	0.60	0.60
7,5,4	0.55	**0.29**
7,5,6	0.55	**0.15**
7,5,8	0.55	**0.09**

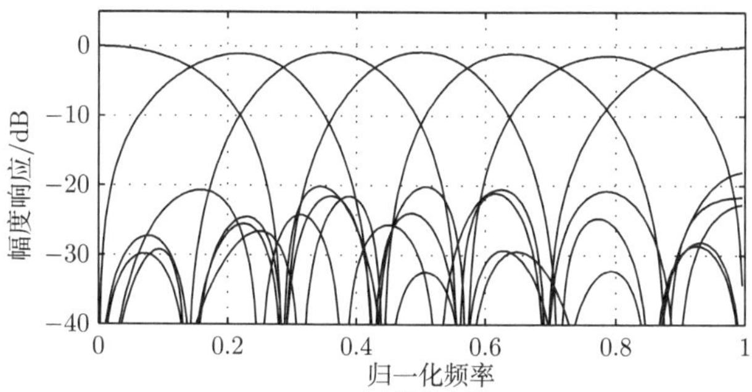

(a)简单方法

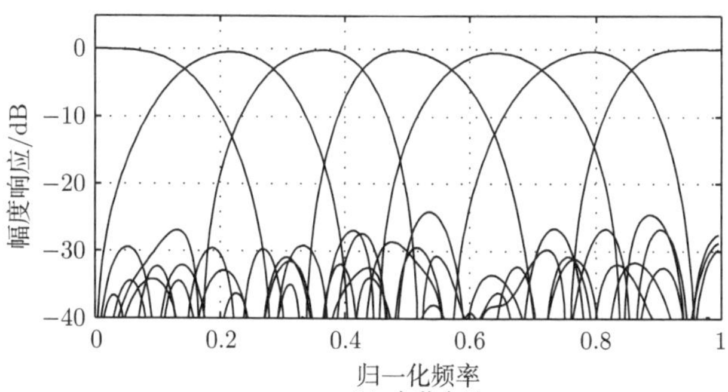

(b) 本节方法

图 3-7　RLPPUFB 的频率响应，其中 $M=7, \beta=5$ 且 $K=6$

3.4 可 逆 方 法

完备性是格型结构的重要理论。完备格型结构能够表示具备指定性质的所有可能的滤波器组。格型结构的完备性主要由其初始模块决定。文献 [8] 针对的是任意长度线性相位仿酉滤波器组（ALLPPUFB）的格型结构，本节给出了一种初始模块设计方法。相应设计过程可逆，因此可以确保初始模块的完备性。前人的

设计是非可逆的 [4,6,15]，故需采用额外推导来证明初始模块的完备性。下面描述本节的方法。为方便讨论，令 $m = M/2$，$b = \beta/2$。

定理 3.3

当 M、β 为偶数时，ALLPPUFB 的初始模块总能分解为

$$\boldsymbol{E}_0(z) = \frac{\sqrt{2}}{2}\boldsymbol{\Phi}(z)\boldsymbol{T} \tag{3.20}$$

其中

$$\boldsymbol{\Phi}(z) = \mathrm{diag}(\boldsymbol{U}_0, \boldsymbol{V}_0)\boldsymbol{W}_M\hat{\boldsymbol{I}}_M \cdot \mathrm{diag}(\boldsymbol{I}_b, \boldsymbol{I}_{M-\beta}, z^{-1}\boldsymbol{I}_b) \cdot \begin{bmatrix} \boldsymbol{I}_b & & \\ & & \boldsymbol{I}_{M-\beta} \\ & \boldsymbol{I}_b & \end{bmatrix} \tag{3.21}$$

$$\begin{aligned}\boldsymbol{T} = {} & \mathrm{diag}(\hat{\boldsymbol{I}}_\beta, \boldsymbol{I}_{M-\beta})\mathrm{diag}(\boldsymbol{W}_\beta, \boldsymbol{I}_{M-\beta})\mathrm{diag}(\tfrac{1}{2}\boldsymbol{I}, \tfrac{1}{2}\overline{\boldsymbol{T}}_1, \boldsymbol{I}_{M-\beta}) \\ & \cdot \mathrm{diag}(\boldsymbol{W}_\beta, \boldsymbol{I}_{M-\beta})\mathrm{diag}(\hat{\boldsymbol{I}}_\beta, \boldsymbol{I}_{M-\beta})\end{aligned} \tag{3.22}$$

这里，自由正交矩阵 $\boldsymbol{U}_0$、$\boldsymbol{V}_0$ 与 $\overline{\boldsymbol{T}}_1$ 大小分别为 $m\times m$、$m\times m$ 与 $b\times b$。♡

文献 [4]、[6] 和 [15] 给出了类似于式(3.20)的初始模块分解形式，但相应过程非可逆。下面给出一个可逆设计，它也可视为对初始模块完备性的证明（即定理 3.3 的证明）。在证明（或可逆设计）之前，先给出几个基础引理。

引理 3.4

令 $\boldsymbol{\Gamma}$ 为 $b \times 2b$ 的矩阵。如果 $\boldsymbol{\Gamma}^{\mathrm{T}}\boldsymbol{\Gamma} + \boldsymbol{J}\boldsymbol{\Gamma}^{\mathrm{T}}\boldsymbol{\Gamma}\boldsymbol{J} = \boldsymbol{I}_{2b}$，则有

$$\boldsymbol{\Gamma} = \frac{1}{2}\left[\boldsymbol{T}_0 + \boldsymbol{T}_1,\ (\boldsymbol{T}_0 - \boldsymbol{T}_1)\boldsymbol{J}\right]$$

其中，$\boldsymbol{T}_0$、$\boldsymbol{T}_1$ 为 $b \times b$ 的自由正交矩阵。♠

证明　令 $\boldsymbol{\Gamma} \stackrel{\text{def}}{=\!=} [\boldsymbol{\Gamma}_p, \boldsymbol{\Gamma}_m]$，其中的子矩阵大小均为 $b \times b$，则有

$$\boldsymbol{\Gamma}^{\mathrm{T}}\boldsymbol{\Gamma} + \boldsymbol{J}\boldsymbol{\Gamma}^{\mathrm{T}}\boldsymbol{\Gamma}\boldsymbol{J} = \begin{bmatrix} \boldsymbol{\Gamma}_p^{\mathrm{T}}\boldsymbol{\Gamma}_p + \boldsymbol{J}\boldsymbol{\Gamma}_m^{\mathrm{T}}\boldsymbol{\Gamma}_m\boldsymbol{J} & \boldsymbol{\Gamma}_p^{\mathrm{T}}\boldsymbol{\Gamma}_m + \boldsymbol{J}\boldsymbol{\Gamma}_m^{\mathrm{T}}\boldsymbol{\Gamma}_p\boldsymbol{J} \\ \boldsymbol{\Gamma}_m^{\mathrm{T}}\boldsymbol{\Gamma}_p + \boldsymbol{J}\boldsymbol{\Gamma}_p^{\mathrm{T}}\boldsymbol{\Gamma}_m\boldsymbol{J} & \boldsymbol{\Gamma}_m^{\mathrm{T}}\boldsymbol{\Gamma}_m + \boldsymbol{J}\boldsymbol{\Gamma}_p^{\mathrm{T}}\boldsymbol{\Gamma}_p\boldsymbol{J} \end{bmatrix} = \boldsymbol{I}_{2b}$$

由此可得

$$\boldsymbol{\Gamma}_p^{\mathrm{T}}\boldsymbol{\Gamma}_p + \boldsymbol{J}\boldsymbol{\Gamma}_m^{\mathrm{T}}\boldsymbol{\Gamma}_m\boldsymbol{J} = \boldsymbol{I}_b, \quad \boldsymbol{\Gamma}_p^{\mathrm{T}}\boldsymbol{\Gamma}_m + \boldsymbol{J}\boldsymbol{\Gamma}_m^{\mathrm{T}}\boldsymbol{\Gamma}_p\boldsymbol{J} = \boldsymbol{0}_b \tag{3.23}$$

令 $\boldsymbol{T}_p=\boldsymbol{\Gamma}_p, \boldsymbol{T}_m=\boldsymbol{\Gamma}_m\boldsymbol{J}$，由式(3.23)可得

$$\boldsymbol{T}_p^{\mathrm{T}}\boldsymbol{T}_p+\boldsymbol{T}_m^{\mathrm{T}}\boldsymbol{T}_m=\boldsymbol{I}_b, \quad \boldsymbol{T}_p^{\mathrm{T}}\boldsymbol{T}_m+\boldsymbol{T}_m^{\mathrm{T}}\boldsymbol{T}_p=\boldsymbol{0}_b$$

由此可得

$$\boldsymbol{T}_p^{\mathrm{T}}\boldsymbol{T}_p+\boldsymbol{T}_m^{\mathrm{T}}\boldsymbol{T}_m+\boldsymbol{T}_p^{\mathrm{T}}\boldsymbol{T}_m+\boldsymbol{T}_m^{\mathrm{T}}\boldsymbol{T}_p=(\boldsymbol{T}_p+\boldsymbol{T}_m)^{\mathrm{T}}(\boldsymbol{T}_p+\boldsymbol{T}_m)=\boldsymbol{I}_b$$

$$\boldsymbol{T}_p^{\mathrm{T}}\boldsymbol{T}_p+\boldsymbol{T}_m^{\mathrm{T}}\boldsymbol{T}_m-\boldsymbol{T}_p^{\mathrm{T}}\boldsymbol{T}_m-\boldsymbol{T}_m^{\mathrm{T}}\boldsymbol{T}_p=(\boldsymbol{T}_p-\boldsymbol{T}_m)^{\mathrm{T}}(\boldsymbol{T}_p-\boldsymbol{T}_m)=\boldsymbol{I}_b$$

因此，$\boldsymbol{T}_p+\boldsymbol{T}_m \xlongequal{\text{def}} \boldsymbol{T}_0$ 与 $\boldsymbol{T}_p-\boldsymbol{T}_m \xlongequal{\text{def}} \boldsymbol{T}_1$ 为 $b\times b$ 的自由正交矩阵。于是，$\boldsymbol{\Gamma}_p$ 与 $\boldsymbol{\Gamma}_m$ 可通过 $\boldsymbol{T}_0$ 与 $\boldsymbol{T}_1$ 表示为

$$\boldsymbol{\Gamma}_p=\boldsymbol{T}_p=\frac{1}{2}(\boldsymbol{T}_0+\boldsymbol{T}_1), \quad \boldsymbol{\Gamma}_m=\boldsymbol{T}_m\boldsymbol{J}=\frac{1}{2}(\boldsymbol{T}_0-\boldsymbol{T}_1)\boldsymbol{J}$$

证毕。 □

引理 3.5

假设 $b\times 2b$ 的矩阵 $\boldsymbol{\Gamma}$、$\hat{\boldsymbol{\Gamma}}$ 满足 $\boldsymbol{\Gamma}=\frac{1}{2}[\boldsymbol{T}_0+\boldsymbol{T}_1,\ (\boldsymbol{T}_0-\boldsymbol{T}_1)\boldsymbol{J}], \hat{\boldsymbol{\Gamma}}=\frac{1}{2}[\boldsymbol{T}_2+\boldsymbol{T}_3,\ (\boldsymbol{T}_2-\boldsymbol{T}_3)\boldsymbol{J}]$，其中 $\boldsymbol{T}_i,\ i=0,1,2,3$ 是 $b\times b$ 的自由正交矩阵。如果 $\boldsymbol{\Gamma}^{\mathrm{T}}\boldsymbol{\Gamma}=\hat{\boldsymbol{\Gamma}}^{\mathrm{T}}\hat{\boldsymbol{\Gamma}}$，则有 $\boldsymbol{T}_3=\boldsymbol{T}_2\boldsymbol{T}_0^{\mathrm{T}}\boldsymbol{T}_1$。♠

证明 由引理 3.5 的假设可得

$$\boldsymbol{\Gamma}^{\mathrm{T}}\boldsymbol{\Gamma}=\frac{1}{4}\begin{bmatrix} 2\boldsymbol{I}+\boldsymbol{T}_0^{\mathrm{T}}\boldsymbol{T}_1+\boldsymbol{T}_1^{\mathrm{T}}\boldsymbol{T}_0 & (-\boldsymbol{T}_0^{\mathrm{T}}\boldsymbol{T}_1+\boldsymbol{T}_1^{\mathrm{T}}\boldsymbol{T}_0)\boldsymbol{J} \\ \boldsymbol{J}(\boldsymbol{T}_0^{\mathrm{T}}\boldsymbol{T}_1-\boldsymbol{T}_1^{\mathrm{T}}\boldsymbol{T}_0) & \boldsymbol{J}(2\boldsymbol{I}-\boldsymbol{T}_0^{\mathrm{T}}\boldsymbol{T}_1-\boldsymbol{T}_1^{\mathrm{T}}\boldsymbol{T}_0)\boldsymbol{J} \end{bmatrix}$$

由 $\boldsymbol{\Gamma}^{\mathrm{T}}\boldsymbol{\Gamma}=\hat{\boldsymbol{\Gamma}}^{\mathrm{T}}\hat{\boldsymbol{\Gamma}}$ 可得

$$\boldsymbol{T}_0^{\mathrm{T}}\boldsymbol{T}_1+\boldsymbol{T}_1^{\mathrm{T}}\boldsymbol{T}_0=\boldsymbol{T}_2^{\mathrm{T}}\boldsymbol{T}_3+\boldsymbol{T}_3^{\mathrm{T}}\boldsymbol{T}_2$$

$$\boldsymbol{T}_0^{\mathrm{T}}\boldsymbol{T}_1-\boldsymbol{T}_1^{\mathrm{T}}\boldsymbol{T}_0=\boldsymbol{T}_2^{\mathrm{T}}\boldsymbol{T}_3-\boldsymbol{T}_3^{\mathrm{T}}\boldsymbol{T}_2$$

由以上两式得 $\boldsymbol{T}_0^{\mathrm{T}}\boldsymbol{T}_1=\boldsymbol{T}_2^{\mathrm{T}}\boldsymbol{T}_3$，等价于 $\boldsymbol{T}_3=\boldsymbol{T}_2\boldsymbol{T}_0^{\mathrm{T}}\boldsymbol{T}_1$。证毕。 □

定理 3.3 的证明 由线性相位性质（即 $\boldsymbol{E}_0(z)=\boldsymbol{D}\boldsymbol{E}_0\mathrm{diag}\left(z^{-1}\boldsymbol{J}_\beta, \boldsymbol{J}_{M-\beta}\right)$，其中 $\boldsymbol{D}=\mathrm{diag}(\boldsymbol{I}_m,-\boldsymbol{I}_m)$），$\boldsymbol{E}_0(z)$ 可表示为

$$\boldsymbol{E}_0(z)=\begin{bmatrix} \boldsymbol{S}_{00}+z^{-1}\boldsymbol{S}_{00}\boldsymbol{J} & \boldsymbol{S}_{01} & \boldsymbol{S}_{01}\boldsymbol{J} \\ \boldsymbol{A}_{00}-z^{-1}\boldsymbol{A}_{00}\boldsymbol{J} & \boldsymbol{A}_{01} & -\boldsymbol{A}_{01}\boldsymbol{J} \end{bmatrix} \tag{3.24}$$

其中，$\boldsymbol{S}_{00}$ 与 $\boldsymbol{A}_{00}$ 的大小为 $m\times\beta$；$\boldsymbol{S}_{01}$ 与 $\boldsymbol{A}_{01}$ 的大小为 $m\times(m-b)$。由式(3.24)，$\boldsymbol{E}_0(z)$ 的仿酉性质（即 $\boldsymbol{E}_0^{\mathrm{T}}(z^{-1})\boldsymbol{E}_0(z)=\boldsymbol{I}$）等价于下面的等式：

$$
\begin{cases}
\boldsymbol{S}_{01}^{\mathrm{T}}\boldsymbol{S}_{01}=\dfrac{1}{2}\boldsymbol{I}_{m-b},\ \boldsymbol{S}_{00}^{\mathrm{T}}\boldsymbol{S}_{01}=\boldsymbol{0}_{\beta\times(m-b)} & (3.25\mathrm{a})\\
\boldsymbol{A}_{01}^{\mathrm{T}}\boldsymbol{A}_{01}=\dfrac{1}{2}\boldsymbol{I}_{m-b},\ \boldsymbol{A}_{00}^{\mathrm{T}}\boldsymbol{A}_{01}=\boldsymbol{0}_{\beta\times(m-b)} & (3.25\mathrm{b})\\
\boldsymbol{S}_{00}^{\mathrm{T}}\boldsymbol{S}_{00}+\boldsymbol{J}\boldsymbol{S}_{00}^{\mathrm{T}}\boldsymbol{S}_{00}\boldsymbol{J}=\dfrac{1}{2}\boldsymbol{I}_{\beta} & (3.25\mathrm{c})\\
\boldsymbol{A}_{00}^{\mathrm{T}}\boldsymbol{A}_{00}+\boldsymbol{J}\boldsymbol{A}_{00}^{\mathrm{T}}\boldsymbol{A}_{00}\boldsymbol{J}=\dfrac{1}{2}\boldsymbol{I}_{\beta} & (3.25\mathrm{d})\\
\boldsymbol{S}_{00}^{\mathrm{T}}\boldsymbol{S}_{00}=\boldsymbol{A}_{00}^{\mathrm{T}}\boldsymbol{A}_{00} & (3.25\mathrm{e})
\end{cases}
$$

由式(3.25a)，$\boldsymbol{S}_{01}$ 与 $\boldsymbol{S}_{00}$ 可完备表示为

$$
\boldsymbol{S}_{01}=\frac{\sqrt{2}}{2}\boldsymbol{U}_{01},\quad \boldsymbol{S}_{00}=\frac{\sqrt{2}}{2}\boldsymbol{U}_{00}\boldsymbol{\Gamma} \tag{3.26}
$$

其中，$\boldsymbol{U}_0\overset{\mathrm{def}}{=\!=}[\boldsymbol{U}_{00},\boldsymbol{U}_{01}]$ 为自由正交矩阵，$\boldsymbol{U}_{00}$ 与 $\boldsymbol{U}_{01}$ 的大小分别为 $m\times b$ 与 $m\times(m-b)$；$\boldsymbol{\Gamma}$ 为 $b\times 2b$ 的矩阵。于是，式(3.25c) 等价于 $\boldsymbol{\Gamma}^{\mathrm{T}}\boldsymbol{\Gamma}+\boldsymbol{J}\boldsymbol{\Gamma}^{\mathrm{T}}\boldsymbol{\Gamma}\boldsymbol{J}=\boldsymbol{I}_{\beta}$。由引理 3.4，$\boldsymbol{\Gamma}$ 可完备参数化为

$$
\boldsymbol{\Gamma}=\frac{1}{2}\left[\boldsymbol{T}_0+\boldsymbol{T}_1,\ (\boldsymbol{T}_0-\boldsymbol{T}_1)\boldsymbol{J}\right] \tag{3.27}
$$

其中，$\boldsymbol{T}_0$ 与 $\boldsymbol{T}_1$ 为 $b\times b$ 自由正交矩阵。由式 (3.25b)，$\boldsymbol{A}_{01}$ 与 $\boldsymbol{A}_{00}$ 可完备表示为

$$
\boldsymbol{A}_{01}=\frac{\sqrt{2}}{2}\boldsymbol{V}_{01},\quad \boldsymbol{A}_{00}=\frac{\sqrt{2}}{2}\boldsymbol{V}_{00}\hat{\boldsymbol{\Gamma}} \tag{3.28}
$$

其中，$\boldsymbol{V}_0\overset{\mathrm{def}}{=\!=}[\boldsymbol{V}_{00},\boldsymbol{V}_{01}]$ 为自由正交矩阵，$\boldsymbol{V}_{00}$ 与 $\boldsymbol{V}_{01}$ 的大小分别为 $m\times b$ 与 $m\times(m-b)$；$\hat{\boldsymbol{\Gamma}}$ 为 $b\times 2b$ 的矩阵，于是，式(3.25d) 等价于 $\hat{\boldsymbol{\Gamma}}^{\mathrm{T}}\hat{\boldsymbol{\Gamma}}+\boldsymbol{J}\hat{\boldsymbol{\Gamma}}^{\mathrm{T}}\hat{\boldsymbol{\Gamma}}\boldsymbol{J}=\boldsymbol{I}_{\beta}$。由引理 3.4，$\hat{\boldsymbol{\Gamma}}$ 可完备参数化为

$$
\hat{\boldsymbol{\Gamma}}=\frac{1}{2}\left[\boldsymbol{T}_2+\boldsymbol{T}_3,\ (\boldsymbol{T}_2-\boldsymbol{T}_3)\boldsymbol{J}\right] \tag{3.29}
$$

其中，$\boldsymbol{T}_2$ 与 $\boldsymbol{T}_3$ 为 $b\times b$ 的自由正交矩阵。由式(3.26) 与式 (3.28)，式(3.25e)等价于 $\boldsymbol{\Gamma}^{\mathrm{T}}\boldsymbol{\Gamma}=\hat{\boldsymbol{\Gamma}}^{\mathrm{T}}\hat{\boldsymbol{\Gamma}}$。结合式(3.27)与式(3.29)以及引理 3.5，$\boldsymbol{\Gamma}^{\mathrm{T}}\boldsymbol{\Gamma}=\hat{\boldsymbol{\Gamma}}^{\mathrm{T}}\hat{\boldsymbol{\Gamma}}$ 可表示

$$
\boldsymbol{T}_3=\boldsymbol{T}_2\boldsymbol{T}_0^{\mathrm{T}}\boldsymbol{T}_1 \tag{3.30}
$$

令 $\overline{\boldsymbol{\Gamma}} = \frac{1}{2}[\boldsymbol{I} + \boldsymbol{T}_0^{\mathrm{T}}\boldsymbol{T}_1,\ (\boldsymbol{I} - \boldsymbol{T}_0^{\mathrm{T}}\boldsymbol{T}_1)\boldsymbol{J}] = \frac{1}{2}[\boldsymbol{I} + \overline{\boldsymbol{T}}_1,\ (\boldsymbol{I} - \overline{\boldsymbol{T}}_1)\boldsymbol{J}] \overset{\text{def}}{=\!=} [\boldsymbol{\Gamma}_p,\ \boldsymbol{\Gamma}_m]$，易知其中的 $\overline{\boldsymbol{T}}_1$ 为 $b \times b$ 的自由正交矩阵。将式(3.26)～ 式(3.29)代入式(3.24)，结合式(3.30)可得

$$
\begin{aligned}
\boldsymbol{E}_0(z) &= \frac{\sqrt{2}}{2}\begin{bmatrix} \boldsymbol{U}_{00}\boldsymbol{\Gamma} + z^{-1}\boldsymbol{U}_{00}\boldsymbol{\Gamma}\boldsymbol{J} & \boldsymbol{U}_{01} & \boldsymbol{U}_{01}\boldsymbol{J} \\ \boldsymbol{V}_{00}\hat{\boldsymbol{\Gamma}} - z^{-1}\boldsymbol{V}_{00}\hat{\boldsymbol{\Gamma}}\boldsymbol{J} & \boldsymbol{V}_{01} & -\boldsymbol{V}_{01}\boldsymbol{J} \end{bmatrix} \\
&= \frac{\sqrt{2}}{2}\begin{bmatrix} \boldsymbol{U}_{00}\boldsymbol{T}_0\overline{\boldsymbol{\Gamma}} + z^{-1}\boldsymbol{U}_{00}\boldsymbol{T}_0\overline{\boldsymbol{\Gamma}}\boldsymbol{J} & \boldsymbol{U}_{01} & \boldsymbol{U}_{01}\boldsymbol{J} \\ \boldsymbol{V}_{00}\boldsymbol{T}_2\overline{\boldsymbol{\Gamma}} - z^{-1}\boldsymbol{V}_{00}\boldsymbol{T}_2\overline{\boldsymbol{\Gamma}}\boldsymbol{J} & \boldsymbol{V}_{01} & -\boldsymbol{V}_{01}\boldsymbol{J} \end{bmatrix}
\end{aligned}
$$

其中，$\boldsymbol{U}_{00}$ 为自由可逆矩阵，$\boldsymbol{T}_0$ 为自由正交矩阵，故 $\boldsymbol{U}_{00}\boldsymbol{T}_0$ 可用 $\boldsymbol{U}_{00}$ 表示。同理，$\boldsymbol{V}_{00}\boldsymbol{T}_2$ 可通过 $\boldsymbol{V}_{00}$ 表示。因此，$\boldsymbol{E}_0(z)$ 可改写为

$$
\begin{aligned}
\boldsymbol{E}_0(z) &= \frac{\sqrt{2}}{2}\begin{bmatrix} \boldsymbol{U}_{00}\overline{\boldsymbol{\Gamma}} + z^{-1}\boldsymbol{U}_{00}\overline{\boldsymbol{\Gamma}}\boldsymbol{J} & \boldsymbol{U}_{01} & \boldsymbol{U}_{01}\boldsymbol{J} \\ \boldsymbol{V}_{00}\overline{\boldsymbol{\Gamma}} - z^{-1}\boldsymbol{V}_{00}\overline{\boldsymbol{\Gamma}}\boldsymbol{J} & \boldsymbol{V}_{01} & -\boldsymbol{V}_{01}\boldsymbol{J} \end{bmatrix} \\
&= \frac{\sqrt{2}}{2}\begin{bmatrix} \boldsymbol{U}_{00}\left[\boldsymbol{\Gamma}_p, \boldsymbol{\Gamma}_m\right] + z^{-1}\boldsymbol{U}_{00}\left[\boldsymbol{\Gamma}_p, \boldsymbol{\Gamma}_m\right]\boldsymbol{J} & \boldsymbol{U}_{01} & \boldsymbol{U}_{01}\boldsymbol{J} \\ \boldsymbol{V}_{00}\left[\boldsymbol{\Gamma}_p, \boldsymbol{\Gamma}_m\right] - z^{-1}\boldsymbol{V}_{00}\left[\boldsymbol{\Gamma}_p, \boldsymbol{\Gamma}_m\right]\boldsymbol{J} & \boldsymbol{V}_{01} & -\boldsymbol{V}_{01}\boldsymbol{J} \end{bmatrix} \\
&= \frac{\sqrt{2}}{2}\begin{bmatrix} \boldsymbol{U}_{00} & z^{-1}\boldsymbol{U}_{00}\boldsymbol{J} & \boldsymbol{U}_{01} & \boldsymbol{U}_{01}\boldsymbol{J} \\ \boldsymbol{V}_{00} & -z^{-1}\boldsymbol{V}_{00}\boldsymbol{J} & \boldsymbol{V}_{01} & -\boldsymbol{V}_{01}\boldsymbol{J} \end{bmatrix}\begin{bmatrix} \boldsymbol{\Gamma}_p & \boldsymbol{\Gamma}_m & \\ \boldsymbol{J}\boldsymbol{\Gamma}_m\boldsymbol{J} & \boldsymbol{J}\boldsymbol{\Gamma}_p\boldsymbol{J} & \\ & & \boldsymbol{I} \end{bmatrix}
\end{aligned}
$$

类似于文献 [6]，$\boldsymbol{E}_0(z)$ 可进一步分解为式(3.20)～式(3.22)的形式。证毕。 □

说明:

（1）上述初始模块设计过程可逆，因而也可视为初始模块的完备性证明。Tran 等 [4] 与 Xu 等 [6,15] 设计初始模块的过程不可逆，因而需要额外的推导去证明初始模块的完备性。他们的额外证明见文献 [4] 的引理 3 与文献 [6] 的定理 2。

（2）上述可逆设计只考虑了 M、β 均为偶数的情形，不过容易推广到 M 为奇数且 β 为偶数的情形。需要指出的是，如文献 [6] 所示，M 为偶数且 β 为奇数的情形，其解不存在。M、β 均为奇数的情形，初始模块对应滤波器组长度为 $2M + \beta$，不容易得到可逆设计。

3.5 本章小结

相比约束支撑滤波器组，广义支撑滤波器组提供了更多选择，能够更好折中滤波器支撑与滤波器性能。本章提出了一维严格采样广义支撑 LPPRFB 格型结

构设计的三种方法，即组合多相方法、取舍变换方法与可逆方法。组合多相方法通过组合约束支撑 LPPRFB 的多相矩阵，来推导广义支撑 LPPRFB 的多相矩阵，从而实现了一维广义支撑 LPPRFB 的设计。取舍变换方法通过舍弃少量自由参数，再结合等价变换得到易处理的正则条件，继而完成奇数带一维广义支撑正则 LPPRFB 的设计。可逆方法求解一维广义支撑 LPPRFB 初始模块的约束方程组，直接确保了初始模块的完备性。以上三种方法丰富了一维严格采样广义支撑 LPPRFB 格型结构的设计理论。

参 考 文 献

[1] Soman A K, Vaidyanathan P P, Nguyen T Q. Linear phase paraunitary filter banks: Theory, factorizations and designs. IEEE Transactions on Signal Processing, 1993, 41(12): 3480-3496.

[2] de Queiroz R L, Nguyen T Q, Rao K R. The GenLOT: Generalized linear-phase lapped orthogonal transform. IEEE Transactions on Signal Processing, 1996, 44(3): 497-507.

[3] Tran T D, de Queiroz R L, Nguyen T Q. Linear-phase perfect reconstruction filter bank: Lattice structure, design, and application in image coding. IEEE Transactions on Signal Processing, 2000, 48(1): 133-147.

[4] Tran T D, Nguyen T Q. On M-channel linear-phase FIR filter banks and application in image compression. IEEE Transactions on Signal Processing, 1997, 45(9): 2175-2187.

[5] Ikehara M, Nagai T, Nguyen T Q. Time-domain design and lattice structure of FIR paraunitary filter banks with linear phase. Signal Processing, 2000, 80(2): 333-342.

[6] Xu Z, Makur A. On the arbitrary-length M-channel linear phase perfect reconstruction filter banks. IEEE Transactions on Signal Processing, 2009, 57(10): 4118-4123.

[7] Li B, Gao X, Xiao F. A new design method of the starting block in lattice structure of arbitrary-length linear phase paraunitary filter bank by combining two polyphase matrices. IEEE Transactions on Circuits and Systems-II: Express Briefs, 2012, 59(2): 118-122.

[8] Li B, Gao X, Xiao F. Reversible design of the starting block in lattice structure of arbitrary-length linear phase paraunitary filter banks. AEU-International Journal of Electronics and Communications, 2011, 65(6): 599-601.

[9] Li B, Gao X. Lattice structure for regular linear phase paraunitary filter bank with odd decimation factor. IEEE Signal Processing Letters, 2014, 21(1): 14-17.

[10] Gan L, Ma K K. A simplified lattice factorization for linear-phase perfect reconstruction filter bank. IEEE Signal Processing Letters, 2001, 8(7): 207-209.

[11] Gan L, Ma K K. Oversampled linear-phase perfect reconstruction filterbanks: Theory, lattice structure and parameterization. IEEE Transactions on Signal Processing, 2003, 51(3): 744-759.

[12] Oraintara S, Tran T D, Heller P N, et al. Lattice structure for regular paraunitary linearphase filterbanks and M-band orthogonal symmetric wavelets. IEEE Transactions on Signal Processing, 2001, 49(11): 2659-2672.

[13] Dai W, Tran T D. Regularity-constrained pre- and post-filtering for block DCT-based systems. IEEE Transactions on Signal Processing, 2003, 51(10): 2568-2581.

[14] Vaidyanathan P P. Multirate Systems and Filter Banks. Upper Saddle River: Prentice-Hall, 1993.

[15] Xu Z, Makur A. On M-Channel linear phase perfect reconstruction filter banks with arbitrary filter length. IEEE International Conference on Image Processing, 2006: 1613-1616.

第 4 章 一维过采样 LPPRFB 格型结构的设计

4.1 引 言

过采样滤波器组不仅具备冗余性、平移不变性等重要性质，而且框架界比例 [1] 优于严格采样滤波器组。这些优秀的性质使过采样滤波器在弹性误差编码 [2,3]、信号去噪 [4] 等应用中取得了非常好的效果。一维过采样 LPPRFB 是一类重要的过采样滤波器组，包括约束支撑（滤波器长度为 KM）与广义支撑（滤波器长度为 $KM+\beta$）两种情形。

一维过采样约束支撑 LPPRFB（OLPPRFB）格型结构的研究，可以追溯到 2000 年。这一年，Labeau 等 [5] 建立了对称极性条件，构造了 $n_{\mathrm{s}}=n_{\mathrm{a}}$ 与 $n_{\mathrm{s}}=n_{\mathrm{a}}+1$ 两种特殊情形下的仿酉格型结构，其中 n_{s} 与 n_{a} 分别表示对称与反对称滤波器的个数。2004 年，Tanaka 和 Yamashita [6] 讨论了相同特殊情形下的完全重构格型结构。过采样 LPPRFB 更经典的研究是 2003 年 Gan 和 Ma [7] 的工作。他们建立了比 Labeau 等 [5] 更精确的对称极性条件并论证它是滤波器存在的充分条件，同时设计了 $n_{\mathrm{s}}=n_{\mathrm{a}}$ 与 $n_{\mathrm{s}}\neq n_{\mathrm{a}}$ 两种情形下的格型结构。至此，一维过采样约束支撑 LPPRFB 格型结构研究已经成熟。

一维过采样广义支撑 LPPRFB 的格型结构研究始于 2004 年。Gan 和 Ma [8] 在这一年讨论了基于 DCT 的格型结构理论与分解，不过仅考虑了 $n_{\mathrm{s}}=n_{\mathrm{a}}$ 的特殊情形。2006 年，Xu 和 Makur [9] 讨论了一维过采样广义支撑 LPPRFB 的基本理论与格型结构，建立了对称极性条件，但该条件是否是滤波器存在的充分条件并不清楚。此外，仅设计了 $n_{\mathrm{s}}=n_{\mathrm{a}}$ 情形下的格型结构。

不难发现，一维过采样广义支撑 LPPRFB 的格型结构研究远未成熟。为此本章展开以下研究 [10]：①整理得到更简洁的对称极性条件，并论证它是滤波器存在的充分条件。②设计对称极性条件包含的各种情形下的格型结构，既覆盖 $n_{\mathrm{s}}=n_{\mathrm{a}}$ 情形，又包含 $n_{\mathrm{s}}\neq n_{\mathrm{a}}$ 情形。本章针对的是仿酉（PU）情形，替换其中的自由仿酉矩阵为自由可逆矩阵，即可平行推广到一般的完全重构（PR）情形。

4.2 理　　论

如果 P 带、取样因子为 M、长度为 $KM+\beta$ 的滤波器组满足仿酉性质 $\boldsymbol{E}^{\mathrm{T}}(z^{-1})\boldsymbol{E}(z)=\boldsymbol{I}_M$ 与线性相位性质 $\boldsymbol{E}(z)=z^{-(K-1)}\boldsymbol{D}\boldsymbol{E}(z^{-1})\hat{\boldsymbol{J}}(z)$，则称之为广义支撑（或任意长度）过采样线性相位仿酉滤波器组（ALOLPPUFB），其中多相矩阵 $\boldsymbol{E}(z)$ 的大小为 $P\times M$，对称极性矩阵 $\boldsymbol{D}=\mathrm{diag}(\boldsymbol{I}_{n_\mathrm{s}},-\boldsymbol{I}_{n_\mathrm{a}})$，$\hat{\boldsymbol{J}}(z)=\mathrm{diag}(z^{-1}\boldsymbol{J}_\beta,\boldsymbol{J}_{M-\beta})$，称 $K-1$ 为滤波器组的阶。当 $\beta=0$ 时，任意长度情形退化为约束长度情形，对应约束长度过采样线性相位仿酉滤波器组（OLPPUFB）。

类似于 OLPPUFB [7]，$K-1$ 阶 ALOLPPUFB 的多相矩阵可分解为

$$\boldsymbol{E}(z)=\begin{cases}\boldsymbol{G}_{K-1}(z)\cdots\boldsymbol{G}_i(z)\cdots\boldsymbol{G}_2(z)\boldsymbol{G}_1(z)\boldsymbol{E}_0(z), & n_\mathrm{s}=n_\mathrm{a}\\ \boldsymbol{G}_{\lfloor\frac{K-1}{2}\rfloor}(z)\cdots\boldsymbol{G}_i(z)\cdots\boldsymbol{G}_2(z)\boldsymbol{G}_1(z)\boldsymbol{E}_0(z), & n_\mathrm{s}\neq n_\mathrm{a}\end{cases}\tag{4.1}$$

其中，$\boldsymbol{G}_i(z)$ 与 $\boldsymbol{E}_0(z)$ 分别为传播模块与初始模块。传播模块满足 $\boldsymbol{G}_i(z)=z^{-N_1}\boldsymbol{D}\boldsymbol{G}_i(z^{-1})\boldsymbol{D}$, 其中 $n_\mathrm{s}=n_\mathrm{a}$ 时 $N_1=1$，$n_\mathrm{s}\neq n_\mathrm{a}$ 时 $N_1=2$。初始模块满足 $\boldsymbol{E}_0(z)=z^{-N_0}\boldsymbol{D}\boldsymbol{E}(z^{-1})\hat{\boldsymbol{J}}(z)$, 其中 N_0 为初始模块的最小阶，容易验证 $n_\mathrm{s}=n_\mathrm{a}$ 时 $N_0=0$，$n_\mathrm{s}\neq n_\mathrm{a}$ 时 $N_0=\mathrm{mod}(K-1,2)$。如上所述，设计 $\boldsymbol{E}(z)$ 可通过设计构造模块 $\boldsymbol{G}_i(z)$ 与 $\boldsymbol{E}_0(z)$ 完成。$\boldsymbol{G}_i(z)$ 的构造见文献 [7] 的式 (8) 与式 (23)，因此设计 ALOLPPUFB 的关键在于初始模块 $\boldsymbol{E}_0(z)$ 的构造。

Xu 和 Makur [9] 给出了 ALOLPPUFB 的理论与设计。通过文献 [9] 的定理 1 提出了关于对称极性的 ALOLPPUFB 存在必要条件。该条件覆盖了 (M,β,K) 所有可能的取值情形，本节改写该定理为引理 4.1，以便统一处理不同的 (M,β,K) 取值情形。

引理 4.1

令$r_0=f(\beta,1)+f(M-\beta,1),r_1=f(\beta,(-1)^K)+f(M-\beta,(-1)^{K-1})$。这里 $f(K,s)=\left\lceil\dfrac{K}{2}\right\rceil\dfrac{1+s}{2}+\left\lfloor\dfrac{K}{2}\right\rfloor\dfrac{1-s}{2}$，其中 K 为非负整数且 $s=\pm1$。对于 $K-1$ 阶 ALOLPPUFB，对称与反对称滤波器数目 n_s 与 n_a 满足 $r_0\leqslant n_\mathrm{s}\leqslant P-M+r_1$，$M-r_1\leqslant n_\mathrm{a}\leqslant P-r_0$。♠

如引理 4.1 所示，n_s 与 n_a 的上界（记为 $n_{\mathrm{s},u}$ 与 $n_{\mathrm{a},u}$）可通过它们的下界（记为 $n_{\mathrm{s},l}$ 与 $n_{\mathrm{a},l}$）表示，即 $n_{\mathrm{s},u}=P-n_{\mathrm{a},l}$ 与 $n_{\mathrm{a},u}=P-n_{\mathrm{s},l}$。因此，后续讨论只需关注下界，即

$$n_\mathrm{s}\geqslant r_0,\quad n_\mathrm{a}\geqslant M-r_1$$

Xu 和 Makur [9] 仅设计了 $n_\mathrm{s}=n_\mathrm{a}$ 情形下 ALOLPPUFB 的格型结构，本书完成 $n_\mathrm{s}\neq n_\mathrm{a}$ 情形的设计 [10]。

4.3 设　　计

定理 4.2

假设 $\boldsymbol{E}_0^{(0)}(z)$ 是 N_0+1 阶取样因子为 β、对称极性矩阵为 $\mathrm{diag}(\boldsymbol{I}_{x_0}, -\boldsymbol{I}_{y_0})$ 的 OLPPUFB 的多相矩阵，$\boldsymbol{E}_0^{(1)}(z)$ 是 N_0 阶取样因子为 $M-\beta$、对称极性矩阵为 $\mathrm{diag}(\boldsymbol{I}_{x_1}, -\boldsymbol{I}_{y_1})$ 的 OLPPUFB 的多相矩阵，其中 $n_\mathrm{s}=n_\mathrm{a}$ 时 $N_0=0$，$n_\mathrm{s}\neq n_\mathrm{a}$ 时 $N_0=\mathrm{mod}(K-1,2)$。令

$$\boldsymbol{E}_0(z)=\mathrm{diag}(\boldsymbol{Q}_0,\boldsymbol{Q}_1)\boldsymbol{P}\mathrm{diag}\left(\boldsymbol{E}_0^{(0)}(z),\boldsymbol{E}_0^{(1)}(z)\right) \tag{4.2}$$

其中，自由仿酉矩阵 $\boldsymbol{Q}_0$、$\boldsymbol{Q}_1$ 的大小分别为 $n_\mathrm{s}\times(x_0+x_1)$ 与 $n_\mathrm{a}\times(y_0+y_1)$；$\boldsymbol{P}$ 可表示为

$$\boldsymbol{P}=\begin{bmatrix}\boldsymbol{I}_{x_0} & & & \\ & & \boldsymbol{I}_{x_1} & \\ & \boldsymbol{I}_{y_0} & & \\ & & & \boldsymbol{I}_{y_1}\end{bmatrix}$$

令 $\boldsymbol{E}(z)$ 如式(4.1)所示，则 $\boldsymbol{E}(z)$ 生成 $K-1$ 阶 ALOLPPUFB。 ♡

证明　式(4.2)中每个矩阵均仿酉，故 $\boldsymbol{E}_0(z)$ 仿酉。由关于 $\boldsymbol{E}_0^{(0)}(z)$、$\boldsymbol{E}_0^{(1)}(z)$ 的假设可知

$$\boldsymbol{E}_0^{(0)}(z)=z^{-(N_0+1)}\mathrm{diag}\left(\boldsymbol{I}_{x_0},-\boldsymbol{I}_{y_0}\right)\boldsymbol{E}_0^{(0)}(z^{-1})\boldsymbol{J}_\beta \tag{4.3}$$

$$\boldsymbol{E}_0^{(1)}(z)=z^{-N_0}\mathrm{diag}\left(\boldsymbol{I}_{x_1},-\boldsymbol{I}_{y_1}\right)\boldsymbol{E}_0^{(1)}(z^{-1})\boldsymbol{J}_{M-\beta} \tag{4.4}$$

表示 $\boldsymbol{Q}_0$、$\boldsymbol{Q}_1$ 为子矩阵形式，即 $\boldsymbol{Q}_0=[\boldsymbol{Q}_{00},\boldsymbol{Q}_{01}],\boldsymbol{Q}_1=[\boldsymbol{Q}_{10},\boldsymbol{Q}_{11}]$，子矩阵 Q_{00}、Q_{01}、Q_{10}、Q_{11} 大小分别为 $n_\mathrm{s}\times x_0$、$n_\mathrm{s}\times x_1$、$n_\mathrm{a}\times y_0$ 与 $n_\mathrm{a}\times y_1$。容易验证

$$\mathrm{diag}\left(\boldsymbol{Q}_{00},\boldsymbol{Q}_{10}\right)=\boldsymbol{D}\mathrm{diag}\left(\boldsymbol{Q}_{00},\boldsymbol{Q}_{10}\right)\mathrm{diag}\left(\boldsymbol{I}_{x_0},-\boldsymbol{I}_{y_0}\right) \tag{4.5}$$

$$\mathrm{diag}\left(\boldsymbol{Q}_{01},\boldsymbol{Q}_{11}\right)=\boldsymbol{D}\mathrm{diag}\left(\boldsymbol{Q}_{01},\boldsymbol{Q}_{11}\right)\mathrm{diag}\left(\boldsymbol{I}_{x_1},-\boldsymbol{I}_{y_1}\right) \tag{4.6}$$

将 $\boldsymbol{Q}_0$、$\boldsymbol{Q}_1$ 的子矩阵形式代入式(4.2)，则有

$$\boldsymbol{E}_0(z)=\left[\operatorname{diag}\left(\boldsymbol{Q}_{00},\boldsymbol{Q}_{10}\right)\boldsymbol{E}_0^{(0)}(z),\operatorname{diag}\left(\boldsymbol{Q}_{01},\boldsymbol{Q}_{11}\right)\boldsymbol{E}_0^{(1)}(z)\right]$$

结合式(4.3)~ 式(4.6)可得

$$\boldsymbol{E}_0(z)=z^{-N_0}\boldsymbol{D}\boldsymbol{E}_0(z^{-1})\hat{\boldsymbol{J}}(z)$$

又因 $\boldsymbol{E}_0(z)$ 仿酉，故 $\boldsymbol{E}_0(z)$ 生成 N_0 阶 ALOLPPUFB。

每个传播模块 $\boldsymbol{G}_i(z)$ 仿酉，结合式(4.1)可知传播模块的阶和满足：当 $n_s=n_a$ 时为 $K-1$，当 $n_s\neq n_a$ 时为 $2\lfloor K/2\rfloor$。结合 N_0 的值可知，$\boldsymbol{E}(z)$ 生成 $K-1$ 阶 ALOLPPUFB。证毕。 □

定理 4.2 何时能设计 ALOLPPUFB，这依赖于构造模块 $\boldsymbol{G}_i(z)$、$\boldsymbol{Q}_0$、$\boldsymbol{Q}_1$、$\boldsymbol{P}$、$\boldsymbol{E}_0^{(0)}(z)$ 与 $\boldsymbol{E}_0^{(1)}(z)$ 的存在性。模块 $\boldsymbol{G}_i(z)$、$\boldsymbol{P}$ 的存在是没有约束的，模块 $\boldsymbol{Q}_0$、$\boldsymbol{Q}_1$ 存在的条件为

$$n_s\geqslant x_0+x_1,\quad n_a\geqslant y_0+y_1 \tag{4.7}$$

由文献 [7] 可知，$\boldsymbol{E}_0^{(0)}(z)$ 与 $\boldsymbol{E}_0^{(1)}(z)$ 存在的条件为

$$x_0\geqslant f(\beta,1),\quad y_0\geqslant \beta-f\left(\beta,(-1)^{N_0+1}\right) \tag{4.8}$$

$$x_1\geqslant f(M-\beta,1),\quad y_1\geqslant M-\beta-f\left(M-\beta,(-1)^{N_0}\right) \tag{4.9}$$

相关设计已在文献 [7] 给出。

根据引理 4.3 可知，如果 n_s 与 n_a 满足引理 4.1，则总能找到 x_0、x_1、y_0、y_1 满足式(4.7)~ 式(4.9)。因此引理 4.1 也是 ALOLPPUFB 存在的充分条件。尽管本章主要关注 $n_s\neq n_a$ 情形，但定理 4.2 其实可用于所有可能的情形，即引理 4.1 约束的情形。如上所述，ALOLPPUFB 构造的关键在于初始模块 $\boldsymbol{E}_0(z)$，而图 4-1 展示了定理 4.2 构造的 $\boldsymbol{E}_0(z)$。

引理 4.3

如果 n_s 与 n_a 满足引理 4.1，则存在 x_0、x_1、y_0、y_1 满足式(4.7)~式(4.9)。 ♠

证明　由引理 4.1 可得

$$n_a\geqslant\left[\beta-f(\beta,(-1)^K)\right]+\left[M-\beta-f(M-\beta,(-1)^{K-1})\right] \tag{4.10}$$

$$n_s\geqslant f(\beta,1)+f(M-\beta,1) \tag{4.11}$$

当 $n_s\neq n_a$ 时，由 $N_0=\operatorname{mod}(K-1,2)$，式(4.10)变成

$$n_{\mathrm{a}} \geqslant \left[\beta - f(\beta, (-1)^{N_0+1})\right] + \left[M - \beta - f(M-\beta, (-1)^{N_0})\right] \tag{4.12}$$

当 $n_{\mathrm{s}} = n_{\mathrm{a}}$ 时，由 $N_0 = 0$ 及式(4.11)，式(4.10)变成

$$\begin{aligned} n_{\mathrm{a}} = n_{\mathrm{s}} &\geqslant f(\beta, 1) + f(M-\beta, 1) \\ &= (\beta - f(\beta, -1)) + (M - \beta - f(M-\beta, -1)) \\ &\geqslant \left[\beta - f(\beta, (-1)^{0+1})\right] + \left[M - \beta - f(M-\beta, (-1)^{0})\right] \\ &= \left[\beta - f(\beta, (-1)^{N_0+1})\right] + \left[M - \beta - f(M-\beta, (-1)^{N_0})\right] \end{aligned} \tag{4.13}$$

由式(4.11)～ 式(4.13)，总能找到 x_0、x_1、y_0、y_1 满足式(4.7)～ 式(4.9)。证毕。 □

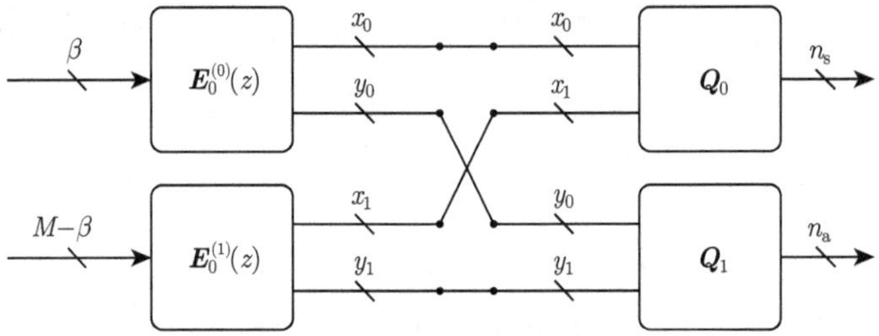

图 4-1 初始模块 $\boldsymbol{E}_0(z)$ 的格型结构

文献 [11] 设计了任意长度严格采样线性相位完全重构滤波器组（ALLPPUFB）的格型结构，使用的方法也是组合多相设计。然而 ALOLPPUFB 的设计中出现了新情况：ALLPPUFB 涉及的 $\boldsymbol{Q}_0$、$\boldsymbol{Q}_1$ 是方阵，其大小容易确定；ALOLPPUFB 涉及的 $\boldsymbol{Q}_0$、$\boldsymbol{Q}_1$ 是一般矩阵，其大小需谨慎确定。本章给出引理 4.3 来设置合理的矩阵大小。由引理 4.3 可知，定理 4.2 可设计所有可能情形（即引理 4.1 约束的情形）下的 ALOLPPUFB，故引理 4.1 是 ALOLPPUFB 存在的充分条件。

4.4 例　　子

优化格型结构自由参数，可设计更实用的滤波器组。下面通过最小化如下的止带能量来优化滤波器 $H_i(z)$：

$$C_{\mathrm{stop}} = \sum_{i=0}^{P-1} \int_0^{\omega_{i,L}} |H_i(\mathrm{e}^{\mathrm{j}\omega})|^2 \mathrm{d}\omega + \sum_{i=0}^{P-1} \int_{\omega_{i,H}}^{\pi} |H_i(\mathrm{e}^{\mathrm{j}\omega})|^2 \mathrm{d}\omega$$

其中，$[\omega_{i,L}, \omega_{i,H}]$ 表示滤波器 $H_i(z)$ 的通带。下面给出采用定理 4.2 设计并进行如上优化所得的 ALOLPPUFB 设计实例，这些实例均属于对称与反对称滤波器数目不等情形。

图 4-2 的例子对应 $M=4, K=4, \beta=2, n_{\mathrm{s}}=3, n_{\mathrm{a}}=2$，其理想频率分布如图 4-2(a) 所示，其中 3 个滤波器的频带宽度为整个频率区间的 1/4，2 个滤波器的频带宽度为整个频率区间的 1/8。图 4-2(b) 为设计结果，所得滤波器组较好地逼近了理想滤波器组的频率响应。

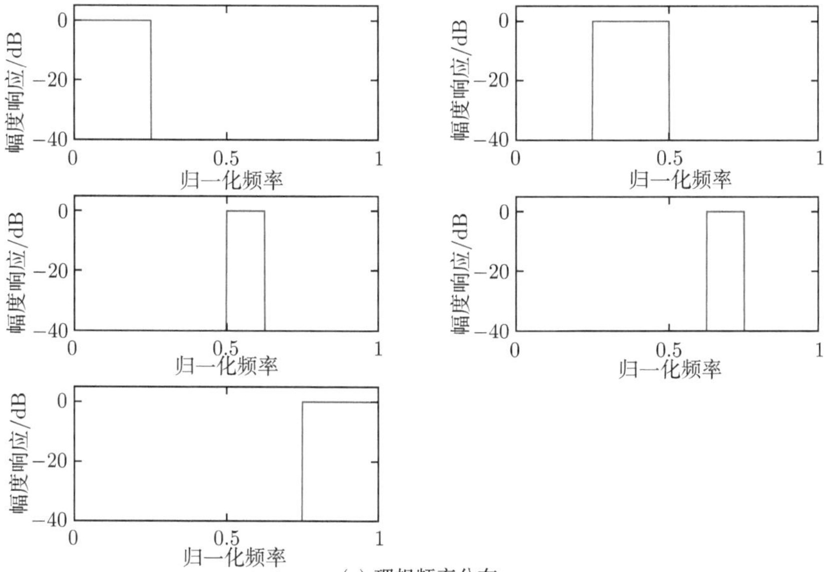

(a) 理想频率分布

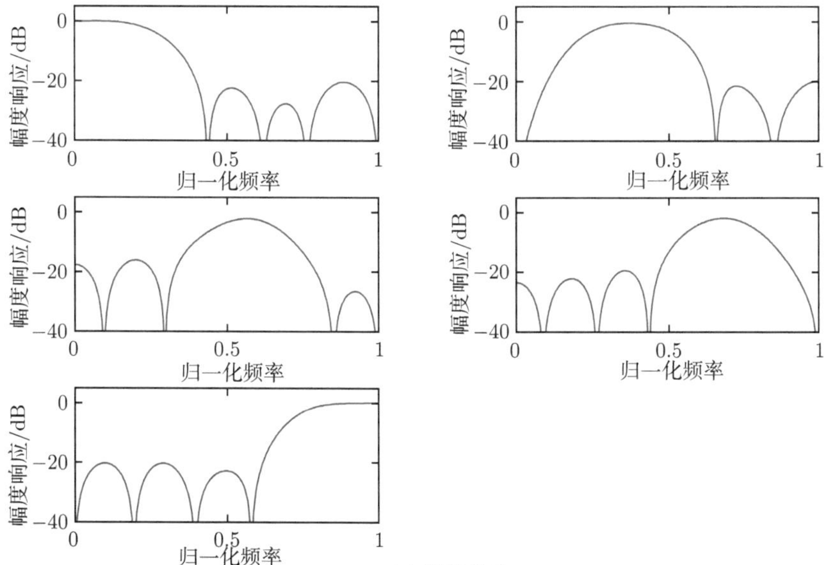

(b) 设计结果

图 4-2　ALOLPPUFB 的频率响应，其中 $M=4, K=4, \beta=2, n_{\mathrm{s}}=3, n_{\mathrm{a}}=2$

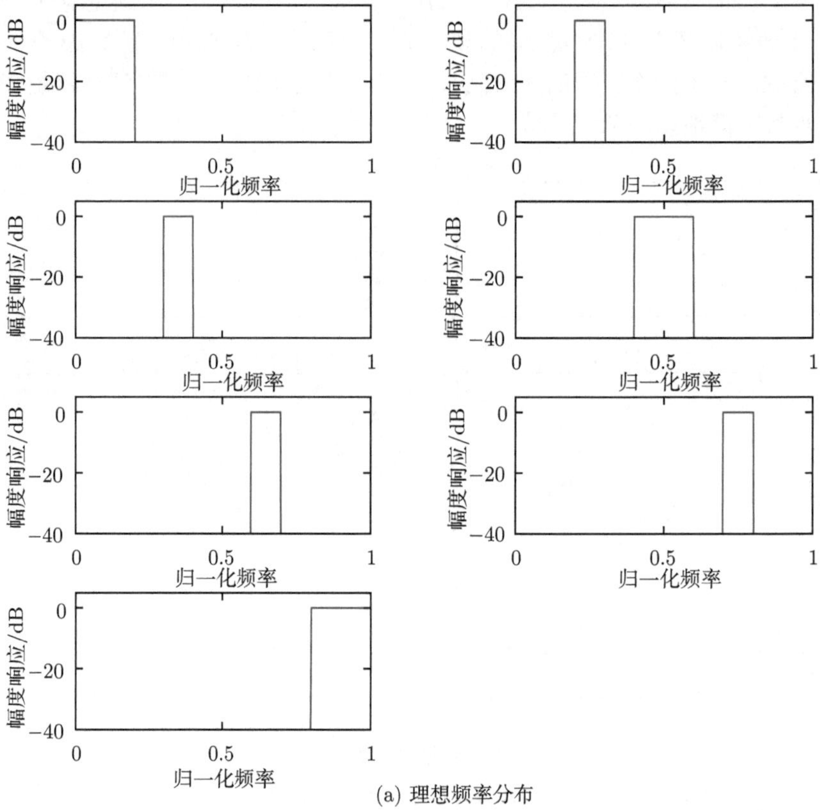

(a) 理想频率分布

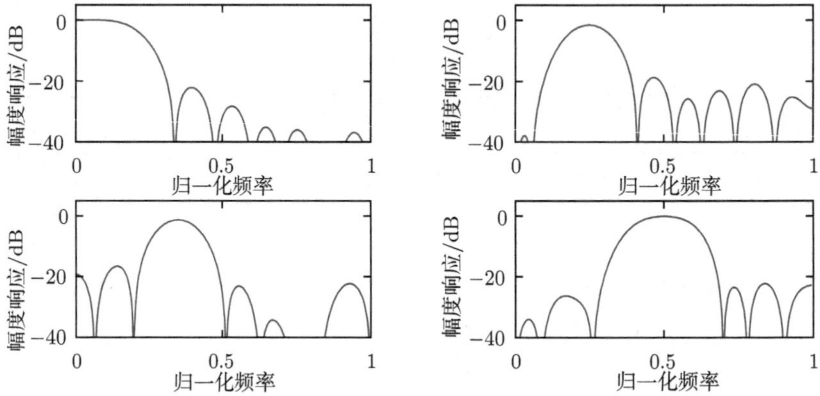

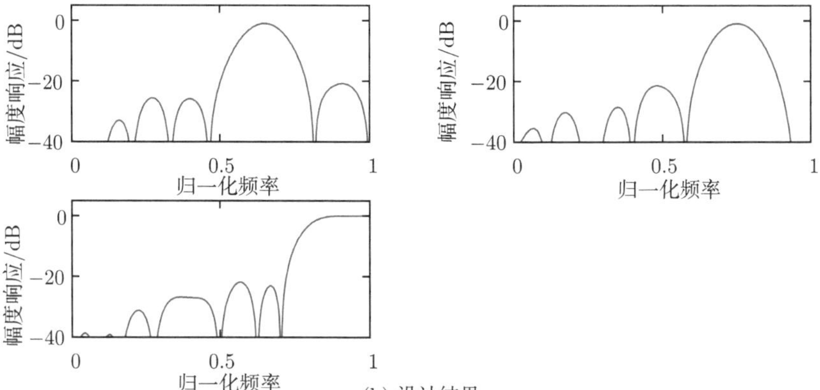

(b) 设计结果

图 4-3　ALOLPPUFB 的频率响应，其中 $M=5, K=4, \beta=4, n_{\rm s}=4, n_{\rm a}=3$

图 4-3 的例子对应 $M=5, K=4, \beta=4, n_{\rm s}=4, n_{\rm a}=3$，其理想频率分布如图 4-3(a) 所示，其中 3 个滤波器的频带宽度为整个频率区间的 1/5，4 个滤波器的频带宽度为整个频率区间的 1/10。图 4-3(b) 的滤波器组设计结果，同样较好地逼近了理想滤波器组的频率响应。

由设计实例可见，采用定理 4.2 设计的对称与反对称滤波器数目不等情形下的 ALOLPPUFB，具有较好的频域特征。

4.5 本 章 小 结

相比 $n_{\rm s}=n_{\rm a}$ 情形的一维过采样任意长度 LPPRFB，$n_{\rm s}\neq n_{\rm a}$ 情形的结果提供了更多的可以选择的滤波器组。尽管如此，$n_{\rm s}\neq n_{\rm a}$ 情形的一维过采样任意长度 LPPRFB 几乎没有研究结果，而且不易由 $n_{\rm s}=n_{\rm a}$ 情形的结果直接推广，而本章解决了这个问题。Xu 和 Makur [9] 也设计了一维过采样任意长度 LPPRFB。他们使用的是预滤波方法，本章采用的是组合多相方法。他们的设计仅限于 $n_{\rm s}=n_{\rm a}$，本章的设计包括所有可能的情形。

参 考 文 献

[1] Bolcskei H, Hlawatsch F. Oversampled cosine modulated filter banks with perfect reconstruction. IEEE Transactions on Circuits and Systems-II: Analog and Digital Signal Processing, 1998, 45(8): 1057-1071.

[2] Boufounos P, Oppenheim A V, Goyal V K. Causal compensation for erasures in frame representations. IEEE Transactions on Signal Processing, 2008, 56(3): 1071-1082.

[3] Kovacevic J, Dragotti P L, Goyal V K. Filter bank frame expansions with erasures. IEEE Transactions on Information Theory, 2002, 48(6): 1439-1450.

[4] Shen L, Papadakis M, Kakadiaris I A, et al. Image denoising using a tight frame. IEEE Transactions on Image Processing, 2006, 15(5): 1254-1263.

[5] Labeau F, Vandendorpe L, Macq B. Structures, factorizations, and design criteria for oversampled paraunitary filterbanks yielding linear-phase filters. IEEE Transactions on Signal Processing, 2000, 48(11): 3062-3071.

[6] Tanaka T, Yamashita Y. The generalized lapped pseudo-biorthogonal transform: Oversampled linear-phase perfect reconstruction filterbanks with lattice structures. IEEE Transactions on Signal Processing, 2004, 52(2): 434-446.

[7] Gan L, Ma K K. Oversampled linear-phase perfect reconstruction filterbanks: Theory, lattice structure and parameterization. IEEE Transactions on Signal Processing, 2003, 51(3): 744-759.

[8] Gan L, Ma K K. Time-domain oversampled lapped transforms: Theory, structure, and application in image coding. IEEE Transactions on Signal Processing, 2004, 52(10): 2762-2775.

[9] Xu Z, Makur A. Theory and lattice structures for oversampled linear phase paraunitary filter banks with arbitrary filter length. European Signal Processing Conference, Florence, 2006: 1-5.

[10] Li B, Gao X. Lattice structure for arbitrary-length oversampled linear phase paraunitary filter bank with unequal numbers of symmetric and antisymmetric filters. AEU-International Journal of Electronics and Communications, 2014, 68(6): 565-568.

[11] Li B, Gao X, Xiao F. A new design method of the starting block in lattice structure of arbitrary-length linear phase paraunitary filter bank by combining two polyphase matrices. IEEE Transactions on Circuits and Systems-II: Express Briefs, 2012, 59(2): 118-122.

第 5 章　多维严格采样 LPPRFB 格型结构的设计

5.1　引　　言

格型结构是设计滤波器组的有效方法，许多文献给出了 LPPRFB 格型结构的设计方法。早期的研究主要关注滤波器长度为 KM 的情形，其中 M 为取样因子，M、K 均为正整数。Soman 等 [1] 研究了此情形下特殊但很有用的 LPPRFB，即 LPPUFB 格型结构，de Queiroz 等 [2] 给出了相似的设计。Tran 等 [3] 系统研究了一般 LPPRFB 的结果。1997 年，LPPRFB 格型结构的研究扩展到滤波器长度为 $KM+\beta$ 的情形，其中整数 β 满足 $0\leqslant\beta<M$。针对这种情形，Tran 和 Nguyen [4] 研究了偶数 M 情形的设计，Ikehara 等 [5] 给出了奇数 M 情形的结果。这两个结果均针对 LPPUFB，Xu 和 Makur [6] 完成了一般 LPPRFB 的结果。

以上 LPPRFB 格型结构设计，覆盖的是一维情形。处理多维信号（如图像与视频）时，可以采用一维滤波器组的张量（即张量滤波器组）变换信号。非张量滤波器组是直接设计的，因而具有更大的设计自由度，可以提供更好的频率响应。事实上，非张量滤波器组已成功应用于多维信号处理 [7–9]。许多文献阐述了非张量滤波器组的设计 [10–12]，相关设计也可以采用格型结构 [13–15]。其中有代表性的是 Muramatsu 等 [15] 的研究。他们设计了支撑为 $\mathcal{N}(\boldsymbol{M\Xi})$ 的多维 LPPUFB 的格型结构，其中 $\boldsymbol{M}$ 为取样矩阵，$\boldsymbol{\Xi}$ 为正整数对角矩阵。自然而然，$\boldsymbol{\Xi}$ 可以是其他正对角矩阵而不限于正整数对角矩阵，相应的设计可以提供更多的滤波器组选择方案，从而可以更好地折中滤波器支撑和滤波器组性能。

为实现这个想法，本章研究了滤波器支撑为 $\mathcal{N}(\boldsymbol{M\Xi}')$ 的多维 LPPRFB，其中 $\mathcal{N}(\boldsymbol{M})$ 影像不变（即中心对称），$\boldsymbol{M}=\boldsymbol{M}_0\boldsymbol{K}_0$，$\boldsymbol{M}_0$ 为正整数矩阵，$\boldsymbol{\Xi}'$ 是使 $\boldsymbol{K}_0\boldsymbol{\Xi}'$ 为正整数对角矩阵的正分数对角矩阵。称此类滤波器组为广义支撑多维 LPPRFB，相比于文献 [15] 的滤波器组，此类滤波器组提供了更多的滤波器支撑选择。很难通过推广文献 [15] 的结果，来设计广义支撑多维 LPPRFB 的格型结构，并且辅助设计的相应理论也与文献 [15] 极为不同。因此，本章定义了广义支撑，建立了广义支撑多维滤波器组满足线性相位的充要条件，探讨了广义支撑多维 LPPRFB 存在的必要条件，最后利用组合多相方法设计了必要条件约束的所有可能情形下的滤波器组 [16]。

5.2 理 论

5.2.1 广义支撑多维滤波器组满足线性相位的充要条件

建立条件之前，先定义广义支撑，以及取样矩阵的基本平行六面体分割。令取样矩阵 $\boldsymbol{M}$ 的陪集 $\mathcal{N}(\boldsymbol{M})$ 影像不变。为方便讨论，引用文献 [15] 的相关结论作为引理 5.1～ 引理 5.3。它们在第 2 章被描述过，但为了本章的连贯性，故而再次给出。

引理 5.1

若 $\boldsymbol{\Omega}$ 为线性相位滤波器的支撑，则其影像不变。♠

引理 5.2

假设 $\boldsymbol{\Xi}$ 为正整数对角矩阵，则 $\mathcal{N}(\boldsymbol{\Xi})$ 关于 $\boldsymbol{c}_{\boldsymbol{\Xi}} = \dfrac{\mathcal{V}(\boldsymbol{\Xi}) - \boldsymbol{1}}{2}$ 影像不变。♠

引理 5.3

令 $\boldsymbol{\Xi}$ 为正整数对角矩阵，$\boldsymbol{c}_{\boldsymbol{\Xi}}$ 为 $\mathcal{N}(\boldsymbol{\Xi})$ 的中心，则 $\mathcal{N}(\boldsymbol{M})$ 关于 $\boldsymbol{c}_{\boldsymbol{M}}$ 影像不变，当且仅当 $\mathcal{N}(\boldsymbol{M}\boldsymbol{\Xi})$ 关于 $\boldsymbol{M}\boldsymbol{c}_{\boldsymbol{\Xi}} + \boldsymbol{c}_{\boldsymbol{M}}$ 影像不变。♠

1. 广义支撑

定义 5.4

称滤波器 $H_i(\boldsymbol{z})$ 的支撑 $\mathcal{N}(\boldsymbol{M}\boldsymbol{\Xi}_i')$ 为广义支撑，如果它满足下述条件。取样矩阵 $\boldsymbol{M} = \boldsymbol{M}_0\boldsymbol{K}_0$，其中 $\boldsymbol{M}_0$ 为整数矩阵，$\boldsymbol{K}_0 = \operatorname{diag}(k_d;\ d = 0, 1, \cdots, D-1,\ k_d \in \mathbb{Z}^+)$。矩阵 $\boldsymbol{\Xi}_i' = \boldsymbol{N}_i + \mathcal{A}(\boldsymbol{\beta}) \cdot \boldsymbol{K}_0^{-1}$，其中 $\boldsymbol{N}_i = \operatorname{diag}(N_{id};\ d = 0, 1, \cdots, D-1,\ N_{id} \in \mathbb{Z}^+)$ 且

$$\boldsymbol{\beta} = [\beta_0, \beta_1, \cdots, \beta_d, \cdots, \beta_{D-1}]^{\mathrm{T}}, \quad \beta_d \in \mathbb{Z}; 0 \leqslant \beta_d < k_d, d = 0, 1, \cdots, D-1 \tag{5.1}$$

♣

说明：本书中选择合适的 $\boldsymbol{K}_0$ 将使 $\boldsymbol{M}_0$ 每一列的最大公因子为 1；相应的 $\boldsymbol{M}_0\boldsymbol{K}_0$ 称为 $\boldsymbol{M}$ 的元取样表示。当所有滤波器的支撑均相同时，$\boldsymbol{N}_i$ 与 $\boldsymbol{\Xi}_i'$ 将被写为 $\boldsymbol{N}$ 与 $\boldsymbol{\Xi}'$，其中 $\boldsymbol{N} = \operatorname{diag}(N_d;\ d = 0, 1, \cdots, D-1,\ N_d \in \mathbb{Z}^+)$。

引理 5.5

假设滤波器 $H_i(\boldsymbol{z})$ 的支撑 $\mathcal{N}(\boldsymbol{M}\boldsymbol{\Xi}_i')$ 满足定义 5.4，$\boldsymbol{M}$ 的元取样表示为 $\boldsymbol{M}_0\boldsymbol{K}_0$。令 $\boldsymbol{\Xi}_i = \boldsymbol{K}_0\boldsymbol{\Xi}_i'$，则滤波器支撑关于 $\boldsymbol{M}_0\boldsymbol{c}_{\boldsymbol{\Xi}_i} + \boldsymbol{c}_{\boldsymbol{M}_0}$ 影像不变，其中 $\boldsymbol{c}_{\boldsymbol{\Xi}_i}$ 与 $\boldsymbol{c}_{\boldsymbol{M}_0}$ 分别为 $\mathcal{N}(\boldsymbol{\Xi}_i)$ 与 $\mathcal{N}(\boldsymbol{M}_0)$ 的中心。♠

2. 取样矩阵的基本平行六面体分割

广义支撑滤波器组满足线性相位的设计过程中，取样矩阵陪集 $\mathcal{N}(\boldsymbol{M})$ 的不同元素的作用可能不同。因此需对 $\mathcal{N}(\boldsymbol{M})$ 分组，使作用相同的元素为一组。

定义 5.6

令 $\boldsymbol{M}_0\boldsymbol{K}_0$ 为 $\boldsymbol{M}$ 的元取样表示，$\boldsymbol{\beta}$ 如式(5.1)所示，b 是二进制向量 $\boldsymbol{b}$ 对应的十进制数。定义

$$\boldsymbol{M}_{(b)} = \boldsymbol{M}_0\big(\mathcal{A}(\boldsymbol{\beta})\mathcal{A}(\boldsymbol{1}-\boldsymbol{b}) + (\boldsymbol{K}_0 - \mathcal{A}(\boldsymbol{\beta}))\mathcal{A}(\boldsymbol{b})\big) \tag{5.2}$$

$$\boldsymbol{a}_{(b)} = \boldsymbol{M}_0\mathcal{A}(\boldsymbol{\beta})\boldsymbol{b}, \quad b = 0, 1, \cdots, 2^D - 1 \tag{5.3}$$

其中，$\boldsymbol{M}_{(b)}$ 称为 $\boldsymbol{M}$ 的子取样矩阵，$\mathcal{N}(\boldsymbol{M}_{(b)}) + \boldsymbol{a}_{(b)} \xlongequal{\text{def}} \boldsymbol{s}_{(b)}$ 称为子平行六面体。♣

取样矩阵 $\boldsymbol{M}$ 的平行六面体 $\mathcal{N}(\boldsymbol{M})$ 被 $\boldsymbol{\beta}$ 分成 2^D 个集合，即子平行六面体 $\boldsymbol{s}_{(b)}, b = 0, 1, \cdots, 2^D - 1$。容易验证 $\mathcal{N}(\boldsymbol{M}) = \bigcup\limits_{b=0}^{2^D-1} \boldsymbol{s}_{(b)}$ 且 $\boldsymbol{s}_{(i)} \cap \boldsymbol{s}_{(j)} = \varnothing, i \neq j$。例如，令 $\boldsymbol{M} = \begin{bmatrix} 4 & 3 \\ 0 & 3 \end{bmatrix}$，$\boldsymbol{\beta} = [2, 1]^{\mathrm{T}}$，则有 $\boldsymbol{M}_0 = \begin{bmatrix} 1 & 1 \\ 0 & 1 \end{bmatrix}$，$\boldsymbol{K}_0 = \operatorname{diag}(4, 3)$，$D = 2$。由定义 5.6 有

$$\boldsymbol{M}_{(0)} = \begin{bmatrix} 2 & 1 \\ 0 & 1 \end{bmatrix}, \quad \boldsymbol{M}_{(1)} = \begin{bmatrix} 2 & 1 \\ 0 & 1 \end{bmatrix}, \quad \boldsymbol{M}_{(2)} = \begin{bmatrix} 2 & 2 \\ 0 & 2 \end{bmatrix}, \quad \boldsymbol{M}_{(3)} = \begin{bmatrix} 2 & 2 \\ 0 & 2 \end{bmatrix}$$

$$\boldsymbol{a}_{(0)} = [0, 0]^{\mathrm{T}}, \quad \boldsymbol{a}_{(1)} = [2, 0]^{\mathrm{T}}, \quad \boldsymbol{a}_{(2)} = [1, 1]^{\mathrm{T}}, \quad \boldsymbol{a}_{(3)} = [3, 1]^{\mathrm{T}}$$

继而有

$$\boldsymbol{s}_{(0)} = \left\{\begin{bmatrix} 0 \\ 0 \end{bmatrix}, \begin{bmatrix} 1 \\ 0 \end{bmatrix}\right\}, \quad \boldsymbol{s}_{(2)} = \left\{\begin{bmatrix} 1 \\ 1 \end{bmatrix}, \begin{bmatrix} 2 \\ 1 \end{bmatrix}, \begin{bmatrix} 2 \\ 2 \end{bmatrix}, \begin{bmatrix} 3 \\ 2 \end{bmatrix}\right\}$$

$$\boldsymbol{s}_{(1)} = \left\{\begin{bmatrix} 2 \\ 0 \end{bmatrix}, \begin{bmatrix} 3 \\ 0 \end{bmatrix}\right\}, \quad \boldsymbol{s}_{(3)} = \left\{\begin{bmatrix} 3 \\ 1 \end{bmatrix}, \begin{bmatrix} 4 \\ 1 \end{bmatrix}, \begin{bmatrix} 4 \\ 2 \end{bmatrix}, \begin{bmatrix} 5 \\ 2 \end{bmatrix}\right\}$$

因此 $\mathcal{N}(\boldsymbol{M})=\boldsymbol{s}_{(0)}\cup\boldsymbol{s}_{(1)}\cup\boldsymbol{s}_{(2)}\cup\boldsymbol{s}_{(3)}$。此例如图 5-1 所示，$\boldsymbol{s}_{(0)}$、$\boldsymbol{s}_{(1)}$、$\boldsymbol{s}_{(2)}$、$\boldsymbol{s}_{(3)}$ 分别由●、▲、■ 与 ★ 表示。

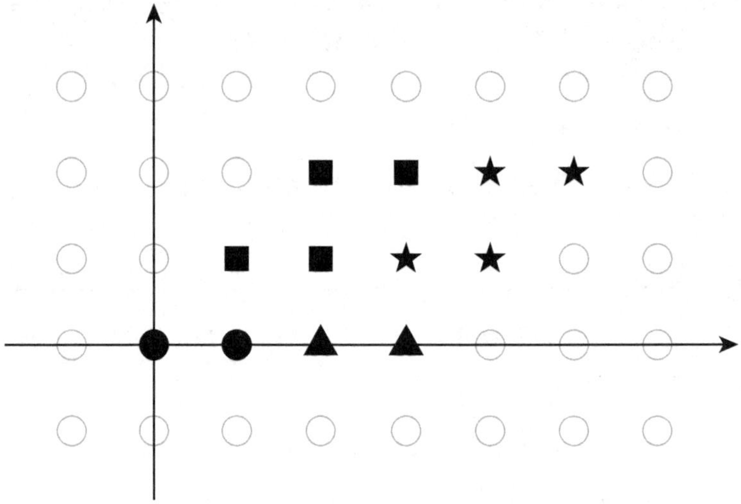

图 5-1　子平行六面体示例

引理 5.7

令 $\boldsymbol{M}_0\boldsymbol{K}_0$ 为 $\boldsymbol{M}$ 的元取样表示，$\mathcal{N}(\boldsymbol{M}_0)$ 关于 $\boldsymbol{c}_{\boldsymbol{M}_0}$ 影像不变，则子平行六面体 $\mathcal{N}(\boldsymbol{M}_{(b)})+\boldsymbol{a}_{(b)}$ 关于 $\boldsymbol{M}_0\dfrac{\boldsymbol{K}_0\boldsymbol{b}+\boldsymbol{\beta}-\boldsymbol{1}}{2}+\boldsymbol{c}_{\boldsymbol{M}_0}$ 影像不变，其中 $\boldsymbol{b}$ 是十进制数 b 对应的二进制向量。 ♠

证明　式(5.2)中 $\mathcal{A}(\boldsymbol{\beta})\mathcal{A}(\boldsymbol{1}-\boldsymbol{b})+(\boldsymbol{K}_0-\mathcal{A}(\boldsymbol{\beta}))\mathcal{A}(\boldsymbol{b})$ 为正整数对角矩阵，且 $\mathcal{N}(\boldsymbol{M}_0)$ 关于 $\boldsymbol{c}_{\boldsymbol{M}_0}$ 影像不变，由引理 5.3 可知 $\mathcal{N}(\boldsymbol{M}_{(b)})$ 关于 $\boldsymbol{c}_{\boldsymbol{M}_{(b)}}=\boldsymbol{M}_0\dfrac{\mathcal{A}(\boldsymbol{\beta})(\boldsymbol{1}-\boldsymbol{b})+(\boldsymbol{K}_0-\mathcal{A}(\boldsymbol{\beta}))\boldsymbol{b}-\boldsymbol{1}}{2}+\boldsymbol{c}_{\boldsymbol{M}_0}$ 影像不变。易知 $\mathcal{N}(\boldsymbol{M}_{(b)})+\boldsymbol{a}_{(b)}$ 关于 $\boldsymbol{c}_{\boldsymbol{M}_{(b)}}+\boldsymbol{a}_{(b)}=\boldsymbol{M}_0\dfrac{\boldsymbol{K}_0\boldsymbol{b}+\boldsymbol{\beta}-\boldsymbol{1}}{2}+\boldsymbol{c}_{\boldsymbol{M}_0}$ 影像不变。证毕。 □

3. 线性相位充要条件

为方便讨论，将 $H_i(\boldsymbol{z})$ 的第 l 个多相分量 $H_{i,l}(\boldsymbol{z})$ 表示为 $H_{i,\boldsymbol{t}_l}(\boldsymbol{z})$，$\boldsymbol{t}_l$ 所属的子平行六面体表示为 $\boldsymbol{s}_{(b_l)}$，$r(\boldsymbol{t}_l)$ 表示 $\boldsymbol{t}_l$ 关于 $\boldsymbol{s}_{(b_l)}$ 中心的影像，其中 b_l 是二进制向量 $\boldsymbol{b}_l$ 对应的十进制数。例如，图 5-1 中实心矩形标记的四个 $\boldsymbol{t}_l$，即 $[1,1]^{\mathrm{T}}$, $[2,1]^{\mathrm{T}}$, $[2,2]^{\mathrm{T}}$, $[3,2]^{\mathrm{T}}$ 属于子平行六面体 $\boldsymbol{s}_{(b_l)}$，其中 $b_l=2$，对应 $\boldsymbol{b}_l=[0,1]^{\mathrm{T}}$。同时 $r([1,1]^{\mathrm{T}})=[3,2]^{\mathrm{T}}$, $r([2,1]^{\mathrm{T}})=[2,2]^{\mathrm{T}}$。

定理 5.8

设滤波器 $H_i(\boldsymbol{z})$ 的支撑 $\mathcal{N}(\boldsymbol{M}\boldsymbol{\Xi}_i')$ 满足定义 5.4，则 $H_i(\boldsymbol{z})$ 对称或反对称当且仅当其多相分量 $H_{i,\boldsymbol{t}_l}(\boldsymbol{z})$ 满足

$$H_{i,\boldsymbol{t}_l}(\boldsymbol{z}) = s_i\ \boldsymbol{z}^{-(\mathcal{V}(\boldsymbol{N}_i)-\boldsymbol{b}_l)}\ H_{i,r(\boldsymbol{t}_l)}(\boldsymbol{z}^{-\boldsymbol{I}}), \quad l=0,1,\cdots,M-1$$

其中，$s_i=1$ 或 $s_i=-1$ 分别表示 $H_i(\boldsymbol{z})$ 对称或反对称。♡

证明　陪集代表元素 $\boldsymbol{t}_l$ 属于子陪集 $\boldsymbol{s}_{(\boldsymbol{b}_l)}$，故多相分量 $H_{i,\boldsymbol{t}_l}(\boldsymbol{z})$ 的支撑为 $\mathcal{N}(\boldsymbol{N}_i+\mathcal{A}(\boldsymbol{1}-\boldsymbol{b}_l))$。它实际上是超矩形，因 $\boldsymbol{N}_i+\mathcal{A}(\boldsymbol{1}-\boldsymbol{b}_l)$ 为对角矩阵，故 $H_{i,\boldsymbol{t}_l}(\boldsymbol{z})$ 的支撑可表示为 $0\leqslant \boldsymbol{k}\leqslant \mathcal{V}(\boldsymbol{N}_i)-\boldsymbol{1}+\boldsymbol{1}-\boldsymbol{b}_l=\mathcal{V}(\boldsymbol{N}_i)-\boldsymbol{b}_l$。于是

$$\begin{aligned}H_{i,\boldsymbol{t}_l}(\boldsymbol{z}) &= \sum_{0\leqslant \boldsymbol{k}\leqslant \mathcal{V}(\boldsymbol{N}_i)-\boldsymbol{b}_l} h_i(\boldsymbol{M}\boldsymbol{k}+\boldsymbol{t}_l)\boldsymbol{z}^{-\boldsymbol{k}}\\ &= \sum_{0\leqslant \boldsymbol{k}\leqslant \mathcal{V}(\boldsymbol{N}_i)-\boldsymbol{b}_l} h_i(\boldsymbol{M}_0\boldsymbol{K}_0\boldsymbol{k}+\boldsymbol{t}_l)\boldsymbol{z}^{-\boldsymbol{k}}\end{aligned}$$

由引理 5.3，$H_i(\boldsymbol{z})$ 的中心为 $\boldsymbol{M}_0\boldsymbol{c}_{\boldsymbol{\Xi}_i}+\boldsymbol{c}_{\boldsymbol{M}_0}$。由引理 5.1 可得

$$\begin{aligned}H_{i,\boldsymbol{t}_l}(\boldsymbol{z}) = s_i &\sum_{0\leqslant \boldsymbol{k}\leqslant \mathcal{V}(\boldsymbol{N}_i)-\boldsymbol{b}_l} h_i\big(2(\boldsymbol{M}_0\boldsymbol{c}_{\boldsymbol{\Xi}_i}+\boldsymbol{c}_{\boldsymbol{M}_0})\\ &-\boldsymbol{M}_0\boldsymbol{K}_0\boldsymbol{k}-\boldsymbol{t}_l\big)\boldsymbol{z}^{-\boldsymbol{k}}\end{aligned}$$

又因为 $\boldsymbol{\Xi}_i=\boldsymbol{K}_0\boldsymbol{N}_i+\mathcal{A}(\boldsymbol{\beta})$，结合引理 5.2 可得

$$\begin{aligned}H_{i,\boldsymbol{t}_l}(\boldsymbol{z}) &= s_i \sum_{0\leqslant \boldsymbol{k}\leqslant \mathcal{V}(\boldsymbol{N}_i)-\boldsymbol{b}_l} h_i\big(2\boldsymbol{M}_0\tfrac{\boldsymbol{K}_0\mathcal{V}(\boldsymbol{N}_i)+\boldsymbol{\beta}-\boldsymbol{1}}{2}+2\boldsymbol{c}_{\boldsymbol{M}_0}\\ &\quad -\boldsymbol{M}_0\boldsymbol{K}_0\boldsymbol{k}-\boldsymbol{t}_l\big)\boldsymbol{z}^{-\boldsymbol{k}}\\ &= s_i \sum_{0\leqslant \boldsymbol{k}\leqslant \mathcal{V}(\boldsymbol{N}_i)-\boldsymbol{b}_l} h_i\big(\boldsymbol{M}_0\boldsymbol{K}_0\mathcal{V}(\boldsymbol{N}_i)+\boldsymbol{M}_0(\boldsymbol{\beta}-\boldsymbol{1})\\ &\quad +2\boldsymbol{c}_{\boldsymbol{M}_0}-\boldsymbol{M}_0\boldsymbol{K}_0\boldsymbol{k}-\boldsymbol{t}_l\big)\boldsymbol{z}^{-\boldsymbol{k}}\\ &= s_i \sum_{0\leqslant \boldsymbol{k}\leqslant \mathcal{V}(\boldsymbol{N}_i)-\boldsymbol{b}_l} h_i\big(\boldsymbol{M}_0\boldsymbol{K}_0(\mathcal{V}(\boldsymbol{N}_i)-\boldsymbol{k}-\boldsymbol{b}_l)\\ &\quad +\boldsymbol{M}_0(\boldsymbol{K}_0\boldsymbol{b}_l+\boldsymbol{\beta}-\boldsymbol{1})+2\boldsymbol{c}_{\boldsymbol{M}_0}-\boldsymbol{t}_l\big)\boldsymbol{z}^{-\boldsymbol{k}}\end{aligned}$$

由引理 5.7 与 $r(\boldsymbol{t}_l)$ 的定义有

$$H_{i,\boldsymbol{t}_l}(\boldsymbol{z}) = s_i \sum_{0\leqslant \boldsymbol{k}\leqslant \mathcal{V}(\boldsymbol{N}_i)-\boldsymbol{b}_l} h_i\big(\boldsymbol{M}(\mathcal{V}(\boldsymbol{N}_i)-\boldsymbol{k}-\boldsymbol{b}_l)$$

$$
\begin{aligned}
&+ r(\boldsymbol{t}_l)\big)\boldsymbol{z}^{-\boldsymbol{k}} \\
&= s_i \sum_{0\leqslant \boldsymbol{k}\leqslant \mathcal{V}(\boldsymbol{N}_i)-\boldsymbol{b}_l} h_i\big(\boldsymbol{M}(\mathcal{V}(\boldsymbol{N}_i)-\boldsymbol{k}-\boldsymbol{b}_l) \\
&+ r(\boldsymbol{t}_l)\big)\boldsymbol{z}^{-\boldsymbol{k}-\boldsymbol{b}_l+\mathcal{V}(\boldsymbol{N}_i)}\boldsymbol{z}^{-(\mathcal{V}(\boldsymbol{N}_i)-\boldsymbol{b}_l)} \\
&= s_i\ \boldsymbol{z}^{-(\mathcal{V}(\boldsymbol{N}_i)-\boldsymbol{b}_l)} \sum_{0\leqslant \boldsymbol{k}\leqslant \mathcal{V}(\boldsymbol{N}_i)-\boldsymbol{b}_l} h_i\big(\boldsymbol{M}(\mathcal{V}(\boldsymbol{N}_i) \\
&- \boldsymbol{k}-\boldsymbol{b}_l)+r(\boldsymbol{t}_l)\big)\boldsymbol{z}^{-\boldsymbol{k}-\boldsymbol{b}_l+\mathcal{V}(\boldsymbol{N}_i)}
\end{aligned}
$$

替换上式的 $\mathcal{V}(\boldsymbol{N}_i)-\boldsymbol{k}-\boldsymbol{b}_l$ 为 $\boldsymbol{k}$ 可得

$$
\begin{aligned}
H_{i,\boldsymbol{t}_l}(\boldsymbol{z}) &= s_i\ \boldsymbol{z}^{-(\mathcal{V}(\boldsymbol{N}_i)-\boldsymbol{b}_l)} \sum_{0\leqslant \boldsymbol{k}\leqslant \mathcal{V}(\boldsymbol{N}_i)-\boldsymbol{b}_l} h_i\big(\boldsymbol{M}\boldsymbol{k}+r(\boldsymbol{t}_l)\big)\boldsymbol{z}^{\boldsymbol{k}} \\
&= s_i\ \boldsymbol{z}^{-(\mathcal{V}(\boldsymbol{N}_i)-\boldsymbol{b}_l)}\ H_{i,r(\boldsymbol{t}_l)}(\boldsymbol{z}^{-\boldsymbol{I}})
\end{aligned}
$$

证毕。 □

定理 5.9

设滤波器 $H_i(\boldsymbol{z})$ 的支撑 $\mathcal{N}(\boldsymbol{M}\boldsymbol{\Xi}_i')$ 满足定义 5.4，则滤波器组满足线性相位性质当且仅当

$$
\boldsymbol{E}(\boldsymbol{z}) = \hat{\boldsymbol{Z}}(\boldsymbol{z})\boldsymbol{D}\boldsymbol{E}(\boldsymbol{z}^{-\boldsymbol{I}})\hat{\boldsymbol{J}}(\boldsymbol{z}) \tag{5.4}
$$

其中

$$
\begin{aligned}
\hat{\boldsymbol{Z}}(\boldsymbol{z}) &= \operatorname{diag}\left(\boldsymbol{z}^{-(\mathcal{V}(\boldsymbol{N}_i)-\boldsymbol{1})};\ i=0,1,\cdots,M-1\right) \\
\boldsymbol{D} &= \operatorname{diag}(s_i;\ s_i=\pm 1, i=0,1,\cdots,M-1) \\
\hat{\boldsymbol{J}}(\boldsymbol{z}) &= \operatorname{diag}\left(\boldsymbol{z}^{-\boldsymbol{1}+\boldsymbol{b}}\boldsymbol{J}_{\mathcal{K}(\boldsymbol{M}_{(b)})};\ b=0,1,\cdots,2^D-1\right)
\end{aligned}
$$

$\boldsymbol{b}$ 是整数 b 对应的二进制向量。 ♡

证明 先证明必要性。由定义 5.6，$\boldsymbol{M}_{(b)}$ 的子平行六面体包含 $\mathcal{K}(\boldsymbol{M}_{(b)})$ 个代表元素，可表示为 $\boldsymbol{t}_{b,j}, j=0,1,\cdots,\mathcal{K}(\boldsymbol{M}_{(b)})-1$。重排它们使得 $r(\boldsymbol{t}_{b,j}) = \boldsymbol{t}_{b,\mathcal{K}(\boldsymbol{M}_{(b)})-1-j}$。定义

$$
\begin{aligned}
\boldsymbol{E}_{i,b}(\boldsymbol{z}) &= \left[H_{i,\boldsymbol{t}_{b,0}}(\boldsymbol{z}),\cdots,H_{i,\boldsymbol{t}_{b,\mathcal{K}(\boldsymbol{M}_{(b)})-1}}(\boldsymbol{z})\right] \\
\boldsymbol{E}_i(\boldsymbol{z}) &= [\boldsymbol{E}_{i,0}(\boldsymbol{z}),\cdots,\boldsymbol{E}_{i,2^D-1}(\boldsymbol{z})]
\end{aligned}
$$

由定理 5.8 可得

$$\boldsymbol{E}_{i,b}(\boldsymbol{z}) = s_i\ \boldsymbol{z}^{-(\mathcal{V}(\boldsymbol{N}_i)-\boldsymbol{1})}\boldsymbol{z}^{-\boldsymbol{1}+\boldsymbol{b}}\boldsymbol{E}_{i,b}(\boldsymbol{z}^{-\boldsymbol{I}})\boldsymbol{J}_{\mathcal{K}(\boldsymbol{M}_{(b)})}$$

继而有

$$\begin{aligned}
\boldsymbol{E}_i(\boldsymbol{z}) &= [\boldsymbol{E}_{i,0}(\boldsymbol{z}),\cdots,\boldsymbol{E}_{i,2^D-1}(\boldsymbol{z})] \\
&= s_i\ \Big[\boldsymbol{z}^{-(\mathcal{V}(\boldsymbol{N}_i)-\boldsymbol{1})}\boldsymbol{E}_{i,0}(\boldsymbol{z}^{-\boldsymbol{I}})\boldsymbol{J}_{\mathcal{K}(\boldsymbol{M}_{(0)})}\boldsymbol{z}^{-\boldsymbol{1}+\boldsymbol{0}}, \\
&\qquad \cdots,\boldsymbol{z}^{-(\mathcal{V}(\boldsymbol{N}_i)-\boldsymbol{1})}\boldsymbol{E}_{i,2^D-1}(\boldsymbol{z}^{-\boldsymbol{I}})\boldsymbol{J}_{\mathcal{K}(\boldsymbol{M}_{(2^D-1)})}\boldsymbol{z}^{-\boldsymbol{1}+\boldsymbol{1}}\Big] \\
&= s_i\ \boldsymbol{z}^{-(\mathcal{V}(\boldsymbol{N}_i)-\boldsymbol{1})}\left[\boldsymbol{E}_{i,0}(\boldsymbol{z}^{-\boldsymbol{I}}),\cdots,\boldsymbol{E}_{i,2^D-1}(\boldsymbol{z}^{-\boldsymbol{I}})\right]\hat{\boldsymbol{J}}(\boldsymbol{z}) \\
&= s_i\ \boldsymbol{z}^{-(\mathcal{V}(\boldsymbol{N}_i)-\boldsymbol{1})}\boldsymbol{E}_i(\boldsymbol{z}^{-\boldsymbol{I}})\hat{\boldsymbol{J}}(\boldsymbol{z})
\end{aligned}$$

结合 $\boldsymbol{E}(\boldsymbol{z})$ 的定义可得

$$\begin{aligned}
\boldsymbol{E}(\boldsymbol{z}) &= \begin{bmatrix} \boldsymbol{E}_0(\boldsymbol{z}) \\ \vdots \\ \boldsymbol{E}_{M-1}(\boldsymbol{z}) \end{bmatrix} \\
&= \begin{bmatrix} s_0\ \boldsymbol{z}^{-(\mathcal{V}(\boldsymbol{N}_0)-\boldsymbol{1})}\ \boldsymbol{E}_0(\boldsymbol{z}^{-\boldsymbol{I}})\hat{\boldsymbol{J}}(\boldsymbol{z}) \\ \vdots \\ s_{M-1}\ \boldsymbol{z}^{-(\mathcal{V}(\boldsymbol{N}_{M-1})-\boldsymbol{1})}\ \boldsymbol{E}_{M-1}(\boldsymbol{z}^{-\boldsymbol{I}})\hat{\boldsymbol{J}}(\boldsymbol{z}) \end{bmatrix} \\
&= \hat{\boldsymbol{Z}}(\boldsymbol{z})\boldsymbol{D}\boldsymbol{E}(\boldsymbol{z}^{-\boldsymbol{I}})\hat{\boldsymbol{J}}(\boldsymbol{z})
\end{aligned}$$

充分性通过逆向讨论即可证明。证毕。 □

说明:

（1） 由完全重构性质可知，$\boldsymbol{R}^{\mathrm{T}}(\boldsymbol{z}^{-\boldsymbol{I}})$ 表示的线性相位充要条件与 $\boldsymbol{E}(\boldsymbol{z})$ 一样，因此后面的讨论只关注多相矩阵 $\boldsymbol{E}(\boldsymbol{z})$。令 n_{s} 和 n_{a} 分别表示对称与反对称滤波器个数，不失一般性可令矩阵 $\boldsymbol{D}$ 为 $\mathrm{diag}(\boldsymbol{I}_{n_{\mathrm{s}}}, -\boldsymbol{I}_{n_{\mathrm{a}}})$。

（2） 假设每个滤波器的支撑均为 $\mathcal{N}(\boldsymbol{M\Xi}')$ 且满足定义 5.4，则滤波器组满足线性相位性质当且仅当

$$\boldsymbol{E}(\boldsymbol{z}) = \boldsymbol{z}^{-(\mathcal{V}(\boldsymbol{N})-\boldsymbol{1})}\boldsymbol{D}\boldsymbol{E}(\boldsymbol{z}^{-\boldsymbol{I}})\hat{\boldsymbol{J}}(\boldsymbol{z}) \tag{5.5}$$

这里主要讨论此类滤波器组，称之为 $\mathcal{V}(\boldsymbol{N})-\boldsymbol{1}$ 阶广义支撑多维线性相位完全重构滤波器组（GSMDLPPRFB）。

(3) 假设每个滤波器的支撑均为 $\mathcal{N}(\boldsymbol{MN})$，其中 $\mathcal{N}(\boldsymbol{M})$ 影像不变且 $\boldsymbol{N}$ 为正整数对角矩阵。那么滤波器组满足线性相位性质当且仅当

$$\boldsymbol{E}(\boldsymbol{z}) = \boldsymbol{z}^{-(\mathcal{V}(\boldsymbol{N})-\boldsymbol{1})}\boldsymbol{D}\boldsymbol{E}(\boldsymbol{z}^{-\boldsymbol{I}})\boldsymbol{J} \tag{5.6}$$

对应于文献 [15] 的 $\mathcal{V}(\boldsymbol{N})-\boldsymbol{1}$ 阶多维线性相位完全重构滤波器组，即限制 $\boldsymbol{\beta}=\boldsymbol{0}$ 的 $\mathcal{V}(\boldsymbol{N})-\boldsymbol{1}$ 阶 GSMDLPPRFB，也就是约束支撑多维 LPPRFB（MDLPPRFB）。

(4) 当 $D=1$ 时，$\boldsymbol{z}$ 退化为 z_0，可表示为 z，取样矩阵 $\boldsymbol{M}$ 变为取样因子 M，$\boldsymbol{M}_0=1$ 且 $\boldsymbol{K}_0=M$。向量 $\boldsymbol{\beta}=[\beta_0], 0\leqslant\beta_0<M$，不妨表示为标量 β。正整数对角矩阵 $\boldsymbol{N}_i$ 变成正整数，可表示为 K_i。此时，滤波器组满足线性相位性质当且仅当

$$\boldsymbol{E}(z) = \hat{\boldsymbol{Z}}(z)\boldsymbol{D}\boldsymbol{E}(z^{-1})\hat{\boldsymbol{J}}(z)$$

其中，$\hat{\boldsymbol{Z}}(z)=\operatorname{diag}\left(z^{-(K_i-1)};\ i=0,1,\cdots,M-1\right)$ 且 $\hat{\boldsymbol{J}}(z)=\operatorname{diag}(z^{-1}\boldsymbol{J}_\beta, \boldsymbol{J}_{M-\beta})$。此类滤波器组实际是一维的，其中滤波器 $H_i(z)$ 的长度为 $K_iM+\beta$ [4]。

5.2.2 广义支撑多维滤波器组的存在性必要条件

假设滤波器组满足式(5.4)或式(5.5)的条件，且其支撑满足定义 5.4。为确定何时可构造这样的滤波器组，下面讨论它们的存在性必要条件。

1. 滤波器支撑不同

引理 5.10

令 $m_0=|\det(\boldsymbol{M}_0)|$，$\boldsymbol{M}_{(b)}$ 如式(5.2)所示，则有

$$\mathcal{K}(\boldsymbol{M}_{(b)}) = m_0\prod_{d=0}^{D-1}[k_d b_d + (1-2b_d)\beta_d]$$

$$M = m_0\prod_{d=0}^{D-1}k_d$$

$$M = \sum_{b=0}^{2^D-1}\mathcal{K}(\boldsymbol{M}_{(b)})$$

$$M\frac{\beta_d}{k_d} = \sum_{b=0}^{2^D-1}\mathcal{B}(b_d=0)\mathcal{K}(\boldsymbol{M}_{(b)})$$

♠

证明 第一个等式可由式(5.2)得到。第二个等式可由 $\boldsymbol{M}$ 的元取样表示得到。结合第一个和第二个等式可得第三个等式。最后一个等式可由下面两个显然成立

的等式得到：

$$\sum_{b=0}^{2^D-1}\mathcal{B}(b_d=0)\mathcal{K}(\boldsymbol{M}_{(b)})+\sum_{b=0}^{2^D-1}\mathcal{B}(b_d=1)\mathcal{K}(\boldsymbol{M}_{(b)})=M$$

$$\frac{\sum\limits_{b=0}^{2^D-1}\mathcal{B}(b_d=0)\mathcal{K}(\boldsymbol{M}_{(b)})}{\sum\limits_{b=0}^{2^D-1}\mathcal{B}(b_d=1)\mathcal{K}(\boldsymbol{M}_{(b)})}=\frac{\beta_d}{k_d-\beta_d}$$

证毕。 □

定理 5.11

假设滤波器组满足式(5.4)，滤波器 $H_i(\boldsymbol{z})$ 的支撑 $\mathcal{N}(\boldsymbol{M}\boldsymbol{\varXi}_i')$ 满足定义 5.4，$\boldsymbol{M}_{(b)}$ 如式(5.2)所示，则有

（1） 对称与反对称滤波器的个数满足 $n_{\rm s}=\dfrac{M+f}{2}, n_{\rm a}=\dfrac{M-f}{2}$，其中 $f=\sum\limits_{b=0}^{2^D-1}\dfrac{1-(-1)^{\mathcal{K}(\boldsymbol{M}_{(b)})}}{2}$。

（2） $\sum\limits_{i=0}^{M-1}N_{id}$ 与 $m_0(k_d+\beta_d)\prod_{q=0,q\neq d}^{D-1}k_q$ 的奇偶性相同。 ♡

证明 由式(5.4)有 $\mathrm{tr}(\boldsymbol{D})=\mathrm{tr}\left(\hat{\boldsymbol{Z}}(\boldsymbol{z})\boldsymbol{E}(\boldsymbol{z}^{-\boldsymbol{I}})\boldsymbol{E}^{-1}(\boldsymbol{z})\hat{\boldsymbol{J}}(\boldsymbol{z})\right)$，将 $\boldsymbol{z}=\boldsymbol{1}$ 代入其中可得 $\mathrm{tr}(\boldsymbol{D})=\mathrm{tr}\left(\hat{\boldsymbol{J}}(\boldsymbol{1})\right)=\sum\limits_{b=0}^{2^D-1}\dfrac{1-(-1)^{\mathcal{K}(\boldsymbol{M}_{(b)})}}{2}$。再结合 $n_{\rm s}+n_{\rm a}=M$ 与 $n_{\rm s}-n_{\rm a}=\mathrm{tr}(\boldsymbol{D})$，即得 $n_{\rm s}$ 与 $n_{\rm a}$ 的值。

计算式 (5.4) 中每个矩阵的行列式值，结合引理 5.10 以及 $\det(\boldsymbol{J}_M)=(-1)^{\frac{2M-1+(-1)^M}{4}}$ 可得

$$\begin{aligned}\det(\boldsymbol{D})&=(-1)^{n_{\rm a}}=(-1)^{\frac{M-\mathrm{tr}(\boldsymbol{D})}{2}}\\&=(-1)^{\frac{1}{2}\left[M-\sum_{b=0}^{2^D-1}\frac{1-(-1)^{\mathcal{K}(\boldsymbol{M}_{(b)})}}{2}\right]}\\&=(-1)^{\frac{M}{2}}(-1)^{\sum_{b=0}^{2^D-1}\frac{-1+(-1)^{\mathcal{K}(\boldsymbol{M}_{(b)})}}{4}}\\&=(-1)^{\sum_{b=0}^{2^D-1}\frac{\mathcal{K}(\boldsymbol{M}_{(b)})}{2}}(-1)^{\sum_{b=0}^{2^D-1}\frac{-1+(-1)^{\mathcal{K}(\boldsymbol{M}_{(b)})}}{4}}\end{aligned}\tag{5.7}$$

$$\det(\hat{\boldsymbol{Z}}(\boldsymbol{z})) = \prod_{i=0}^{M-1} \boldsymbol{z}^{-(\mathcal{V}(\boldsymbol{N}_i)-\boldsymbol{1})}$$

$$= \prod_{i=0}^{M-1} z_0^{1-N_{i0}} z_1^{1-N_{i1}} z_{D-1}^{1-N_{i(D-1)}} \tag{5.8}$$

$$\det(\hat{\boldsymbol{J}}(\boldsymbol{z})) = \boldsymbol{z}^{\sum_{b=0}^{2^D-1}(-\boldsymbol{1}+\boldsymbol{b})\mathcal{K}(\boldsymbol{M}_{(b)})} \prod_{b=0}^{2^D-1} \det(\boldsymbol{J}_{\mathcal{K}(\boldsymbol{M}_{(b)})})$$

$$= \boldsymbol{z}^{\sum_{b=0}^{2^D-1}(-\boldsymbol{1}+\boldsymbol{b})\mathcal{K}(\boldsymbol{M}_{(b)})}$$

$$\cdot (-1)^{\sum_{b=0}^{2^D-1} \frac{2\mathcal{K}(\boldsymbol{M}_{(b)})-1+(-1)^{\mathcal{K}(\boldsymbol{M}_{(b)})}}{4}} \tag{5.9}$$

结合式(5.7)与式(5.9)计算式(5.4)的行列式，可得

$$\det(\boldsymbol{E}(\boldsymbol{z})) = \det(\boldsymbol{E}(\boldsymbol{z}^{-\boldsymbol{I}}))\det(\hat{\boldsymbol{Z}}(\boldsymbol{z}))\det(\boldsymbol{D})\det(\hat{\boldsymbol{J}}(\boldsymbol{z}))$$

$$= \det(\boldsymbol{E}(\boldsymbol{z}^{-\boldsymbol{I}}))\det(\hat{\boldsymbol{Z}}(\boldsymbol{z}))\boldsymbol{z}^{\sum_{b=0}^{2^D-1}(-\boldsymbol{1}+\boldsymbol{b})\mathcal{K}(\boldsymbol{M}_{(b)})}$$

将 $\boldsymbol{z} = \bar{\boldsymbol{1}}^{\{d\}}$ 代入其中，结合引理 5.10 与式(5.8)可得

$$1 = \det(\hat{\boldsymbol{Z}}(\bar{\boldsymbol{1}}^{\{d\}})) \left(\bar{\boldsymbol{1}}^{\{d\}}\right)^{\sum_{b=0}^{2^D-1}(-\boldsymbol{1}+\boldsymbol{b})\mathcal{K}(\boldsymbol{M}_{(b)})}$$

$$= (-1)^{M-\sum_{i=0}^{M-1} N_{id}} \prod_{b=0}^{2^D-1} \left(\bar{\boldsymbol{1}}^{\{d\}}\right)^{(-\boldsymbol{1}+\boldsymbol{b})\mathcal{K}(\boldsymbol{M}_{(b)})}$$

$$= (-1)^{M-\sum_{i=0}^{M-1} N_{id}} \prod_{b=0}^{2^D-1} (-1)^{(-1+b_d)\mathcal{K}(\boldsymbol{M}_{(b)})}$$

$$= (-1)^{M-\sum_{i=0}^{M-1} N_{id}} \prod_{b=0}^{2^D-1} (-1)^{\mathcal{B}(b_d=0)\mathcal{K}(\boldsymbol{M}_{(b)})}$$

$$= (-1)^{M-\sum_{i=0}^{M-1} N_{id}} (-1)^{\sum_{b=0}^{2^D-1} \mathcal{B}(b_d=0)\mathcal{K}(\boldsymbol{M}_{(b)})}$$

$$= (-1)^{M-\sum_{i=0}^{M-1} N_{id}} (-1)^{M\frac{\beta_d}{k_d}}$$

$$= (-1)^{-\sum_{i=0}^{M-1} N_{id}} (-1)^{M\frac{k_d+\beta_d}{k_d}}$$

因此

$$(-1)^{\sum_{i=0}^{M-1} N_{id}} = (-1)^{M\frac{k_d+\beta_d}{k_d}} = (-1)^{m_0(k_d+\beta_d)\prod_{q=0,q\neq d}^{D-1} k_q}$$

证毕。 □

说明：当 $D=1$ 时，取样矩阵 $\boldsymbol{M}$ 变成取样因子 M，$\boldsymbol{M}_0=1$, $\boldsymbol{K}_0=M$，向量 $\boldsymbol{\beta}$ 变成标量 β，故有 $\mathcal{K}(\boldsymbol{M}_{(0)})=\beta$，$\mathcal{K}(\boldsymbol{M}_{(1)})=M-\beta$。此外，正整数对角矩阵 $\boldsymbol{N}_i$ 变成正整数 K_i。于是滤波器 $H_i(z)$ 的长度为 $K_iM+\beta$，此时可得：①$n_{\rm s}=M/2+(2-(-1)^{\beta}-(-1)^{M-\beta})/4$，$n_{\rm a}=M/2-(2-(-1)^{\beta}-(-1)^{M-\beta})/4$；②$\sum\limits_{i=0}^{M-1}K_i$ 与 $M+\beta$ 的奇偶性相同。结果①和②恰是文献 [4] 的定理 1 和定理 2。

2. 滤波器支撑相同

支撑相同情形可视为支撑不同情形的特殊情况。此时若指定 M 的奇偶性，则可确定 $\mathcal{K}(\boldsymbol{M}_{(b)})$ 的奇偶性，继而由此计算 $n_{\rm s}$ 与 $n_{\rm a}$ 的精确值。

定理 5.12

假设滤波器组满足式(5.5)条件，每个滤波器的支撑均为 $\mathcal{N}(\boldsymbol{M\Xi}')$ 且满足定义 5.4，$\boldsymbol{M}_{(b)}$ 如式(5.2)所示。

（1） 当 M 为偶数时，则有 $\mathcal{K}(\boldsymbol{M}_{(b)})$ 为偶数，且 $n_{\rm s}=n_{\rm a}=\dfrac{M}{2}$。

（2） 当 M 为奇数时，则存在唯一 b（标记为 b'）使得 $\mathcal{K}(\boldsymbol{M}_{(b)})$ 为奇数且 $\mathcal{V}(\boldsymbol{N})-\boldsymbol{b}'$ 为偶数，其中 $\boldsymbol{b}'$ 是 b' 对应的二进制向量。此外，有 $n_{\rm s}=\dfrac{M+1}{2}$，$n_{\rm a}=\dfrac{M-1}{2}$。 ♡

证明 由所有滤波器有相同的支撑 $\mathcal{N}(\boldsymbol{M\Xi}')$ 可得，$\operatorname{tr}(\boldsymbol{D})=\operatorname{tr}(\boldsymbol{z}^{-(\mathcal{V}(\boldsymbol{N})-\boldsymbol{1})}\cdot\boldsymbol{E}(\boldsymbol{z}^{-\boldsymbol{I}})\boldsymbol{E}^{-1}(\boldsymbol{z})\hat{\boldsymbol{J}}(\boldsymbol{z}))$。令 $\boldsymbol{z}_0\in\{\boldsymbol{1}\}\cup\{\bar{\boldsymbol{1}}^{\{d\}};d=0,1,\cdots,D-1\}$，则有

$$
\begin{aligned}
\operatorname{tr}(\boldsymbol{D})&=\operatorname{tr}\left(\boldsymbol{z}_0^{-(\mathcal{V}(\boldsymbol{N})-\boldsymbol{1})}\hat{\boldsymbol{J}}(\boldsymbol{z}_0)\right)\\
&=\boldsymbol{z}_0^{-\boldsymbol{\mathcal{V}}(\boldsymbol{N})+\boldsymbol{1}}\sum_{b=0}^{2^D-1}\boldsymbol{z}_0^{-\boldsymbol{1}+\boldsymbol{b}}\frac{1-(-1)^{\mathcal{K}(\boldsymbol{M}_{(b)})}}{2}\\
&=\sum_{b=0}^{2^D-1}\boldsymbol{z}_0^{-\mathcal{V}(\boldsymbol{N})+\boldsymbol{b}}\frac{1-(-1)^{\mathcal{K}(\boldsymbol{M}_{(b)})}}{2}\overset{\text{def}}{=\!=}w(\boldsymbol{z}_0)
\end{aligned}\tag{5.10}
$$

给出如下两个结论：

（1） 若所有 $\mathcal{K}(\boldsymbol{M}_{(b)})$ 为偶数，则 M 为偶数。此结论可由 $M=\sum\limits_{b=0}^{2^D-1}\mathcal{K}(\boldsymbol{M}_{(b)})$ 直接得到。

（2） 若存在 b 使得 $\mathcal{K}(\boldsymbol{M}_{(b)})$ 为奇数，则 M 为奇数且只有一个 b（记为 b'）使得 $\mathcal{K}(\boldsymbol{M}_{(b)})$ 为奇数，$\mathcal{V}(\boldsymbol{N})-\boldsymbol{b}'$ 为偶数。下面证明此结论。若存在 b 使得 $\mathcal{K}(\boldsymbol{M}_{(b)})$ 为奇数但 $\mathcal{V}(\boldsymbol{N})-\boldsymbol{b}$ 不为偶数，则不同 $\boldsymbol{z}_0$ 会使式(5.10)的 $w(\boldsymbol{z}_0)$ 生成不同的值。又 $w(\boldsymbol{z}_0)=\mathrm{tr}(\boldsymbol{D})=n_{\mathrm{s}}-n_{\mathrm{a}}$，于是有 $n_{\mathrm{s}}-n_{\mathrm{a}}\neq n_{\mathrm{s}}-n_{\mathrm{a}}$，而这显然是不允许的。因此，使 $\mathcal{K}(\boldsymbol{M}_{(b)})$ 为奇数的 b 必然使 $\mathcal{V}(\boldsymbol{N})-\boldsymbol{b}$ 为偶数。假设 $\mathcal{K}(\boldsymbol{M}_{(b_{(1)})})$ 与 $\mathcal{K}(\boldsymbol{M}_{(b_{(2)})})$ 为奇数，$\mathcal{V}(\boldsymbol{N})-\boldsymbol{b}_{(1)}$ 与 $\mathcal{V}(\boldsymbol{N})-\boldsymbol{b}_{(2)}$ 均为偶数。由 $\boldsymbol{b}_{(1)}$ 与 $\boldsymbol{b}_{(2)}$ 为二进制向量可知 $\boldsymbol{b}_{(1)}=\boldsymbol{b}_{(2)}$，这意味着有且只有一个 b 使得 $\mathcal{K}(\boldsymbol{M}_{(b)})$ 为奇数。由 $M=\sum\limits_{b=0}^{2^D-1}\mathcal{K}(\boldsymbol{M}_{(b)})$ 可知，M 为奇数。

由上述推导可知，当 M 为偶数时，若存在 b 使得 $\mathcal{K}(\boldsymbol{M}_{(b)})$ 为奇数，那么结合（2）则有 M 为奇数，矛盾。于是 M 为偶数时，所有的 $\mathcal{K}(\boldsymbol{M}_{(b)})$ 为偶数。结合定理 5.11 可知，$n_{\mathrm{s}}=n_{\mathrm{a}}=\dfrac{M}{2}$。$M$ 为奇数的情形可类似证明。证毕。 □

说明：如果各滤波器的支撑均为 $\mathcal{N}(\boldsymbol{M\Xi})$，其中 $\mathcal{N}(\boldsymbol{M})$ 影像不变且 $\boldsymbol{\Xi}$ 为正整数对角矩阵，则定理 5.12 变成：当 M 为偶数时，$n_{\mathrm{s}}=n_{\mathrm{a}}=\dfrac{M}{2}$；当 M 为奇数时，$n_{\mathrm{s}}=n_{\mathrm{a}}+1=\dfrac{M+1}{2}$。这与文献 [15] 中定理 6 关于 MDLPPRFB 的结论一致，其中 $\mathcal{K}(\boldsymbol{M}_{(2^D-1)})=M$ 且 $\mathcal{K}(\boldsymbol{M}_{(b)})=0, b\neq 2^D-1$。

5.3 设　　计

如前所述，GSMDLPPRFB 的每个滤波器的支撑均为 $\mathcal{N}(\boldsymbol{M\Xi}')$，且满足定义 5.4。类似于文献 [15]，其格型结构设计可通过分解其多相矩阵 $\boldsymbol{E}(\boldsymbol{z})$ 实现：

$$\boldsymbol{E}(\boldsymbol{z})=\left(\prod_{i=1}^{L}\boldsymbol{G}_i(\boldsymbol{z})\right)\boldsymbol{E}_0(\boldsymbol{z}) \tag{5.11}$$

其中，初始模块 $\boldsymbol{E}_0(\boldsymbol{z})$ 与传播模块 $\boldsymbol{G}_i(\boldsymbol{z})$ 可逆且满足

$$\boldsymbol{E}_0(\boldsymbol{z})=\boldsymbol{z}^{-\boldsymbol{n}_0}\boldsymbol{E}_0(\boldsymbol{z}^{-\boldsymbol{I}})\hat{\boldsymbol{J}}(\boldsymbol{z}) \tag{5.12}$$

$$\boldsymbol{G}_i(\boldsymbol{z})=\boldsymbol{z}^{-\boldsymbol{n}_i}\boldsymbol{D}\boldsymbol{G}_i(\boldsymbol{z}^{-\boldsymbol{I}})\boldsymbol{D} \tag{5.13}$$

易知 $\boldsymbol{E}_0(\boldsymbol{z})$ 生成低阶 GSMDLPPRFB，而 $\boldsymbol{G}_i(\boldsymbol{z})$ 扩展 $\boldsymbol{E}_0(\boldsymbol{z})$ 生成高阶 GSMDLPPRFB。为便于设计，两者的标量阶（即 $|\boldsymbol{n}_0|$ 与 $|\boldsymbol{n}_i|$，其中 $|\boldsymbol{n}|$ 表示向量 $\boldsymbol{n}$ 的元素绝对值之和）应最小化。令 b 与 b' 分别表示二进制向量 $\boldsymbol{b}$ 与 $\boldsymbol{b}'$ 对应的十进制数，其中 $\boldsymbol{b}=[b_0,b_1,\cdots,b_{D-1}]^{\mathrm{T}}$ 且 $\boldsymbol{b}'=[b'_0,b'_1,\cdots,b'_{D-1}]^{\mathrm{T}}$。

引理 5.13

如果 $\boldsymbol{G}_i(\boldsymbol{z})$ 可逆且满足式(5.13)，其中 $|\boldsymbol{n}_i|=1$，则有 $n_{\rm s}=n_{\rm a}$。♠

证明　类似于文献 [17] 中定理 3 的证明。□

引理 5.14

如果 M 是奇数，则 $\mathcal{V}(\boldsymbol{N})-\boldsymbol{1}-2\lfloor(\mathcal{V}(\boldsymbol{N})-\boldsymbol{1})/2\rfloor=\boldsymbol{1}-\boldsymbol{b}'$，其中 $\boldsymbol{b}'$ 对应的子取样矩阵 $\boldsymbol{M}_{(\boldsymbol{b}')}$ 的行列式绝对值为奇数，即 $\mathcal{K}(\boldsymbol{M}_{(\boldsymbol{b}')})$ 为奇数。♠

证明　由定理 5.12 可知 $\mathcal{V}(\boldsymbol{N})-\boldsymbol{b}'$ 为偶数，又因 $\boldsymbol{b}'$ 为二进制向量，故 $\mathcal{V}(\boldsymbol{N})+\boldsymbol{b}'-2\times\boldsymbol{1}$ 为偶数。易验证 $2\lfloor(\mathcal{V}(\boldsymbol{N})-\boldsymbol{1})/2\rfloor=\mathcal{V}(\boldsymbol{N})+\boldsymbol{b}'-2\times\boldsymbol{1}$，证毕。□

由引理 5.13 与定理 5.12，当 M 为偶数时，可得 $n_{\rm s}=n_{\rm a}$ 且 $|\boldsymbol{n}_i|=1$；当 M 为奇数时，可得 $n_{\rm s}=n_{\rm a}+1$ 且 $|\boldsymbol{n}_i|>1$，不妨选择 $|\boldsymbol{n}_i|=2$。因此，当 M 为偶数时 $\boldsymbol{n}_0=\boldsymbol{0}$；当 M 为奇数时，由引理 5.14 可知 $\boldsymbol{n}_0=\boldsymbol{1}-\boldsymbol{b}'$。

类似于文献 [15]，下面采用可分离传播模块构造格型结构。$\mathcal{V}(\boldsymbol{N})-\boldsymbol{1}$ 阶 GSMDLPPRFB 的多相矩阵 $\boldsymbol{E}(\boldsymbol{z})$ 可表示如下：

$$\boldsymbol{E}(\boldsymbol{z})=\begin{cases}\left(\prod\limits_{d=D-1}^{0}\prod\limits_{i=N_d-1}^{1}\boldsymbol{G}_{i,d}(z_d)\right)\boldsymbol{E}_0(\boldsymbol{z}), & M\in\text{even}\\ \left(\prod\limits_{d=D-1}^{0}\prod\limits_{i=\lfloor(N_d-1)/2\rfloor}^{1}\boldsymbol{G}_{i,d}(z_d)\right)\boldsymbol{E}_0(\boldsymbol{z}), & M\in\text{odd}\end{cases}\tag{5.14}$$

其中，$\boldsymbol{G}_{i,d}(z_d)$ 为传播模块且满足

$$\boldsymbol{G}_{i,d}(z_d)=\begin{cases}z_d^{-1}\boldsymbol{D}\boldsymbol{G}_{i,d}(z_d^{-1})\boldsymbol{D}, & M\in\text{even}\\ z_d^{-2}\boldsymbol{D}\boldsymbol{G}_{i,d}(z_d^{-1})\boldsymbol{D}, & M\in\text{odd}\end{cases}$$

则 $\boldsymbol{G}_{i,d}(z_d)$ 可分解为 [17,18]

$$\boldsymbol{G}_{i,d}(z_d)=\begin{cases}\dfrac{1}{2}\text{diag}(\boldsymbol{U}_{i,d},\boldsymbol{I}_{M/2})\boldsymbol{W}_M(z_d), & M\in\text{even}\\ \text{diag}(\boldsymbol{U}_{i,d},\boldsymbol{I}_{(M-1)/2})\text{diag}\left(z_d^{-1},\dfrac{1}{4}\boldsymbol{W}_{M-1}(z_d)\right.\\ \left.\cdot\text{diag}(\boldsymbol{V}_{i,d},\boldsymbol{I}_{(M-1)/2})\boldsymbol{W}_{M-1}(z_d)\right), & M\in\text{odd}\end{cases}\tag{5.15}$$

其中，自由可逆矩阵 $\boldsymbol{U}_{i,d}$ 与 $\boldsymbol{V}_{i,d}$ 的大小分别为 $\left\lceil\frac{M}{2}\right\rceil$ 与 $\left\lfloor\frac{M}{2}\right\rfloor$。易验证当 M 为偶数时，所有传播模块的阶的和为 $\mathcal{V}(\boldsymbol{N})-\boldsymbol{1}$，初始模块的阶为 $\boldsymbol{0}$；当 M 为奇数时，所有传播模块的阶之和为 $2\lfloor(\mathcal{V}(\boldsymbol{N})-\boldsymbol{1})/2\rfloor$，初始模块的阶为 $\mathcal{V}(\boldsymbol{N})-\boldsymbol{1}-2\lfloor(\mathcal{V}(\boldsymbol{N})-\boldsymbol{1})/2\rfloor$。

定理 5.15

假设 $\boldsymbol{E}_0^{(b)}(\boldsymbol{z})$ 是取样矩阵为 $\boldsymbol{M}_{(b)}, b=0,1,\cdots,2^D-1$ 的 $\boldsymbol{n}_0+\boldsymbol{1}-\boldsymbol{b}$ 阶 MDLPPRFB 的多相矩阵且满足式(5.6)。此外，M 为偶数时 $\boldsymbol{n}_0=0$，M 为奇数时 $\boldsymbol{n}_0=\boldsymbol{1}-\boldsymbol{b}'$。这里 $\boldsymbol{b}'$ 使 $\mathcal{K}(\boldsymbol{M}_{(b')})$ 为奇数。令

$$\boldsymbol{E}_0(\boldsymbol{z})=\operatorname{diag}(\boldsymbol{Q}_0,\boldsymbol{Q}_1)\boldsymbol{P}\operatorname{diag}\left(\boldsymbol{E}_0^{(b)}(\boldsymbol{z});b=0,1,\cdots,2^D-1\right) \tag{5.16}$$

其中，$\boldsymbol{Q}_0$、$\boldsymbol{Q}_1$ 为自由可逆矩阵，其大小分别为 $\lceil M/2\rceil,\lfloor M/2\rfloor$，$\boldsymbol{P}$ 是如下所示的置换矩阵：

$$\begin{bmatrix} \boldsymbol{I}_{l_0} & & & & & & & \\ & \boldsymbol{I}_{l_1} & & & & & & \\ & & \cdots & & & & & \\ & & & \boldsymbol{I}_{l_{2^D-1}} & & & & \\ \boldsymbol{I}_{\hat{l}_0} & & & & & & & \\ & \boldsymbol{I}_{\hat{l}_1} & & & & & & \\ & & \cdots & & & & & \\ & & & \boldsymbol{I}_{\hat{l}_{2^D-1}} & & & & \end{bmatrix}$$

其中，$l_b=\lceil\mathcal{K}(\boldsymbol{M}_b)/2\rceil,\hat{l}_b=\lfloor\mathcal{K}(\boldsymbol{M}_b)/2\rfloor$。令 $\boldsymbol{E}(\boldsymbol{z})$ 如式(5.14)所示，则 $\boldsymbol{E}(\boldsymbol{z})$ 生成 $\mathcal{V}(\boldsymbol{N})-\boldsymbol{1}$ 阶 GSMDLPPRFB。♡

证明　式(5.16)的每个矩阵均可逆，故 $\boldsymbol{E}_0(\boldsymbol{z})$ 可逆。不管 M 是奇数还是偶数，均易证 $n_{\mathrm{s}}=\left\lceil\frac{M}{2}\right\rceil=\sum_{b=0}^{2^D-1}l_b$，$n_{\mathrm{a}}=\left\lfloor\frac{M}{2}\right\rfloor=\sum_{b=0}^{2^D-1}\hat{l}_b$。令 $\boldsymbol{Q}_0$、$\boldsymbol{Q}_1$ 为

$$\boldsymbol{Q}_0=[\boldsymbol{Q}_{00},\cdots,\boldsymbol{Q}_{0(2^D-1)}],\quad \boldsymbol{Q}_1=[\boldsymbol{Q}_{10},\cdots,\boldsymbol{Q}_{1(2^D-1)}]$$

其中，$\boldsymbol{Q}_{0b}$ 与 $\boldsymbol{Q}_{1b}$ 的大小分别为 $n_{\mathrm{s}}\times l_b$ 与 $n_{\mathrm{a}}\times\hat{l}_b$。将上式代入式(5.16)可得

$$\boldsymbol{E}_0(\boldsymbol{z})=[\operatorname{diag}(\boldsymbol{Q}_{0b},\boldsymbol{Q}_{1b})\boldsymbol{E}_0^{(b)}(\boldsymbol{z});b=0,1,\cdots,2^D-1]$$

易验证

$$\operatorname{diag}(\boldsymbol{Q}_{0b},\boldsymbol{Q}_{1b})=\boldsymbol{D}\operatorname{diag}(\boldsymbol{Q}_{0b},\boldsymbol{Q}_{1b})\operatorname{diag}(\boldsymbol{I}_{l_b},-\boldsymbol{I}_{\hat{l}_b})$$

由问题假设与文献 [15] 可得

$$\boldsymbol{E}_0^{(b)}(\boldsymbol{z}) = \boldsymbol{z}^{-(\boldsymbol{n}_0+\boldsymbol{1}-\boldsymbol{b})}\mathrm{diag}(\boldsymbol{I}_{l_b}, -\boldsymbol{I}_{\hat{l}_b})\boldsymbol{E}_0^{(b)}(\boldsymbol{z}^{-\boldsymbol{I}})\boldsymbol{J}_{l_b+\hat{l}_b}$$

将上述四式代入式(5.16)可得

$$\boldsymbol{E}_0(\boldsymbol{z}) = \boldsymbol{z}^{-\boldsymbol{n}_0}\boldsymbol{D}\boldsymbol{E}_0(\boldsymbol{z})\hat{\boldsymbol{J}}(\boldsymbol{z})$$

由上式以及 $\boldsymbol{E}_0(\boldsymbol{z})$ 的可逆性，可知 $\boldsymbol{E}_0(\boldsymbol{z})$ 生成 $\boldsymbol{n}_0$ 阶 GSMDLPPRFB。

由于每个传播模块可逆，且传播模块的阶之和在 M 为偶数时为 $\mathcal{V}(\boldsymbol{N})-\boldsymbol{1}$，在 M 为奇数时为 $2\lfloor(\mathcal{V}(\boldsymbol{N})-\boldsymbol{1})/2\rfloor$，再结合引理 5.14 给出 $\boldsymbol{n}_0$ 的值，可知 $\boldsymbol{E}(\boldsymbol{z})$ 生成 $\mathcal{V}(\boldsymbol{N})-\boldsymbol{1}$ 阶 GSMDLPPRFB。证毕。 □

下面采用文献 [15] 给出的 $\boldsymbol{E}_0^{(b)}(\boldsymbol{z})$ 的格型结构来构造初始模块 $\boldsymbol{E}_0(\boldsymbol{z})$ 的具体分解形式。令 $\boldsymbol{n}_0 = (n_{00}, n_{01}, \cdots, n_{0(D-1)})^{\mathrm{T}}$。当 M 为偶数时，或 M 为奇数且 $b \neq b'$ 时，有 $\mathcal{K}(\boldsymbol{M}_b)$ 为偶数，因此可得 [15,17]

$$\boldsymbol{E}_0^{(b)}(\boldsymbol{z}) = \left(\prod_{d=D-1}^{0}\prod_{i=n_{0d}+1-b_d}^{1}\frac{1}{2}\mathrm{diag}(\boldsymbol{U}_{i,d}^{(b)}, \boldsymbol{I}_{\mathcal{K}(\boldsymbol{M}_{(b)})/2})\boldsymbol{W}_{\mathcal{K}(\boldsymbol{M}_{(b)})}(z_d)\right) \cdot \frac{\sqrt{2}}{2}\mathrm{diag}(\boldsymbol{U}^{(b)}, \boldsymbol{V}^{(b)})\boldsymbol{W}_{\mathcal{K}(\boldsymbol{M}_{(b)})}\hat{\boldsymbol{I}}_{\mathcal{K}(\boldsymbol{M}_{(b)})} \tag{5.17}$$

当 M 为奇数且 $b = b'$ 时，有 $\mathcal{K}(\boldsymbol{M}_b)$ 为奇数，因此可得 [15,17]

$$\begin{aligned}\boldsymbol{E}_0^{(b)}(\boldsymbol{z}) = &\left(\prod_{d=D-1}^{0}\prod_{i=(n_{0d}+1-b_d)/2}^{1}\mathrm{diag}(\boldsymbol{U}_{i,d}^{(b)}, \boldsymbol{I}_{(\mathcal{K}(\boldsymbol{M}_{(b)})-1)/2})\mathrm{diag}\big(z_d^{-1},\right.\\ &\frac{1}{4}\boldsymbol{W}_{\mathcal{K}(\boldsymbol{M}_{(b)})-1}(z_d)\mathrm{diag}(\boldsymbol{V}_{i,d}^{(b)}, \boldsymbol{I}_{(\mathcal{K}(\boldsymbol{M}_{(b)})-1)/2})\\ &\left.\cdot \boldsymbol{W}_{\mathcal{K}(\boldsymbol{M}_{(b)})-1}(z_d)\big)\right)\frac{\sqrt{2}}{2}\mathrm{diag}(\boldsymbol{U}^{(b)}, \boldsymbol{V}^{(b)})\boldsymbol{W}_{\mathcal{K}(\boldsymbol{M}_{(b)})}\hat{\boldsymbol{I}}_{\mathcal{K}(\boldsymbol{M}_{(b)})}\end{aligned} \tag{5.18}$$

对于式(5.17)与式(5.18)，自由矩阵 $\boldsymbol{U}_{i,d}^{(b)}$ 与 $\boldsymbol{U}^{(b)}$ 的大小为 $\lceil\mathcal{K}(\boldsymbol{M}_{(b)})/2\rceil$，$\boldsymbol{V}_{i,d}^{(b)}$ 与 $\boldsymbol{V}^{(b)}$ 的大小为 $\lfloor\mathcal{K}(\boldsymbol{M}_{(b)})/2\rfloor$。图 5-2 与图 5-3 给出了 GSMDLPPRFB 的格型结构示例，其中标记 ↻ 的矩形表示自由可逆矩阵。类似于文献 [18]，删除两图格型结构包含的灰色自由可逆矩阵，可得等价格型结构，显然相应的自由参数更少。

当 $\beta = \boldsymbol{0}$ 时，式(5.16)的置换矩阵 $\boldsymbol{P}$ 变成单位矩阵，$\mathrm{diag}(\boldsymbol{E}_0^{(b)}(\boldsymbol{z}); b = 0, 1, \cdots, 2^D-1)$ 变成 $\boldsymbol{E}_0^{(2^D-1)}(\boldsymbol{z})$。此时设置 $\boldsymbol{Q}_0$、$\boldsymbol{Q}_1$ 为单位矩阵，将得到文献 [18] 的格型结构，因而本节的设计包含文献 [15] 的设计为特殊情形。

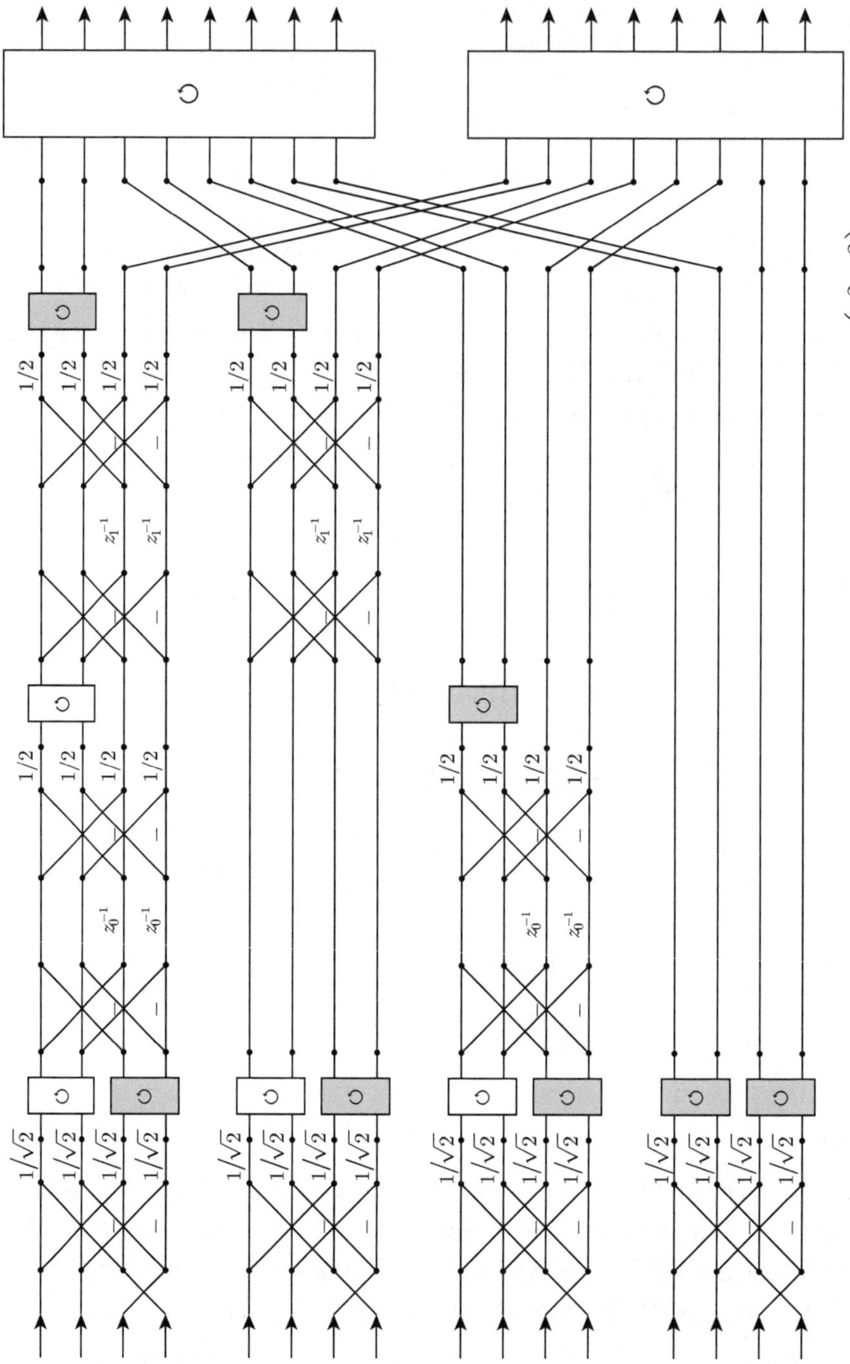

图 5-2　GSMDLPPRFB 的格型结构示例，其中 $\boldsymbol{M}=\mathrm{diag}(4,4)$，$\boldsymbol{\Xi}'=\mathrm{diag}\left(1\frac{2}{4},1\frac{2}{4}\right)$

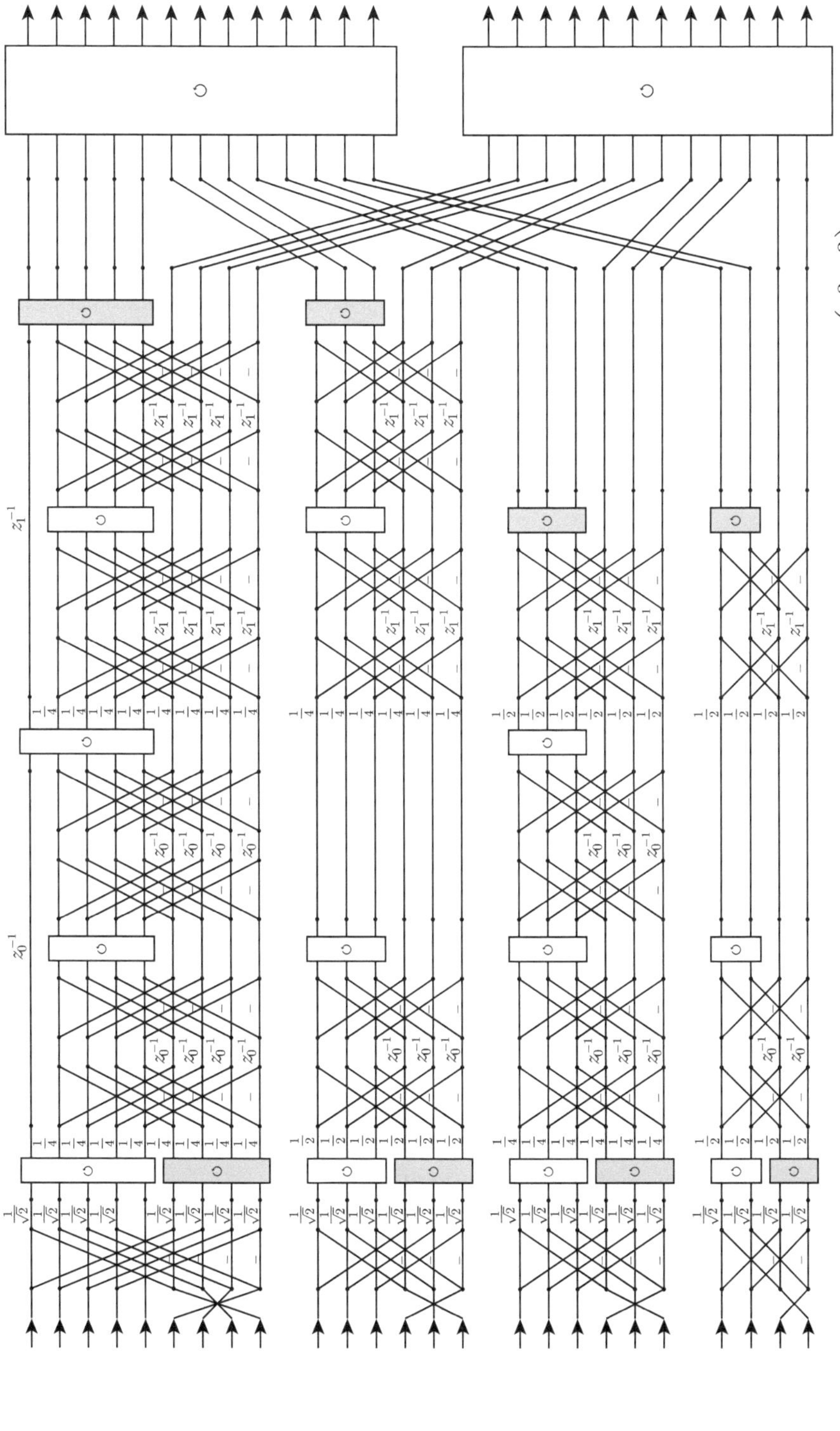

图 5-3　GSMDLPPRFB 的格型结构示例，其中 $\boldsymbol{M} = \mathrm{diag}(5,5)$，$\boldsymbol{\Xi}' = \mathrm{diag}\left(2\frac{3}{5}, 2\frac{3}{5}\right)$

若格型结构的实现使用最小数目的延迟元素，则称它是最小的 [15]。最小格型结构对输入信号的响应速度最快。如定理 5.16 所示，定理 5.15 设计的格型结构是最小的。

定理 5.16

式(5.14)的 $\boldsymbol{E}(\boldsymbol{z})$ 格型结构式是最小的，其中传播模块如式(5.15)所示，初始模块如式(5.16)所示且涉及的构造模块由式(5.17)与式(5.18)描述。 ♡

证明　如文献 [15] 所示，格型结构最小性的证明在于验证其延迟数不超过其度数，即 $\boldsymbol{E}^{\text{delay}} \leqslant \deg(\boldsymbol{E}(\boldsymbol{z})) \overset{\text{def}}{=\!=} \boldsymbol{E}^{\text{deg}}$。令 $\deg^{\{d\}}(\boldsymbol{E}(\boldsymbol{z}))$ 表示 $\boldsymbol{E}(\boldsymbol{z})$ 关于 z_d 的度数，$\boldsymbol{z}^{\{d\}}$ 表示第 d 个元素为 z_d，其他元素为 1 的向量。容易验证

$$\boldsymbol{E}^{\text{deg}} = \sum_{d=0}^{D-1} \deg^{\{d\}}(\boldsymbol{E}(\boldsymbol{z})) \tag{5.19}$$

$$\deg^{\{d\}}(\boldsymbol{E}(\boldsymbol{z})) \geqslant \deg^{\{d\}}(\boldsymbol{E}(\boldsymbol{z}^{\{d\}})) \overset{\text{def}}{=\!=} \boldsymbol{E}_d^{\text{deg}} \tag{5.20}$$

一维 LPPRFB $\boldsymbol{E}(z)$ 的度等于其行列式，结合引理 5.10 有

$$\begin{aligned}
\deg^{\{d\}}(\boldsymbol{E}(\boldsymbol{z}^{\{d\}})) &= \deg^{\{d\}}\left(\det(\boldsymbol{E}(\boldsymbol{z}^{\{d\}}))\right) \\
&= \deg^{\{d\}}\Big(\det(\boldsymbol{D})\det(z_d^{-(N_d-1)}) \\
&\qquad \cdot \det(\boldsymbol{E}(\boldsymbol{z}^{\{d\}^{-\boldsymbol{I}}}))\det(\hat{\boldsymbol{J}}(\boldsymbol{z}^{\{d\}}))\Big) \\
\Longrightarrow \boldsymbol{E}_d^{\text{deg}} &= M(N_d-1) - \boldsymbol{E}_d^{\text{deg}} + \sum_{b=0}^{2^D-1} \mathcal{B}(b_d=0)\mathcal{K}(\boldsymbol{M}_{(b)}) \\
&= M(N_d-1) - \boldsymbol{E}_d^{\text{deg}} + M\frac{\beta_d}{k_d} \\
\Longrightarrow \boldsymbol{E}_d^{\text{deg}} &= \frac{M}{2}\left(N_d - 1 + \frac{\beta_d}{k_d}\right)
\end{aligned} \tag{5.21}$$

令 $\boldsymbol{E}_d^{\text{delay}}$ 表示格型结构关于 z_d 的延迟数，则有

$$\boldsymbol{E}^{\text{delay}} = \sum_{d=0}^{D-1} \boldsymbol{E}_d^{\text{delay}} \tag{5.22}$$

令 $\boldsymbol{G}_d^{\text{delay}}$ 与 $\boldsymbol{E}_{0,d}^{\text{delay}}$ 分别表示传播模块连乘与初始模块关于 z_d 的延迟数。

当 M 为偶数时，结合引理 5.10 与式(5.21)，可得

$$\boldsymbol{E}_d^{\text{delay}} = \boldsymbol{G}_d^{\text{delay}} + \boldsymbol{E}_{0,d}^{\text{delay}}$$

$$
\begin{aligned}
&= \frac{M}{2}(N_d - 1) + \frac{1}{2}\sum_{b=0}^{2^D-1} \mathcal{B}(b_d = 0)\mathcal{K}(\boldsymbol{M}_{(b)}) \\
&= \frac{M}{2}(N_d - 1) + \frac{1}{2}M\frac{\beta_d}{k_d} = \boldsymbol{E}_d^{\deg}
\end{aligned}
$$

结合式(5.19)、式(5.20)和式 (5.22)，即得 $\boldsymbol{E}^{\text{delay}} \leqslant \boldsymbol{E}^{\deg}$。

考虑 M 为奇数情形。当 N_d 为奇数时，结合引理 5.10 与式(5.21)，可得

$$
\begin{aligned}
\boldsymbol{E}_d^{\text{delay}} &= \boldsymbol{G}_d^{\text{delay}} + \boldsymbol{E}_{0,d}^{\text{delay}} \\
&= M\frac{N_d - 1}{2} + \frac{1}{2}\sum_{b=0}^{2^D-1} \mathcal{B}(b_d = 0)\mathcal{K}(\boldsymbol{M}_{(b)}) \\
&= \frac{M}{2}(N_d - 1) + \frac{1}{2}M\frac{\beta_d}{k_d} = \boldsymbol{E}_d^{\deg}
\end{aligned}
\tag{5.23}
$$

当 N_d 为偶数时，容易验证 $b_d^{'} = 0$，结合引理 5.10 与式(5.21)得到

$$
\begin{aligned}
\boldsymbol{E}_d^{\text{delay}} &= \boldsymbol{G}_d^{\text{delay}} + \boldsymbol{E}_{0,d}^{\text{delay}} \\
&= M\frac{N_d - 2}{2} + \mathcal{K}(\boldsymbol{M}_{(b')}) \\
&\quad + \frac{1}{2}\sum_{b=0, b\neq b'}^{2^D-1} (1 + \mathcal{B}(b_d = 0))\mathcal{K}(\boldsymbol{M}_{(b)}) \\
&= \frac{M}{2}(N_d - 2) + \frac{1}{2}\sum_{b=0}^{2^D-1} \mathcal{K}(\boldsymbol{M}_{(b)}) + \frac{\mathcal{K}(\boldsymbol{M}_{(b')})}{2} \\
&\quad + \frac{1}{2}\sum_{b=0, b\neq b'}^{2^D-1} \mathcal{B}(b_d = 0)\mathcal{K}(\boldsymbol{M}_{(b)}) \\
&= \frac{M}{2}(N_d - 2) + \frac{1}{2}\sum_{b=0}^{2^D-1} \mathcal{K}(\boldsymbol{M}_{(b)}) \\
&\quad + \frac{1}{2}\sum_{b=0}^{2^D-1} \mathcal{B}(b_d = 0)\mathcal{K}(\boldsymbol{M}_{(b)}) \\
&= \frac{M}{2}(N_d - 1) + \frac{1}{2}M\frac{\beta_d}{k_d} = \boldsymbol{E}_d^{\deg}
\end{aligned}
\tag{5.24}
$$

因此 M 为奇数，结合式(5.19)～ 式(5.20)与式(5.22)～ 式(5.24)亦有 $\boldsymbol{E}^{\text{delay}} \leqslant \boldsymbol{E}^{\deg}$。证毕。 □

5.4 例　　子

5.3 节设计的滤波器组已结构性满足线性相位与完全重构性质，优化格型结构自由参数可以得到更实用的滤波器组。这些自由参数包含于自由可逆矩阵。类似于文献 [3]，自由可逆矩阵 $\boldsymbol{N}$ 可表示为 $\boldsymbol{N}=\boldsymbol{ALB}$，其中 $\boldsymbol{A}$ 与 $\boldsymbol{B}$ 为自由正交矩阵，$\boldsymbol{L}$ 为正对角矩阵。大小为 m 的自由正交矩阵可参数化为 m 个符号矩阵与 $m(m-1)/2$ 个 Givens 旋转角，大小为 m 的正对角矩阵可参数化为 m 个正实数。为优化这些自由参数，本节选用与图像压缩紧密相关的指标，即编码增益 [19] 为

$$\boldsymbol{C}_{\text{coding gain}}=10\lg\left(\prod_{k=0}^{M-1}(A_kB_k)^{-1/M}\right)$$

其中，$A_k=\sum\limits_{\boldsymbol{m}}\sum\limits_{\boldsymbol{n}}h_k(\boldsymbol{m})h_k(\boldsymbol{n})\rho^{\|\boldsymbol{m}-\boldsymbol{n}\|}$，$h_k(\boldsymbol{n})$ 为分析滤波器系数，ρ 为相关系数且一般设置为 0.95，$\|\boldsymbol{n}\|$ 表示向量 $\boldsymbol{n}$ 的 l_2 范数；$B_k=\sum\limits_{\boldsymbol{n}}|f_k(\boldsymbol{n})|^2$, $f_k(\boldsymbol{n})$ 为合成滤波器系数。

将文献 [15] 的 MDLPPUFB 包含的自由正交矩阵替换为自由可逆矩阵，即得到 MDLPPRFB。本节构造的 GSMDLPPRFB 将与这样扩展的滤波器组进行比较。表 5-1 列出了 GSMDLPPRFB 的编码增益（单位：dB），涉及 $\boldsymbol{\beta}=[0,0]^{\mathrm{T}}$, $\boldsymbol{\beta}=[k_0,k_1]^{\mathrm{T}}$，以及一般的 $\boldsymbol{\beta}$ 三种情形，其中 $\boldsymbol{\beta}=[0,0]^{\mathrm{T}}$ 与 $\boldsymbol{\beta}=[k_0,k_1]^{\mathrm{T}}$ 实际上对应文献 [15] 扩展而来的 MDLPPRFB。该表中，$\boldsymbol{n}$ 为所有传播模块的阶和，最后一列对应 $\boldsymbol{\beta}=[k_0,k_1]^{\mathrm{T}}$ 的情形。$\boldsymbol{n}=[0,0]^{\mathrm{T}}$ 且 $\boldsymbol{\beta}=[3,3]^{\mathrm{T}}$ 情形的编码增益没有给出，因为它等价于 $\boldsymbol{n}=[2,2]^{\mathrm{T}}$ 且 $\boldsymbol{\beta}=[0,0]^{\mathrm{T}}$ 的情形。考虑一致性，其他的 $\boldsymbol{\beta}=[3,3]^{\mathrm{T}}$ 情形的结果也没有给出。

表 5-1　一般的 GSMDLPPRFB（倒数第 2 列）与扩展于文献 [15] 的 MDLPPRFB（倒数第 1 列与倒数第 3 列）的编码增益比较

		$\boldsymbol{\beta}=[0,0]^{\mathrm{T}}$	$\boldsymbol{\beta}=[2,2]^{\mathrm{T}}$	$\boldsymbol{\beta}=[4,4]^{\mathrm{T}}$
$\boldsymbol{M}=\begin{bmatrix}4&\\&4\end{bmatrix}$	$\boldsymbol{n}=[0,0]^{\mathrm{T}}$	10.78	11.29	11.79
	$\boldsymbol{n}=[2,0]^{\mathrm{T}}$	11.37	11.59	11.91
	$\boldsymbol{n}=[2,2]^{\mathrm{T}}$	11.82	11.84	11.99
		$\boldsymbol{\beta}=[0,0]^{\mathrm{T}}$	$\boldsymbol{\beta}=[1,2]^{\mathrm{T}}$	$\boldsymbol{\beta}=[3,3]^{\mathrm{T}}$
$\boldsymbol{M}=\begin{bmatrix}3&\\&3\end{bmatrix}$	$\boldsymbol{n}=[0,0]^{\mathrm{T}}$	10.00	10.70	—
	$\boldsymbol{n}=[2,0]^{\mathrm{T}}$	10.72	11.13	—
	$\boldsymbol{n}=[2,2]^{\mathrm{T}}$	11.28	11.40	—
		$\boldsymbol{\beta}=[0,0]^{\mathrm{T}}$	$\boldsymbol{\beta}=[2,1]^{\mathrm{T}}$	$\boldsymbol{\beta}=[3,3]^{\mathrm{T}}$
$\boldsymbol{M}=\begin{bmatrix}3&3\\0&3\end{bmatrix}$	$\boldsymbol{n}=[0,0]^{\mathrm{T}}$	9.68	10.49	—
	$\boldsymbol{n}=[2,0]^{\mathrm{T}}$	10.75	11.01	—
	$\boldsymbol{n}=[2,2]^{\mathrm{T}}$	11.21	11.38	—

由表 5-1 可知，虽然一般的 GSMDLPPRFB（对应 $\boldsymbol{\beta}$ 取一般值的情形）不敌 $\boldsymbol{\beta}=[k_0,k_1]^{\mathrm{T}}$ 的 GSMDLPPRFB，但它优于 $\boldsymbol{\beta}=[0,0]^{\mathrm{T}}$ 的 GSMDLPPRFB。这是符合预期的，因为更长的支撑意味着更好的性能。尽管如此，一般的 GSMDLPPRFB 仍然是有意义的，因为它能更好地折中滤波器组支撑与滤波器组性能。此外，它可能通过增加少许自由参数大幅提升滤波器组性能。例如，当 $\boldsymbol{M}=\mathrm{diag}(4,4)$ 且 $\boldsymbol{n}=[0,0]^{\mathrm{T}}$ 时，$\boldsymbol{\beta}=[2,2]^{\mathrm{T}}$ 情形将 $\boldsymbol{\beta}=[0,0]^{\mathrm{T}}$ 情形的编码增益由 10.78 提高到 11.29，大约是 $\boldsymbol{\beta}=[0,0]^{\mathrm{T}}$ 情形与 $\boldsymbol{\beta}=[4,4]^{\mathrm{T}}$ 情形的中值。同时，$\boldsymbol{\beta}=[2,2]^{\mathrm{T}}$ 情形仅将 $\boldsymbol{\beta}=[0,0]^{\mathrm{T}}$ 情形的自由参数数目由 128 增加到 144，远远偏离 $\boldsymbol{\beta}=[4,4]^{\mathrm{T}}$ 情形的 256。

5.5 本章小结

本章研究了 GSMDLPPRFB 的格型结构。相比于 Muramatsu 等 [15] 的多维 LPPRFB，本章的研究提供了更多的滤波器选择余地，可以更好地折中滤波器支撑与滤波器组性能。为指导设计，本章推导了广义支撑多维滤波器组满足线性相位的条件，以及 GSMDLPPRFB 存在的条件。格型结构设计过程中，本章虽然采用与文献 [15] 相同的方式设计其中的一种构造模块（即传播模块），但使用了与文献 [15] 完全不同的方法设计另一种构造模块（即初始模块）。事实上，很难推广 Muramatsu 等的方法用于设计 GSMDLPPRFB 的初始模块，本章利用组合多相方法完成了相关设计。此外，研究包含 Muramatsu 等的工作为特殊情形。

参考文献

[1] Soman A K, Vaidyanathan P P, Nguyen T Q. Linear phase paraunitary filter banks: Theory, factorizations and designs. IEEE Transactions on Signal Processing, 1993, 41(12): 3480-3496.

[2] de Queiroz R L, Nguyen T Q, rao K R. The GenLOT: Generalized linear-phase lapped orthogonal transform. IEEE Transactions on Signal Processing, 1996, 44(3): 497-507.

[3] Tran T D, de Queiroz R L, Nguyen T Q. Linear-phase perfect reconstruction filter bank: Lattice structure, design, and application in image coding. IEEE Transactions on Signal Processing, 2000, 48(1): 133-147.

[4] Tran T D, Nguyen T Q. On M-channel linear-phase FIR filter banks and application in image compression. IEEE Transactions on Signal Processing, 1997, 45(9): 2175-2187.

[5] Ikehara M, Nagai T, Nguyen T Q. Time-domain design and lattice structure of FIR paraunitary filter banks with linear phase. Signal Processing, 2000, 80(2): 333-342.

[6] Xu Z, Makur A. On the arbitrary-length M-channel linear phase perfect reconstruction filter banks. IEEE Transactions on Signal Processing, 2009, 57(10): 4118-4123.

[7] Muramatsu S, Kobayashi T, Hiki M, et al. Boundary operation of 2-D nonseparable linear-phase paraunitary filter banks. IEEE Transactions on Image Processing, 2012, 21(4): 2314-2318.

[8] Quellec G, Lamard M, Cazuguel G, et al. Adaptive nonseparable wavelet transform via lifting and its application to content-based image retrieval. IEEE Transactions on Image Processing, 2010, 19(1): 25-35.

[9] You X, Du L, Cheung Y M, et al. A blind watermarking scheme using new nontensor product wavelet filter banks. IEEE Transactions on Image Processing, 2010, 19(12): 3271-3284.

[10] Tay D B H, Kingsbury N G. Flexible design of multidimensional perfect reconstruction FIR 2-band filters using transformations of variables. IEEE Transactions on Image Processing, 1993, 2(4): 466-480.

[11] Stanhill D, Zeevi Y Y. Two-dimensional orthogonal wavelets with vanishing moments. IEEE Transactions on Signal Processing, 1996, 44(10): 2579-2590.

[12] Kovacevic J, Sweldens W. Wavelet families of increasing order in arbitrary dimensions. IEEE Transactions on Image Processing, 2000, 9(3): 480-496.

[13] Yoshida T,Kyochi S, Ikehara M. A simplified lattice structure of two-dimensional generalized lapped orthogonal transform (2-D GenLOT) for image coding. IEEE International Conference on Image Processing, 2010: 349-352.

[14] Muramatsu S, Han D, Kobayashi T, et al. Directional lapped orthogonal transform: Theory and design. IEEE Transactions on Image Processing, 2012, 21(5): 2434-2448.

[15] Muramatsu S, Yamada A, Kiya H. A design method of multidimensional linear-phase paraunitary filter banks with a lattice structure. IEEE Transactions on Signal Processing, 1999, 47(3): 690-700.

[16] Gao X, Li B, Xiao F. Lattice structure for generalized-support multidimensional linear phase perfect reconstruction filter bank. IEEE Transactions on Image Processing, 2013, 22(12): 4853-4864.

[17] Gan L, Ma K K. Oversampled linear-phase perfect reconstruction filterbanks: Theory, lattice structure and parameterization. IEEE Transactions on Signal Processing, 2003, 51(3): 744-759.

[18] Gan L, Ma K K. A simplified lattice factorization for linear-phase perfect reconstruction filter bank. IEEE Signal Processing Letters, 2001, 8(7): 207-209.

[19] Katto J, Yasuda Y. Performance evaluation of subband coding and optimization of its filter coefficients. Proceedings of SPIE, Visual Communications and Image Processing, 1991, 1605: 95-106.

第 6 章　多维过采样 LPPRFB 格型结构的设计

6.1　引　　言

相对一维 LPPRFB，多维 LPPRFB 更适合图像、视频等多维信号的处理。此处的多维 LPPRFB，并非特殊的由一维 LPPRFB 通过张量方式构造所得。它是采用非张量方式直接构造，因而具有更大的设计空间，从而可以获得更好的应用性能。格型结构在多维 LPPRFB 的设计上非常有效。

第 5 章讨论了严格采样多维 LPPRFB 的格型结构设计。与严格采样相比，过采样滤波器组的滤波器个数可以大于取样因子，这种冗余性极大扩展了设计自由度，可用于设计性能更好的滤波器组，例如设计多维信号处理中特别有效的方向滤波器组。此外，过采样情形提供了平移不变性，可有效消除图像、视频信号处理出现的环状瑕疵等。

过采样多维 LPPRFB 的格型结构的设计结果较少，比较经典的是 2017 年 Muramatsu 等 [1] 给出的结果。他们的工作针对的是约束支撑情形，而广义支撑情形可以更好折中滤波器支撑与滤波器组性能，从而提供更多选择余地，但与之对应的过采样多维 LPPRFB 的格型结构研究结果一直未见报道。本章将研究广义支撑多维过采样 LPPRFB 的格型结构，建立广义支撑多维过采样 LPPRFB 的对称极性条件，并设计对称极性条件约束的多数情形下的广义支撑多维过采样 LPPRFB。

6.2　理　　论

本章考虑广义支撑多维过采样 LPPRFB，即 P 带、取样矩阵为 $\boldsymbol{M}$、支撑为 $\mathcal{N}(\boldsymbol{M\Xi}')$ 的 LPPRFB。假设滤波器支撑 $\mathcal{N}(\boldsymbol{M\Xi}')$ 满足定义 5.4, 则其阶为 $\mathcal{V}(\boldsymbol{N})-\boldsymbol{1}$。下面建立其对称极性条件。

定理 6.1

假设滤波器 $H_i(\boldsymbol{z})$ 的支撑 $\mathcal{N}(\boldsymbol{M\Xi}')$ 满足定义 5.4，$\boldsymbol{M}_{(b)}$ 如式(5.2)所示。令 $r_0, r_1, \cdots, r_D, r$ 分别为

$$r_0 \stackrel{\text{def}}{=\!=} \sum_{b=0}^{2^D-1} f(\mathcal{K}(\boldsymbol{M}_{(b)}), 1)$$

$$r_{d+1} \stackrel{\text{def}}{=\!=} \sum_{b=0}^{2^D-1} f(\mathcal{K}(\boldsymbol{M}_{(b)}), (-1)^{N_d - b_d}), \quad d = 0, 1, \cdots, D-1$$

$$r \stackrel{\text{def}}{=\!=} \{r_0, r_1, r_2, \cdots, r_D\}$$

对于支撑为 $\mathcal{N}(\boldsymbol{M\Xi}')$ 的多维过采样 LPPRFB，对称滤波器的个数与反对称滤波器的个数 n_{s} 与 n_{a} 满足

$$r_0 \leqslant n_{\mathrm{s}} \leqslant P - M + \min(r)$$

$$M - \min(r) \leqslant n_{\mathrm{a}} \leqslant P - r_0$$

♡

证明　由滤波器组满足线性相位性质可知，其多相矩阵 $\boldsymbol{E}(\boldsymbol{z})$ 满足

$$\boldsymbol{E}(\boldsymbol{z}) = \boldsymbol{z}^{-(\mathcal{V}(\boldsymbol{N})-\boldsymbol{1})} \boldsymbol{D}\boldsymbol{E}(\boldsymbol{z}) \mathrm{diag}\left(\boldsymbol{z}^{-(\boldsymbol{1}-\boldsymbol{b})} \boldsymbol{J}_{\mathcal{K}(\boldsymbol{M}_{(b)})};\ b = 0, 1, \cdots, 2^D - 1\right) \tag{6.1}$$

将 $\boldsymbol{E}(\boldsymbol{z})$ 分块为

$$\boldsymbol{E}(\boldsymbol{z}) = \left[\boldsymbol{E}^{(0)}(\boldsymbol{z}), \boldsymbol{E}^{(1)}(\boldsymbol{z}), \cdots, \boldsymbol{E}^{(2^D-1)}(\boldsymbol{z})\right] \tag{6.2}$$

其中，$\boldsymbol{E}^{(b)}(\boldsymbol{z})$ 为 $P \times \mathcal{K}(\boldsymbol{M}_{(b)})$ 的矩阵。

令 $\{\boldsymbol{1}, \bar{\boldsymbol{1}}^{\{0\}}, \bar{\boldsymbol{1}}^{\{1\}}, \cdots, \bar{\boldsymbol{1}}^{\{D-1\}}\} \stackrel{\text{def}}{=\!=} \{\boldsymbol{s}_0, \boldsymbol{s}_1, \cdots, \boldsymbol{s}_D\} \stackrel{\text{def}}{=\!=} S$。令式 (6.1) 中 $\boldsymbol{z} = \boldsymbol{s}$, 其中 $\boldsymbol{s}$ 表示集合 S 中的任意元素, 再结合式(6.2)可得

$$\boldsymbol{E}^{(b)}(\boldsymbol{s}) = \boldsymbol{s}^{-(\mathcal{V}(\boldsymbol{N})-\boldsymbol{b})} \boldsymbol{D}\boldsymbol{E}^{(b)}(\boldsymbol{s}) \boldsymbol{J}_{\mathcal{K}(\boldsymbol{M}_{(b)})}, \quad b = 0, 1, \cdots, 2^D - 1$$

由文献 [2] 中定理 1 的证明过程可知

$$\boldsymbol{E}^{(b)}(\boldsymbol{s}) = \mathrm{diag}(\boldsymbol{E}_{0b}, \boldsymbol{E}_{1b}) \boldsymbol{W}_{\mathcal{K}(\boldsymbol{M}_{(b)})} \hat{\boldsymbol{I}}_{\mathcal{K}(\boldsymbol{M}_{(b)})}$$

其中, $\boldsymbol{E}_{0b}$、$\boldsymbol{E}_{1b}$ 分别为 $n_{\mathrm{s}} \times t_{0b}$ 和 $n_{\mathrm{a}} \times t_{1b}$ 的矩阵，且

$$t_{0b} = f(\mathcal{K}(\boldsymbol{M}_{(b)}), \boldsymbol{s}^{\mathcal{V}(\boldsymbol{N})-\boldsymbol{b}}), \quad t_{1b} = \mathcal{K}(\boldsymbol{M}_{(b)}) - f(\mathcal{K}(\boldsymbol{M}_{(b)}), \boldsymbol{s}^{\mathcal{V}(\boldsymbol{N})-\boldsymbol{b}})$$

于是

$$\boldsymbol{E}(\boldsymbol{s}) \;=\; \left[\boldsymbol{E}^{(0)}(\boldsymbol{s}), \boldsymbol{E}^{(1)}(\boldsymbol{s}), \cdots, \boldsymbol{E}^{(2^D-1)}(\boldsymbol{s})\right]$$

$$
\begin{aligned}
&= \left[\mathrm{diag}(\boldsymbol{E}_{00}, \boldsymbol{E}_{10}), \mathrm{diag}(\boldsymbol{E}_{01}, \boldsymbol{E}_{11}), \cdots, \mathrm{diag}(\boldsymbol{E}_{0(2^d-1)}, \boldsymbol{E}_{1(2^D-1)})\right] \\
&\quad \cdot \mathrm{diag}\left(\boldsymbol{W}_{\mathcal{K}(\boldsymbol{M}_{(b)})}\hat{\boldsymbol{I}}_{\mathcal{K}(\boldsymbol{M}_{(b)})};\ b = 0, 1, \cdots, 2^D - 1\right) \\
&= \mathrm{diag}([\boldsymbol{E}_{00}, \boldsymbol{E}_{01}, \cdots, \boldsymbol{E}_{0(2^D-1)}], [\boldsymbol{E}_{10}, \boldsymbol{E}_{11}, \cdots, \boldsymbol{E}_{1(2^D-1)}]) \\
&\quad \cdot \boldsymbol{P}\mathrm{diag}\left(\boldsymbol{W}_{\mathcal{K}(\boldsymbol{M}_{(b)})}\hat{\boldsymbol{I}}_{\mathcal{K}(\boldsymbol{M}_{(b)})};\ b = 0, 1, \cdots, 2^D - 1\right) \\
&\overset{\text{def}}{=\!=} \boldsymbol{\Phi}\boldsymbol{P}\hat{\boldsymbol{W}}
\end{aligned}
$$

其中，$\boldsymbol{P}$ 为转置矩阵因而正交；块对角矩阵 $\hat{\boldsymbol{W}}$ 的每个对角块正交因而 $\hat{\boldsymbol{W}}$ 也正交。由 $\boldsymbol{E}(\boldsymbol{s})$ 的可逆性质及 $\boldsymbol{P}$ 与 $\hat{\boldsymbol{W}}$ 的正交性质可知，块对角矩阵 $\boldsymbol{\Phi} = \boldsymbol{E}(\boldsymbol{s})\hat{\boldsymbol{W}}^{\mathrm{T}}\boldsymbol{P}^{\mathrm{T}}$ 可逆。继而 $\boldsymbol{\Phi}$ 的两个子矩阵可逆，即 $[\boldsymbol{E}_{00}, \boldsymbol{E}_{01}, \cdots, \boldsymbol{E}_{0(2^D-1)}]$ 与 $[\boldsymbol{E}_{10}, \boldsymbol{E}_{11}, \cdots, \boldsymbol{E}_{1(2^D-1)}]$ 可逆，因此

$$
\begin{aligned}
n_{\mathrm{s}} &\geqslant \sum_{b=0}^{2^D-1} t_{0b} = \sum_{b=0}^{2^D-1} f(\mathcal{K}(\boldsymbol{M}_{(b)}), \boldsymbol{s}^{\mathcal{V}(\boldsymbol{N})-\boldsymbol{b}}) \overset{\text{def}}{=\!=} \mathcal{R}(\boldsymbol{s}) \\
n_{\mathrm{a}} &\geqslant \sum_{b=0}^{2^D-1} t_{1b} = M - \mathcal{R}(\boldsymbol{s})
\end{aligned}
$$

易知 $\mathcal{R}(\boldsymbol{s}_i) = r_{i+1}, i = 0, 1, \cdots, 2^D - 1$，由 $\boldsymbol{s} \in \mathbb{S}$ 可知

$$
\begin{aligned}
n_{\mathrm{s}} &\geqslant \max\left(\mathcal{R}(\boldsymbol{s}_0), \mathcal{R}(\boldsymbol{s}_1), \cdots, \mathcal{R}(\boldsymbol{s}_D)\right) = \max\left(r_0, r_1, \cdots, r_D\right) = r_0 \\
n_{\mathrm{a}} &\geqslant \max\left(M - \mathcal{R}(\boldsymbol{s}_0), M - \mathcal{R}(\boldsymbol{s}_1), \cdots, M - \mathcal{R}(\boldsymbol{s}_D)\right) \\
&= \max\left(M - r_0, M - r_1, \cdots, M - r_D\right) \\
&= M - \min(r_0, r_1, \cdots, r_D) = M - \min(r)
\end{aligned}
$$

由 $n_{\mathrm{s}} + n_{\mathrm{a}} = P$ 得

$$
\begin{aligned}
r_0 \leqslant n_{\mathrm{s}} \leqslant P - M + \min(r) \\
M - \min(r) \leqslant n_{\mathrm{a}} \leqslant P - r_0
\end{aligned}
$$

证毕。 □

说明：

（1） 由于 n_{s} 与 n_{a} 的上界分别可通过 n_{a} 与 n_{s} 的下界表示，故后续讨论只考虑 n_{s} 与 n_{a} 的下界，即

$$
\begin{aligned}
n_{\mathrm{s}} &\geqslant r_0 \\
n_{\mathrm{a}} &\geqslant M - \min(r)
\end{aligned}
$$

（2） 由 r_i 的定义以及函数 $f(\cdot)$ 的性质可知，$r_0 = \sum_{b=0}^{2^D-1}\big(\mathcal{K}(\boldsymbol{M}_{(b)})-f(\mathcal{K}(\boldsymbol{M}_{(b)}),-1)\big) = M-\sum_{b=0}^{2^D-1} f(\mathcal{K}(\boldsymbol{M}_{(b)}),-1) \geqslant M-\min(r)$，即 $r_0 \geqslant M-\min(r)$。因此 $n_{\rm s}=n_{\rm a}$ 时，它们的下界为 $\max(r_0, M-\min(r)) = r_0$，即

$$n_{\rm s} = n_{\rm a} \geqslant r_0$$

（3） 当 $D=1$ 时，$\min(r)=r_1$，此时 $n_{\rm s}$ 与 $n_{\rm a}$ 满足

$$n_{\rm s} \geqslant r_0$$

$$n_{\rm a} \geqslant M - r_1$$

与一维过采样广义支撑 LPPRFB 的对称极性条件相同（见引理 4.1）。定理 6.1 包含一维情形的对称极性条件为特殊情形。

6.3 设　　计

类似第 5 章，为了设计 $\mathcal{V}(\boldsymbol{N})-\mathbf{1}$ 阶多维过采样广义支撑 LPPRFB 的格型结构，可分解其多相矩阵 $\boldsymbol{E}(\boldsymbol{z})$ 为

$$\begin{aligned}
\boldsymbol{E}(\boldsymbol{z}) &= \boldsymbol{G}(\boldsymbol{z})\boldsymbol{E}_0(\boldsymbol{z})\\
\boldsymbol{G}(\boldsymbol{z}) &= \begin{cases} \boldsymbol{z}^{-(\mathcal{V}(\boldsymbol{N})-1)}\boldsymbol{D}\boldsymbol{G}(\boldsymbol{z}^{-\boldsymbol{I}})\boldsymbol{D}, & n_{\rm s}=n_{\rm a}\\ \boldsymbol{z}^{-2\lfloor\frac{\mathcal{V}(\boldsymbol{N})-1}{2}\rfloor}\boldsymbol{D}\boldsymbol{G}(\boldsymbol{z}^{-\boldsymbol{I}})\boldsymbol{D}, & n_{\rm s}\neq n_{\rm a}\end{cases}\\
\boldsymbol{E}_0(\boldsymbol{z}) &= \begin{cases} \boldsymbol{D}\boldsymbol{E}_0(\boldsymbol{z}^{-\boldsymbol{I}})\hat{\boldsymbol{J}}(\boldsymbol{z}), & n_{\rm s}=n_{\rm a}\\ \boldsymbol{z}^{-(\mathcal{V}(\boldsymbol{N})-1)+2\lfloor\frac{\mathcal{V}(\boldsymbol{N})-1}{2}\rfloor}\boldsymbol{D}\boldsymbol{E}_0(\boldsymbol{z}^{-\boldsymbol{I}})\boldsymbol{J}(\boldsymbol{z}), & n_{\rm s}\neq n_{\rm a}\end{cases}
\end{aligned}$$

其中，传播模块 $\boldsymbol{G}(\boldsymbol{z})$ 可参考文献 [1] ~ [3] 得到。下面考虑初始模块 $\boldsymbol{E}_0(\boldsymbol{z})$ 的分解。

令 $\boldsymbol{E}_0(\boldsymbol{z}) = \left[\boldsymbol{E}_0^{(0)}(\boldsymbol{z}), \boldsymbol{E}_0^{(1)}(\boldsymbol{z}), \cdots, \boldsymbol{E}_0^{(2^D-1)}(\boldsymbol{z})\right]$，其中 $\boldsymbol{E}_0^{(b)}(\boldsymbol{z})$ 的大小为 $P\times\mathcal{K}(\boldsymbol{M}_{(b)})$，对应于多维过采样约束支撑 LPPRFB。易知 $\boldsymbol{E}_0^{(b)}(\boldsymbol{z})$ 可表示为

$$\boldsymbol{E}_0^{(b)}(\boldsymbol{z}) = \mathrm{diag}(\boldsymbol{Q}_{b0}, \boldsymbol{Q}_{b1})\boldsymbol{E}_0^{(b)\prime}(\boldsymbol{z})$$

其中，$\boldsymbol{Q}_{b0}$、$\boldsymbol{Q}_{b1}$ 分别为 $n_{\rm s}\times x_b$、$n_{\rm a}\times y_b$ 的可逆矩阵；$\boldsymbol{E}_0^{(b)\prime}(\boldsymbol{z})$ 的大小为 $(x_b+y_b)\times\mathcal{K}(\boldsymbol{M}_{(b)})$，对应对称极性矩阵为 $\mathrm{diag}(\boldsymbol{I}_{x_b}, -\boldsymbol{I}_{y_b})$ 的多维过采样约束支撑 LPPRFB。

当 $n_{\rm s}=n_{\rm a}$ 时，该多维过采样约束支撑 LPPRFB 的阶为 $\mathbf{1}-\boldsymbol{b}$，当 $n_{\rm s}\neq n_{\rm a}$ 时，其阶为 $\mathcal{V}(\boldsymbol{N})-\boldsymbol{b}-2\left\lfloor\dfrac{\mathcal{V}(\boldsymbol{N})-1}{2}\right\rfloor$。由文献 [1]，此滤波器组存在的条件为

$$x_b\geqslant f(\mathcal{K}(\boldsymbol{M}_{(b)}),1),\quad y_b\geqslant f(\mathcal{K}(\boldsymbol{M}_{(b)}),\lambda_b) \tag{6.3}$$

其中，当 $n_{\rm s}=n_{\rm a}$ 时，$\lambda_b=\begin{cases}-1, & \mathbf{1}-\boldsymbol{b}\in\text{even}\\ 1, & \text{其他}\end{cases}$；当 $n_{\rm s}\neq n_{\rm a}$ 时，$\lambda_b=\begin{cases}-1, & \mathcal{V}(\boldsymbol{N})-\boldsymbol{b}\in\text{even}\\ 1, & \text{其他}\end{cases}$。

于是 $\boldsymbol{E}_0(\boldsymbol{z})$ 可表示为

$$\begin{aligned}\boldsymbol{E}_0(\boldsymbol{z}) &= \left[\text{diag}(\boldsymbol{Q}_{00},\boldsymbol{Q}_{01}),\text{diag}(\boldsymbol{Q}_{10},\boldsymbol{Q}_{11}),\cdots,\text{diag}(\boldsymbol{Q}_{(2^D-1)0},\boldsymbol{Q}_{(2^D-1)1})\right]\\ &\quad\cdot\text{diag}\left(\boldsymbol{E}_0^{(b)\prime}(\boldsymbol{z});\ b=0,1,\cdots,2^D-1\right)\\ &= \text{diag}\left([\boldsymbol{Q}_{00},\boldsymbol{Q}_{10},\cdots,\boldsymbol{Q}_{(2^D-1)0}],[\boldsymbol{Q}_{01},\boldsymbol{Q}_{11},\cdots,\boldsymbol{Q}_{(2^D-1)1}]\right)\\ &\quad\cdot\boldsymbol{P}\text{diag}\left(\boldsymbol{E}_0^{(b)\prime}(\boldsymbol{z});\ b=0,1,\cdots,2^D-1\right)\\ &\overset{\text{def}}{=\!=}\text{diag}(\boldsymbol{Q}_0,\boldsymbol{Q}_1)\boldsymbol{P}\boldsymbol{E}_0'(\boldsymbol{z})\end{aligned} \tag{6.4}$$

其中，$\boldsymbol{P}$ 满足

$$\boldsymbol{P}=\begin{bmatrix}\boldsymbol{I}_{x_0} & & & & & & & \\ & & \boldsymbol{I}_{x_1} & & & & & \\ & & & & \ddots & & & \\ & & & & & & \boldsymbol{I}_{x_{2^D-1}} & \\ & \boldsymbol{I}_{y_0} & & & & & & \\ & & & \boldsymbol{I}_{y_1} & & & & \\ & & & & & \ddots & & \\ & & & & & & & \boldsymbol{I}_{y_{2^D-1}}\end{bmatrix} \tag{6.5}$$

显然可逆，易验证 $\boldsymbol{E}_0'(\boldsymbol{z})$ 可逆。因此，如果能找到可逆的 $\boldsymbol{Q}_0$、$\boldsymbol{Q}_1$，等价地如果

$$\begin{aligned}n_{\rm s}&\geqslant x_0+x_1+\cdots+x_{2^D-1}\geqslant\sum_{b=0}^{2^D-1}f(\mathcal{K}(\boldsymbol{M}_{(b)}),1)=r_0\\ n_{\rm a}&\geqslant y_0+y_1+\cdots+y_{2^D-1}\geqslant\sum_{b=0}^{2^D-1}f(\mathcal{K}(\boldsymbol{M}_{(b)}),\lambda_b)\overset{\text{def}}{=\!=}t\end{aligned} \tag{6.6}$$

则 $\boldsymbol{E}_0(\boldsymbol{z})$ 可逆。故当 $n_{\rm s}$ 与 $n_{\rm a}$ 满足式(6.6)时，$\boldsymbol{E}_0(\boldsymbol{z})$ 可分解为式(6.4)的形式。综上所述，下面的结论成立。

定理 6.2

假设 $x_b, y_b, b=0,1,\cdots,2^D-1$ 满足式(6.3)，$n_{\rm s}$ 与 $n_{\rm a}$ 满足式(6.6)，则 $\mathcal{V}(\boldsymbol{N})-\boldsymbol{1}$ 阶多维过采样广义支撑 LPPRFB 的多相矩阵 $\boldsymbol{E}(\boldsymbol{z})$ 可分解为

$$\boldsymbol{E}(\boldsymbol{z})=\boldsymbol{G}(\boldsymbol{z})\boldsymbol{E}_0(\boldsymbol{z})$$

其中，$\boldsymbol{G}(\boldsymbol{z})$ 满足

$$\boldsymbol{G}(\boldsymbol{z})=\begin{cases}\boldsymbol{z}^{-(\mathcal{V}(\boldsymbol{N})-\boldsymbol{1})}\boldsymbol{D}\boldsymbol{G}(\boldsymbol{z}^{-\boldsymbol{I}})\boldsymbol{D}, & n_{\rm s}=n_{\rm a}\\ \boldsymbol{z}^{-2\lfloor\frac{\mathcal{V}(\boldsymbol{N})-\boldsymbol{1}}{2}\rfloor}\boldsymbol{D}\boldsymbol{G}(\boldsymbol{z}^{-\boldsymbol{I}})\boldsymbol{D}, & n_{\rm s}\neq n_{\rm a}\end{cases}$$

类似文献 [1]~ [3] 的分解，$\boldsymbol{E}_0(\boldsymbol{z})$ 满足

$$\boldsymbol{E}_0(\boldsymbol{z})=\mathrm{diag}\left(\boldsymbol{Q}_0,\boldsymbol{Q}_1\right)\boldsymbol{P}\mathrm{diag}\left(\boldsymbol{E}_0^{(b)'}(\boldsymbol{z});\ b=0,1,\cdots,2^D-1\right)$$

其中，$\boldsymbol{Q}_0$ 与 $\boldsymbol{Q}_1$ 分别为 $n_{\rm s}\times\sum\limits_{b=0}^{2^D-1}x_b$ 与 $n_{\rm a}\times\sum\limits_{b=0}^{2^D-1}y_b$ 的可逆矩阵；$\boldsymbol{P}$ 如式(6.5)所示；$\boldsymbol{E}_0^{(b)'}(\boldsymbol{z})$ 是对称极性矩阵为 $\mathrm{diag}(\boldsymbol{I}_{x_b},-\boldsymbol{I}_{y_b})$、取样矩阵为 $\boldsymbol{M}_{(b)}$ 的多维过采样约束支撑 LPPRFB，当 $n_{\rm s}=n_{\rm a}$ 与 $n_{\rm s}\neq n_{\rm a}$ 时其阶分别为 $\boldsymbol{1}-\boldsymbol{b}$ 与 $\mathcal{V}(\boldsymbol{N})-\boldsymbol{b}-2\lfloor\dfrac{\mathcal{V}(\boldsymbol{N})-\boldsymbol{1}}{2}\rfloor$。 ♡

当 $n_{\rm s}=n_{\rm a}$ 时，由 $r_0\geqslant t$ 可知 $n_{\rm s}=n_{\rm a}\geqslant r_0$，与定理 6.1 一致，此时定理 6.1 是滤波器存在的充分条件。当 $n_{\rm s}\neq n_{\rm a}$ 时，$n_{\rm s}$ 的下界为 r_0，与定理 6.1 一致；而 $n_{\rm a}$ 的下界为

$$\begin{aligned}t&=\sum_{b=0}^{2^D-1}f(\mathcal{K}(\boldsymbol{M}_{(b)}),\lambda_b)\\&=\sum_{b=0}^{2^D-1}\mathcal{K}(\boldsymbol{M}_{(b)})-f(\mathcal{K}(\boldsymbol{M}_{(b)}),-\lambda_b)\\&=M-\sum_{b=0}^{2^D-1}f(\mathcal{K}(\boldsymbol{M}_{(b)}),-\lambda_b)\\&=M-\sum_{b=0}^{2^D-1}\min\bigl(f(\mathcal{K}(\boldsymbol{M}_{(b)}),(-1)^{N_i-b_i});\ i=0,1,\cdots,D-1\bigr)\end{aligned}$$

$$
\begin{aligned}
&\geqslant M-\min\left(\sum_{b=0}^{2^D-1} f(\mathcal{K}(\boldsymbol{M}_{(b)}),(-1)^{N_i-b_i});\ i=0,1,\cdots,D-1\right)\\
&=M-\min(r)
\end{aligned}
$$

即 $t\geqslant M-\min(r)$，故式(6.6)的滤波器存在充分条件与定理 6.1 的滤波器存在必要条件并不一致，仅是其子集。

例如，当 $\boldsymbol{M}=\mathrm{diag}(2,6)$、$\boldsymbol{N}=\mathrm{diag}(3,3)$、$\mathcal{K}(\boldsymbol{M}_{(b)})=3$，$b=0,1,2,3$ 时，$\boldsymbol{E}(\boldsymbol{z})$ 满足

$$
\boldsymbol{E}(\boldsymbol{z})=z_0^{-2}z_1^{-2}\boldsymbol{D}\boldsymbol{E}(\boldsymbol{z}^{-\boldsymbol{I}})\mathrm{diag}(z_0^{-1}z_1^{-1}\boldsymbol{J}_3,z_1^{-1}\boldsymbol{J}_3,z_0^{-1}\boldsymbol{J}_3,\boldsymbol{J}_3)
$$

若 $n_{\mathrm{s}}\neq n_{\mathrm{a}}$，则

$$
\begin{aligned}
t&=f(\mathcal{K}(\boldsymbol{M}_{(0)}),\lambda_0)+f(\mathcal{K}(\boldsymbol{M}_{(1)}),\lambda_1)+f(\mathcal{K}(\boldsymbol{M}_{(2)}),\lambda_2)+f(\mathcal{K}(\boldsymbol{M}_{(3)}),\lambda_3)\\
&=f(3,1)+f(3,1)+f(3,1)+f(3,-1)\\
&=\left\lceil\frac{3}{2}\right\rceil+\left\lceil\frac{3}{2}\right\rceil+\left\lceil\frac{3}{2}\right\rceil+\left\lfloor\frac{3}{2}\right\rfloor\\
&=2+2+2+1=7
\end{aligned}
$$

$$
\begin{aligned}
&M-\min(r)\\
&=M-\min(r_0,r_1,r_2)\\
&=M-\min(r_1,r_2)\\
&=M-\min\big(f(3,(-1)^{3-0})+f(3,(-1)^{3-1})+f(3,(-1)^{3-0})+f(3,(-1)^{3-1}),\\
&\qquad f(3,(-1)^{3-0})+f(3,(-1)^{3-0})+f(3,(-1)^{3-1})+f(3,(-1)^{3-1})\big)\\
&=M-\min\left(\left\lceil\frac{3}{2}\right\rceil+\left\lfloor\frac{3}{2}\right\rfloor+\left\lceil\frac{3}{2}\right\rceil+\left\lfloor\frac{3}{2}\right\rfloor,\left\lceil\frac{3}{2}\right\rceil+\left\lceil\frac{3}{2}\right\rceil+\left\lfloor\frac{3}{2}\right\rfloor+\left\lfloor\frac{3}{2}\right\rfloor\right)\\
&=12-(2+2+1+1)=6
\end{aligned}
$$

此时 $t>M-\min(r)$。定理 6.1 是否是滤波器存在的充分条件, 仍是一个开放的问题。

对于一维情形，即当 $D=1$ 时有

$$
\begin{aligned}
t&=M-\sum_{b=0}^{1}\min\big(f(\mathcal{K}(\boldsymbol{M}_{(b)}),(-1)^{N_i-b_i});\ i=0\big)\\
&=M-\sum_{b=0}^{1}f(\mathcal{K}(\boldsymbol{M}_{(b)}),(-1)^{N_0-b_0})
\end{aligned}
$$

$$=M-r_1$$

与第 4 章的一维过采样广义支撑滤波器组存在的充要条件相同。故在一维情形下，定理 6.1 的对称极性条件是滤波器存在的充分条件。

6.4 例　　子

不同的目标函数可用于优化结构中的自由可逆矩阵以设计更为实用的滤波器组，这里选择优化止带能量为

$$C_{\text{stop}}=\sum_{k=0}^{M-1}\int_{\Omega_k}\left(\alpha_k|H_k(\mathbf{e}^{\mathrm{j}\boldsymbol{\omega}})|^2+\gamma_k|F_k(\mathbf{e}^{\mathrm{j}\boldsymbol{\omega}})|^2\right)\mathrm{d}\boldsymbol{\omega}$$

其中，Ω_k 表示滤波器 $H_k(\boldsymbol{z})$ 与 $F_k(\boldsymbol{z})$ 的止带；α_k 与 γ_k 为权系数。

下面给出过采样特性在方向滤波器组设计上的应用示例。对于取样矩阵 $\boldsymbol{M}=\mathrm{diag}(2,2)$，严格取样包含四个通道，即一个低频与三个高频。方向信息包含在三个高频中，对应水平、对角、垂直三个方向，即 0°、±45°、90° 三个方向。

如果再引入三个滤波器分别剖分三个高频，可以得到更为精细的六个方向：15°、−15°、45°、−45°、75°、−75°。这样将产生七带方向滤波器组，其理想频域划分见图 6-1。

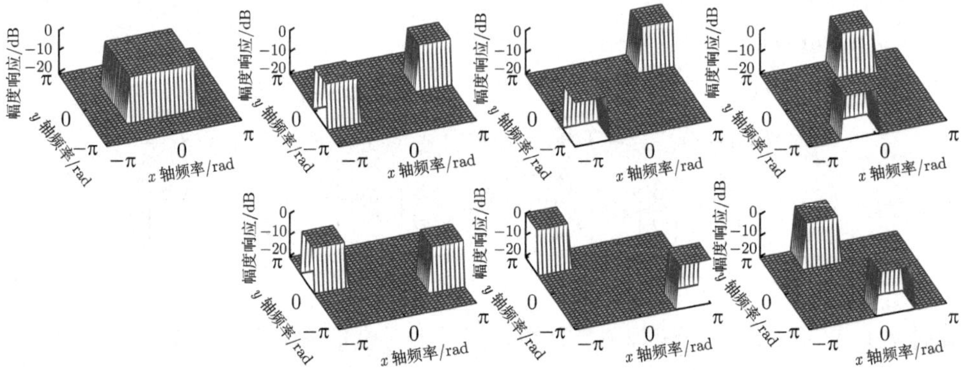

图 6-1　七带方向滤波器组的理想频率分布

图 6-2(a) 给出了约束支撑情形的七带方向滤波器组，其中对称与反对称滤波器组的个数 $n_{\mathrm{s}}=4, n_{\mathrm{a}}=3$，滤波器长度为 12×10。图 6-2(b) 给出了广义支撑情形的七带方向滤波器组，其中 $n_{\mathrm{s}}=4, n_{\mathrm{a}}=3$，滤波器长度为 13×11。由图可知，约束支撑情形方向滤波器组达到了预期的频率分布，而广义支撑情形同样可以。因而相对约束支撑情形，广义支撑确实可以提供更多选择。

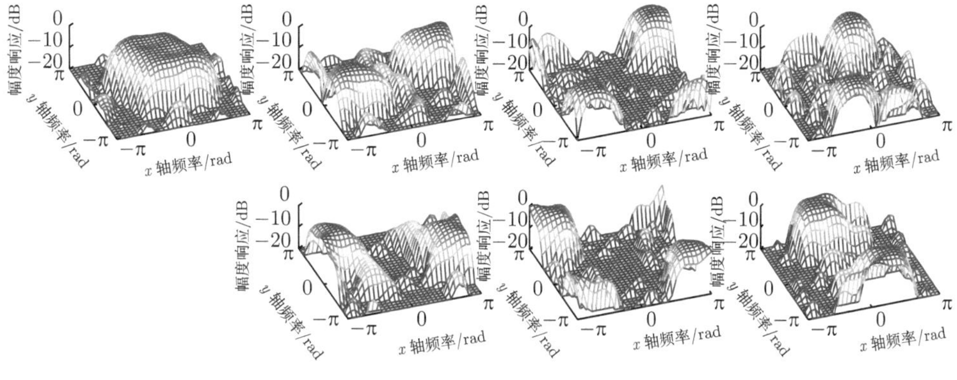

(a) 约束支撑, $\boldsymbol{\Xi}'=\mathrm{diag}(6, 5)$

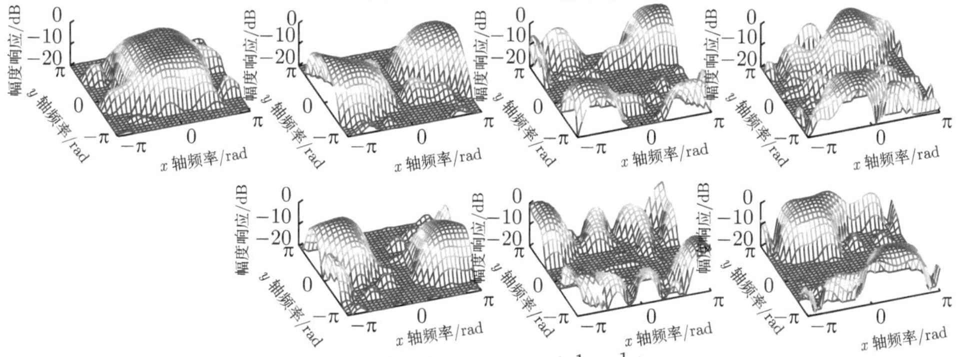

(b) 广义支撑, $\boldsymbol{\Xi}'=\mathrm{diag}\left(6\frac{1}{2}, 5\frac{1}{2}\right)$

图 6-2 七带方向滤波器组的频率响应

6.5 本章小结

本章研究了多维过采样广义支撑 LPPRFB，讨论了对称极性条件，论证了该条件在 $n_{\mathrm{s}} = n_{\mathrm{a}}$ 情形下是滤波器存在的充分条件。有关 $n_{\mathrm{s}} \neq n_{\mathrm{a}}$ 情形下它是否是滤波器存在的充分条件仍是一个开放的问题。多维过采样广义支撑 LPPRFB 的设计例子表明，过采样（无论是约束支撑，还是广义支撑）包含的冗余性可实现频域的方向划分。本章讨论的广义支撑情形，相对约束支撑，同样能够产生频率性质较好的滤波器组，因而提供了更多可能的选择，从而更好地折中了滤波器支撑与滤波器性能。

参 考 文 献

[1] Muramatsu S, Furuya K, Yuki N. Multidimensional nonseparable oversampled lapped transforms: Theory and design. IEEE Transactions on Signal Processing, 2017, 65(5): 1251-1264.

[2] Gan L, Ma K K. Oversampled linear-phase perfect reconstruction filterbanks: Theory, lattice structure and parameterization. IEEE Transactions on Signal Processing, 2003, 51(3): 744-759.

[3] Gao X, Li B, Xiao F. Lattice structure for generalized-support multidimensional linear phase perfect reconstruction filter bank. IEEE Transactions on Image Processing, 2013, 22(12): 4853-4864.

第 7 章　一维 LPPRFB 格型结构的参数初始化

7.1 引　　言

格型结构设计的 LPPRFB 已结构性满足线性相位、完全重构等多种实用性质，优化其中的自由参数可设计更为实用的滤波器组。然而，相关优化的非线性过强，对自由参数初值非常敏感。因此，LPPRFB 格型结构的参数初始化问题亟待解决。

文献已提及约束长度 LPPRFB 格型结构的参数初始化，但没有形成系统结果。在文献 [1]～ [3] 的滤波器组设计例子中，自由参数初值被设置为常量或随机值。相应初始滤波器组一般不实用，因而后续优化不易生成最优滤波器组。如果初始滤波器组实用，那么后续优化更有可能逼近最优滤波器组。在文献 [4] 的设计例子中，Gan 等设置初始滤波器组为 DCT。在文献 [5] 中，Liang 等设置初始滤波器组为 WHT。文献 [4] 和 [5] 的初始化，都可归结为将高阶滤波器组初始化为低阶实用滤波器组，因而可以更好地逼近最优滤波器组。然而两者也存在不足，如低阶滤波器组的阶限制为零（DCT 与 WHT 的阶均为零）、低级滤波器组约束为 DCT 和 WHT 两种特殊滤波器组。此外，文献 [4] 的滤波器组被限定为对偶镜像（PMI）类型而不是一般的 LPPRFB，而且高阶与低阶滤波器组的阶差只能为 4。

为解决这些问题，本章系统研究了 LPPRFB 格型结构的参数初始化，既包括约束长度又覆盖任意长度：①对于约束长度情形，本章的初始化方法遵循低阶初始化高阶的思路 [6]，不过解除了前人方法的诸多限制：高阶与低阶滤波器组的阶差可以是 LPPRFB 系统允许的任意整数，低阶滤波器组的阶不限于零，低阶滤波器组不限于 DCT 和 WHT，滤波器组类型不限于 PMI 类型。②关于任意长度情形，虽然相应的 LPPRFB 能更好折中滤波器长度与滤波器性能，但其参数初始化的系统化理论一直未见报道，而且难由约束长度情形的结果推广得到。为此，本章系统研究了任意长度 LPPRFB 的自由参数初始化方法 [7]。它遵循短滤波器组初始化长滤波器组的思路，其中的长、短滤波器组的长度差可以是滤波器组系统允许的任意整数。

7.2　约束长度情形

约束长度情形的初始化，用于处理滤波器长度为取样因子整数倍的情形，即长度为 KM 的情形。这里 M 为取样因子，K 为正整数。为讨论方便，令 $m=\lfloor M/2\rfloor$。

7.2.1　初始化对象

滤波器长度为 KM 的 M 带滤波器组，其分析滤波器可表示为

$$H_i(z)=\sum_{n=0}^{KM-1}h_i(n)z^{-n},\quad i=0,1,\cdots,M-1$$

分析多相矩阵可表示为

$$\boldsymbol{E}(z)=(E_{i,l}(z);i,l=0,1,\cdots,M-1)$$

其中

$$E_{i,l}(z)=\sum_{k=0}^{K-1}h_i(Mk+l)z^{-k}$$

合成滤波器可表示为

$$F_i(z)=\sum_{n=-KM+1}^{0}f_i(n)z^{-n},\quad i=0,1,\cdots,M-1$$

合成多相矩阵可表示为

$$\boldsymbol{R}(z)=(R_{i,l}(z);i,l=0,1,\cdots,M-1)$$

其中

$$\boldsymbol{R}_{i,l}(z)=\sum_{k=0}^{K-1}f_l(Mk+i)z^{k}$$

此处 $h_i(n)$ 与 $f_i(n)$ 为滤波器系数，$K-1$ 为滤波器组的阶。如果多项矩阵满足线性相位与完全重构性质，则相应系统为线性相位完全重构滤波器组（LPPRFB）。

如文献 [8] 所示，LPPRFB 存在于两种情形中：①M 为偶数且 K 为正整数；②M 为奇数且 K 为奇数。由文献 [9] ~ [11] 可知，为了采用格型结构设计 LPPRFB，可分解其多相矩阵 $\boldsymbol{E}(z)$ 为

$$\boldsymbol{E}(z)=\begin{cases}\boldsymbol{G}_{K-1}(z)\cdots\boldsymbol{G}_2(z)\boldsymbol{G}_1(z)\boldsymbol{E}_0, & M\in\text{even} \quad (7.1\text{a})\\ \boldsymbol{G}_{\frac{K-1}{2}}(z)\cdots\boldsymbol{G}_2(z)\boldsymbol{G}_1(z)\boldsymbol{E}_0, & M\in\text{odd} \quad (7.1\text{b})\end{cases}$$

其中

$$
G_k(z)=\begin{cases}\dfrac{1}{2}\mathrm{diag}(I_m, V_k)W_M(z), \quad M\in \mathrm{even} & (7.2\mathrm{a})\\ \mathrm{diag}(U_k, I_m)\mathrm{diag}\Big(z^{-1}, \dfrac{1}{4}W_{2m}(z) \\ \quad \cdot\, \mathrm{diag}(V_k, I_m)W_{2m}(z)\Big),\ M\in \mathrm{odd} & (7.2\mathrm{b})\end{cases}
$$

$$
E_0=\frac{\sqrt{2}}{2}\mathrm{diag}(U_0, V_0)W_M\mathrm{diag}(I_{M-m}, J_m) \tag{7.3}
$$

此处自由可逆矩阵 U_k 与 V_k 的大小分别为 $m+1$ 与 m。根据完全重构性质（即 $R(z)E(z)=I$），容易得到 $R(z)$ 的分解形式。因此后续讨论只考虑分析多相矩阵 $E(z)$。

LPPRFB 的格型结构自由参数包含于自由可逆矩阵，也就是 U_k 与 V_k。如下所述，这些自由参数包括 Givens 旋转角、符号参数和正对角元素。按照奇异值分解，大小为 m 的自由可逆矩阵可分解为 ASB 的连乘形式，其中 A 与 B 为自由正交矩阵，S 为正对角矩阵。大小为 m 的自由正交矩阵（如 A 与 B）由 Givens 旋转分解[12]，可表示为 $m(m-1)/2$ 个 Givens 旋转角与 m 个符号参数；图 7-1 给出了大小为 4 的正交矩阵分解形式，其中 $c_{i,j}=\cos\alpha_{i,j}, s_{i,j}=\sin\alpha_{i,j}$，$\alpha_{i,j}$ 为 Givens 旋转角，±1 表示符号参数。大小为 m 的正对角矩阵（如 S）可表示为 m 个正实数。

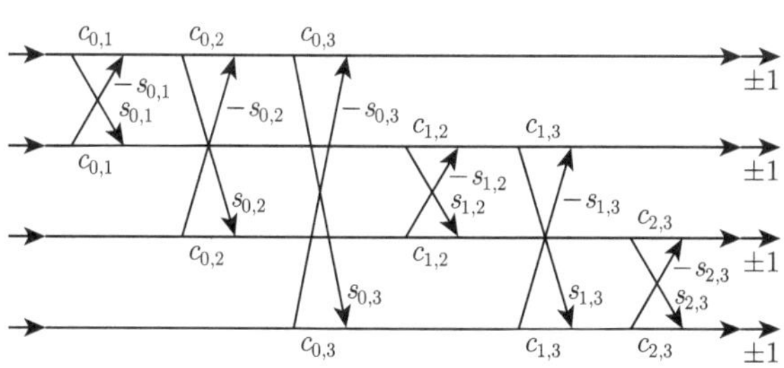

图 7-1　正交矩阵的分解形式

7.2.2 初始化思路

下面讨论中，不带撇号与带撇号的符号分别对应 $K-1$ 阶与 $K'-1$ 阶 LPPRFB。初始化 $K-1$ 阶 LPPRFB 的自由参数，使得

$$
\begin{aligned}&(h_i(0),\cdots,h_i(KM-1))\\ =&(\mathbf{0}_{1\times a_0}, h_i'(0),\cdots,h_i'(K'M-1),\mathbf{0}_{1\times a_0})\end{aligned} \tag{7.4}
$$

其中 $a_0 = M(K-K')/2$；$h_i'(n)$ 是 $K'-1$ 阶 LPPRFB 的系数，$K^{'} < K$。显然 a_0 为正数，而且它也是整数，因为 M 或 $K-K^{'}$ 为偶数。称式(7.4)为初始化条件。如果初始化条件(7.4)成立，则滤波器组 $H_i(z), i=0,1,\cdots,M-1$ 等价于低阶滤波器组 $H_i'(z), i=0,1,\cdots,M-1$，只是平移了 a_0 个单位。这里主要讨论 $K^{'}-1=K-3$ 和 $K^{'}-1=K-2$ 的情形，其他情形易由这两种情形扩展得到。

引理 7.1

当 $K'-1=K-3$ 时，初始化条件(7.4)成立当且仅当 $\boldsymbol{E}(z)=z^{-1}\boldsymbol{E}'(z)$。♠

证明　必要性的证明如下。如果初始化条件(7.4)成立，则有

$$E_{i,l}(z)=\sum_{k=0}^{K-3} h_i'(Mk+l)z^{-(k+1)}=z^{-1}E_{i,l}'(z) \tag{7.5}$$

继而有

$$\boldsymbol{E}(z)=\left(z^{-1}E_{i,l}'(z);i,l=0,1,\cdots,M-1\right)=z^{-1}\boldsymbol{E}'(z) \tag{7.6}$$

充分性的证明通过上述推导的逆过程即可完成。证毕。 □

引理 7.2

当 $K'-1=K-2$ 且 M 为偶数时，初始化条件(7.4)成立当且仅当 $\boldsymbol{E}(z)=\boldsymbol{E}'(z)\begin{bmatrix} & \boldsymbol{I}_m \\ z^{-1}\boldsymbol{I}_m & \end{bmatrix}$。♠

证明　必要性的证明如下。令 $\boldsymbol{E}(z)=[\boldsymbol{E}_a(z),\boldsymbol{E}_b(z)]$ 且 $\boldsymbol{E}'(z)=[\boldsymbol{E}_a'(z),\boldsymbol{E}_b'(z)]$，其中的四个子矩阵的大小均为 $M\times m$。如果初始化条件(7.4)成立，则有

$$E_{i,l}(z)=\begin{cases}\displaystyle\sum_{k=0}^{K-2} h_i'(Mk+l+m)z^{-(k+1)}=z^{-1}E_{i,l+m}'(z), \\ \qquad l=0,1,\cdots,m-1 \\ \displaystyle\sum_{k=0}^{K-2} h_i'(Mk+l-m)z^{-k}=E_{i,l-m}'(z), \\ \qquad l=m,m+1,\cdots,M-1\end{cases} \tag{7.7}$$

继而有

$$\boldsymbol{E}_a(z)=\left(z^{-1}E_{i,l}'(z);i=0,1,\cdots,M-1,l=m,\cdots,M-1\right)$$

$$= z^{-1}\boldsymbol{E}'_b(z) \tag{7.8}$$

$$\begin{aligned}\boldsymbol{E}_b(z) &= \left(E'_{i,l}(z); i = 0, 1, \cdots, M-1, l = 0, 1, \cdots, m-1\right) \\ &= \boldsymbol{E}'_a(z)\end{aligned} \tag{7.9}$$

于是 $\boldsymbol{E}(z) = [z^{-1}\boldsymbol{E}'_b(z), \boldsymbol{E}'_a(z)] = \boldsymbol{E}'(z)\begin{bmatrix} & \boldsymbol{I}_m \\ z^{-1}\boldsymbol{I}_m & \end{bmatrix}$。

充分性的证明通过上述推导的逆过程即可完成。证毕。 □

如 7.2.1 节所示，M 为奇数时，K 与 K' 均为偶数。因此，M 为奇数时，$K'-1 \neq K-2$。换言之，只有 M 为偶数时，$K'-1 = K-2$ 才成立。

7.2.3 初始化方法

为方便后续讨论，先给出两类特殊可逆矩阵（见稍后的 I 类与 II 类矩阵）的自由参数分解方法。令可逆矩阵为 $\boldsymbol{Q}$，如前所述它可表示为 $\boldsymbol{ASB}$，其中 $\boldsymbol{A}$ 与 $\boldsymbol{B}$ 是正交矩阵，$\boldsymbol{S}$ 是正对角矩阵。

I 类矩阵 $\boldsymbol{Q} = \mathrm{diag}(\boldsymbol{I}_p, -\boldsymbol{I}_q)$，其分解方法如下。对于 $\boldsymbol{A}$，设置其 Givens 旋转角为 0，前 p 个符号参数为 1 且其余符号参数为 −1。对于 $\boldsymbol{B}$，设置其 Givens 旋转角为 0，符号参数为 1。对于 $\boldsymbol{S}$，设置其对角元为 1。

II 类矩阵 $\boldsymbol{Q} = \prod_{i=1}^{r}\boldsymbol{A}_i$，其中 $\boldsymbol{A}_i$ 为可逆矩阵且 $r \geqslant 2$。这一类可逆矩阵的分解方法如下。通过奇异值分解得到矩阵 $\boldsymbol{A}$、$\boldsymbol{S}$、$\boldsymbol{B}$，此时 $\boldsymbol{S}$ 的参数（即对角元）立即确定。矩阵 $\boldsymbol{A}$ 与 $\boldsymbol{B}$ 的参数（即 Givens 旋转角与符号参数）可通过 Givens 旋转分解得到。

定理 7.3

令 $K'-1 = K-3$。假设 $\boldsymbol{U}_k$ 与 $\boldsymbol{V}_k$，以及 $\boldsymbol{U}'_k$ 与 $\boldsymbol{V}'_k$ 分别是 $\boldsymbol{E}(z)$ 与 $\boldsymbol{E}'(z)$ 分解中的自由可逆矩阵。当 M 为偶数时，令

$$\boldsymbol{V}_{K-1} = \boldsymbol{V}_{K-2} = -\boldsymbol{I}_m, \quad \boldsymbol{U}_0 = \boldsymbol{U}'_0 \tag{7.10}$$

$$\boldsymbol{V}_k = \boldsymbol{V}'_k, \quad k = 0, 1, \cdots, K-3 \tag{7.11}$$

当 M 为奇数时，令

$$\boldsymbol{U}_{\frac{K-1}{2}} = \mathrm{diag}(1, -\boldsymbol{I}_m), \quad \boldsymbol{V}_{\frac{K-1}{2}} = -\boldsymbol{I}_m \tag{7.12}$$

$$\boldsymbol{U}_k = \boldsymbol{U}'_k, \quad \boldsymbol{V}_k = \boldsymbol{V}'_k, \quad k = 0, 1, \cdots, \frac{K-3}{2} \tag{7.13}$$

那么初始化条件(7.4)成立。 ♡

证明　先考虑 M 为偶数的情形。由式(7.2a)、式(7.3)，以及问题假设，可得

$$\boldsymbol{G}_{K-3}(z)\cdots\boldsymbol{E}_0=\boldsymbol{G}'_{K-3}(z)\cdots\boldsymbol{E}'_0 \tag{7.14}$$

$$\begin{aligned}\boldsymbol{G}_{K-1}(z)\boldsymbol{G}_{K-2}(z)&=\mathrm{diag}(\boldsymbol{I}_m,-\boldsymbol{I}_m)\boldsymbol{W}_{2m}(z)\cdot\mathrm{diag}(\boldsymbol{I}_m,-\boldsymbol{I}_m)\boldsymbol{W}_{2m}(z)\\&=z^{-1}\boldsymbol{I}_M\end{aligned} \tag{7.15}$$

再结合式(7.1a)可得

$$\begin{aligned}\boldsymbol{E}(z)&=\boldsymbol{G}_{K-1}(z)\boldsymbol{G}_{K-2}(z)\boldsymbol{G}_{K-3}(z)\cdots\boldsymbol{E}_0\\&=z^{-1}\boldsymbol{G}'_{K-3}(z)\cdots\boldsymbol{E}'_0\\&=z^{-1}\boldsymbol{E}'(z)\end{aligned} \tag{7.16}$$

由引理 7.1，可知初始化条件(7.4)成立。M 为奇数的情形可类似证明。证毕。□

由定理 7.3，$K'-1=K-3$ 的初始化过程如下所示。当 M 为偶数时，有以下结论成立。

（1） 对于 $\boldsymbol{V}_{K-1}$ 与 $\boldsymbol{V}_{K-2}$，其自由参数可通过分解 $-\boldsymbol{I}_m$ 得到（详见前面的 I 类矩阵分解）。

（2） 对于 $\boldsymbol{V}_k, k=0,1,\cdots,K-3$ 与 $\boldsymbol{U}_0$,其自由参数与 $\boldsymbol{V}'_k, k=0,1,\cdots,K-3$ 和 $\boldsymbol{U}'_0$ 的自由参数相同。

当 M 为奇数时，有以下结论成立：

（1） 对于 $\boldsymbol{U}_{\frac{K-1}{2}}$ 与 $\boldsymbol{V}_{\frac{K-1}{2}}$，其自由参数可分别通过分解 $\mathrm{diag}(1,-\boldsymbol{I}_m)$ 与 $-\boldsymbol{I}_m$ 得到（详见前面的 I 类矩阵分解）。

（2） 对于 $\boldsymbol{U}_k$ 与 $\boldsymbol{V}_k$, $k=0,1,\cdots,\dfrac{K-3}{2}$，其自由参数与 $\boldsymbol{U}'_k$ 和 $\boldsymbol{V}'_k$, $k=0,1,\cdots,\dfrac{K-3}{2}$ 的自由参数相同。

定理 7.4

令 $K'-1=K-2$ 且 M 为偶数。令 $\boldsymbol{U}_k$ 与 $\boldsymbol{V}_k$，以及 $\boldsymbol{U}'_k$ 与 $\boldsymbol{V}'_k$ 分别是 $\boldsymbol{E}(z)$ 与 $\boldsymbol{E}'(z)$ 分解中的自由可逆矩阵。令

$$\boldsymbol{V}_k=\boldsymbol{V}'_{k-1},\quad k=2,3,\cdots,K-1 \tag{7.17}$$

$$\boldsymbol{V}_1=\boldsymbol{V}'_0\left(\boldsymbol{U}'_0\right)^{-1},\quad \boldsymbol{U}_0=\boldsymbol{U}'_0\boldsymbol{J},\quad \boldsymbol{V}_0=-\boldsymbol{U}'_0\boldsymbol{J} \tag{7.18}$$

那么初始化条件(7.4)成立。♡

证明　令 $\boldsymbol{G}_1(z)\boldsymbol{E}_0=\begin{bmatrix}\boldsymbol{A}_{00}(z) & \boldsymbol{A}_{01}(z)\\ \boldsymbol{A}_{10}(z) & \boldsymbol{A}_{11}(z)\end{bmatrix}$。由式(7.2a)与式(7.3)可得

$$\boldsymbol{A}_{00}(z)=\frac{\sqrt{2}}{4}(\boldsymbol{U}_0+\boldsymbol{V}_0)+\frac{\sqrt{2}}{4}(\boldsymbol{U}_0-\boldsymbol{V}_0)z^{-1} \tag{7.19}$$

$$\boldsymbol{A}_{01}(z)=\frac{\sqrt{2}}{4}(\boldsymbol{U}_0-\boldsymbol{V}_0)\boldsymbol{J}+\frac{\sqrt{2}}{4}(\boldsymbol{U}_0+\boldsymbol{V}_0)\boldsymbol{J}z^{-1} \tag{7.20}$$

$$\boldsymbol{A}_{10}(z)=\frac{\sqrt{2}}{4}\boldsymbol{V}_1(\boldsymbol{U}_0+\boldsymbol{V}_0)-\frac{\sqrt{2}}{4}\boldsymbol{V}_1(\boldsymbol{U}_0-\boldsymbol{V}_0)z^{-1} \tag{7.21}$$

$$\boldsymbol{A}_{11}(z)=\frac{\sqrt{2}}{4}\boldsymbol{V}_1(\boldsymbol{U}_0-\boldsymbol{V}_0)\boldsymbol{J}-\frac{\sqrt{2}}{4}\boldsymbol{V}_1(\boldsymbol{U}_0+\boldsymbol{V}_0)\boldsymbol{J}z^{-1} \tag{7.22}$$

根据式 (7.19)~ 式 (7.22) 结合问题假设可得

$$\boldsymbol{A}_{00}(z)=\frac{\sqrt{2}}{2}\boldsymbol{U}_0'\boldsymbol{J}z^{-1} \tag{7.23}$$

$$\boldsymbol{A}_{01}(z)=\frac{\sqrt{2}}{2}\boldsymbol{U}_0' \tag{7.24}$$

$$\boldsymbol{A}_{10}(z)=-\frac{\sqrt{2}}{2}\boldsymbol{V}_0'\boldsymbol{J}z^{-1} \tag{7.25}$$

$$\boldsymbol{A}_{11}(z)=\frac{\sqrt{2}}{2}\boldsymbol{V}_0' \tag{7.26}$$

$$\boldsymbol{G}_{K-1}(z)\cdots\boldsymbol{G}_2(z)=\boldsymbol{G}_{K-2}'(z)\cdots\boldsymbol{G}_1'(z) \tag{7.27}$$

再结合式(7.1a)、式(7.2a)和式(7.3)可得

$$\begin{aligned}\boldsymbol{E}(z)&=\boldsymbol{G}_{K-1}(z)\cdots\boldsymbol{G}_2(z)\boldsymbol{G}_1(z)\boldsymbol{E}_0\\
&=\boldsymbol{G}_{K-2}'(z)\cdots\boldsymbol{G}_1'(z)\begin{bmatrix}\boldsymbol{A}_{00}(z) & \boldsymbol{A}_{01}(z)\\ \boldsymbol{A}_{10}(z) & \boldsymbol{A}_{11}(z)\end{bmatrix}\\
&=\boldsymbol{G}_{K-2}'(z)\cdots\boldsymbol{G}_1'(z)\begin{bmatrix}\dfrac{\sqrt{2}}{2}\boldsymbol{U}_0'\boldsymbol{J}z^{-1} & \dfrac{\sqrt{2}}{2}\boldsymbol{U}_0'\\ -\dfrac{\sqrt{2}}{2}\boldsymbol{V}_0'\boldsymbol{J}z^{-1} & \dfrac{\sqrt{2}}{2}\boldsymbol{V}_0'\end{bmatrix}\\
&=\boldsymbol{G}_{K-2}'(z)\cdots\boldsymbol{G}_1'(z)\begin{bmatrix}\dfrac{\sqrt{2}}{2}\boldsymbol{U}_0' & \dfrac{\sqrt{2}}{2}\boldsymbol{U}_0'\boldsymbol{J}\\ \dfrac{\sqrt{2}}{2}\boldsymbol{V}_0' & -\dfrac{\sqrt{2}}{2}\boldsymbol{V}_0'\boldsymbol{J}\end{bmatrix}\begin{bmatrix} & \boldsymbol{I}_m\\ z^{-1}\boldsymbol{I}_m & \end{bmatrix}\end{aligned}$$

$$
= \boldsymbol{E}'(z)\begin{bmatrix} & \boldsymbol{I}_m \\ z^{-1}\boldsymbol{I}_m & \end{bmatrix} \tag{7.28}
$$

由引理 7.2 可知初始化条件(7.4)成立。 □

由定理 7.4，$K'-1=K-2$ 的初始化过程如下所示。

（1） 对于 $\boldsymbol{V}_k, k=2,3,\cdots,K-1$，其自由参数与 $\boldsymbol{V}'_{k-1}, k=2,3,\cdots,K-1$ 的自由参数相同。

（2） 对于 $\boldsymbol{U}_0$、$\boldsymbol{V}_0$、$\boldsymbol{V}_1$，其自由参数可通过分别分解 $\boldsymbol{U}'_0\boldsymbol{J}$、$-\boldsymbol{U}'_0\boldsymbol{J}$、$\boldsymbol{V}'_0\left(\boldsymbol{U}'_0\right)^{-1}$ 得到（详见前面的 II 类矩阵分解）。

图 7-2 给出了定理 7.3 与定理 7.4 的初始化例子，其中 $M=8$ 且 $K=3$。图 7-2(a) 是待初始化格型结构，图 7-2(b) 是定理 7.3 初始化的格型结构（$K'=1$），图 7-2(c) 是由定理 7.4 初始化的格型结构（$K'=2$）。

7.2.4 初始化例子

对于经过初始化的滤波器，优化格型结构自由参数可得到更好的滤波器组。优化执行过程中，下述适应度函数将被最大化：

$$
C=\lambda_0 C_{\mathrm{CG}}+\lambda_1(-C_{\mathrm{stop}})+\lambda_2(-C_{\mathrm{DC}}) \tag{7.29}
$$

其中，$0\leqslant\lambda_i\leqslant 1$ 且 $\lambda_0+\lambda_1+\lambda_2=1$。指标 C_{CG}、C_{stop}、C_{DC} 分别表示滤波器组的编码增益（CG）、止带能量、直流泄漏，它们的表达式如下 [9,13-16]：

$$
C_{\mathrm{CG}}=10\lg\left(\prod_{i=0}^{M-1}(A_i B_i)^{-1/M}\right) \tag{7.30}
$$

$$
C_{\mathrm{stop}}=\sum_{i=0}^{M-1}\int_{\varOmega_i}\left(W_i^a(\mathrm{e}^{\mathrm{j}\omega})|H_i(\mathrm{e}^{\mathrm{j}\omega})|^2+W_i^s(\mathrm{e}^{\mathrm{j}\omega})|F_i(\mathrm{e}^{\mathrm{j}\omega})|^2\right)\mathrm{d}\omega \tag{7.31}
$$

$$
C_{\mathrm{DC}}=\sum_{i=1}^{M-1}\sum_{k}h_i(k) \tag{7.32}
$$

其中，$A_i=\sum\limits_{k}\sum\limits_{l}h_i(k)h_i(l)0.95^{|k-l|}$；$B_i=\sum\limits_{k}|f_i(k)|^2$；$\varOmega_i$ 表示滤波器 $H_i(z)$ 与 $F_i(z)$ 的止带；$W_i^a(\mathrm{e}^{\mathrm{j}\omega})$ 与 $W_i^s(\mathrm{e}^{\mathrm{j}\omega})$ 为权函数。优化算法采用某优化工具箱的 fminunc 函数实现，其终止条件为迭代误差达到 10^{-n}，$n\geqslant 4$。

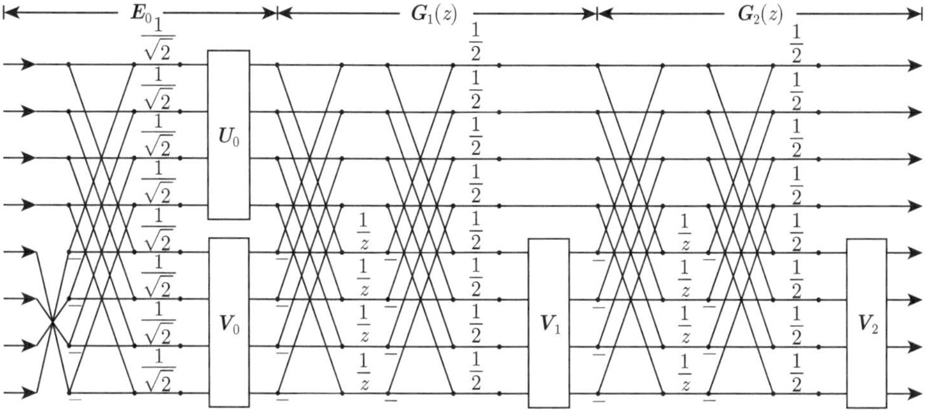

(a) 待初始化格型结构

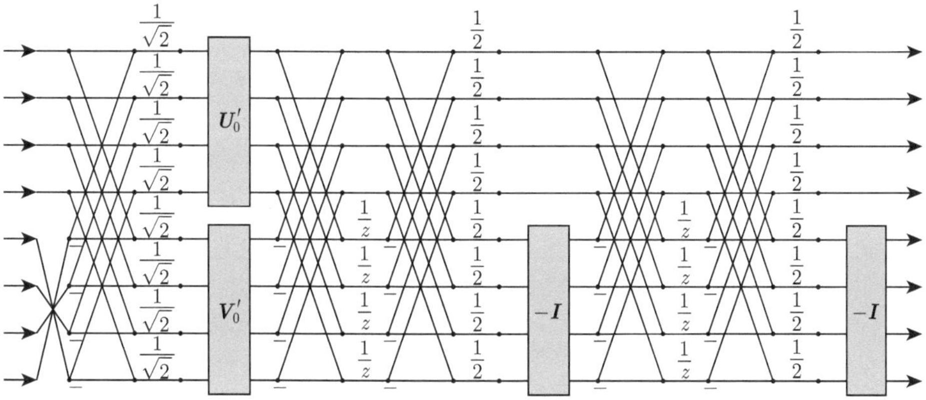

(b) 采用定理7.3初始化

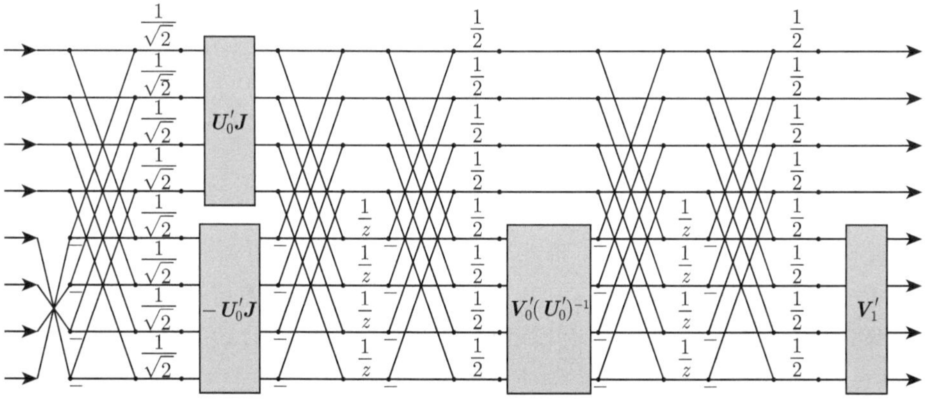

(c) 采用定理7.4初始化

图 7-2 定理 7.3 与定理 7.4 的初始化例子

下面通过编码增益、止带衰减、直流衰减指标评价滤波器组性能。其中最重要的指标是编码增益，它与一种重要应用（即图像压缩）紧密相关。当直流衰减大于 300dB 时，可认为滤波器组没有直流泄漏（即直流泄漏达到了最优值），显然此时第二重要指标是止带衰减。

本章的初始化方法中，低阶不限于零阶，低阶滤波器组也不限于 DCT 或 WHT 滤波器组。因而相比于限制低阶滤波器组为 DCT 的情形 [5]，它有可能生成更好的滤波器组。下面的例子将佐证这一点。图 7-3 比较了本章方法的两种情形，其中 $M=12$ 且 $K=3$。图 7-3(a) 对应低阶滤波器组为 DCT 的情形；图 7-3(b) 对应情形中，低阶滤波器组的阶为 1，它是通过设置初始滤波器组为 DCT 以及随后优化得到的。可以看到，与前者相比，后者生成的滤波器组具有更高的编码增益（9.87 vs 9.86）和更高的止带衰减（15.02 vs 14.00）。两者的直流衰减（311.82 vs 317.84）不必比较，均可认为达到最优值。

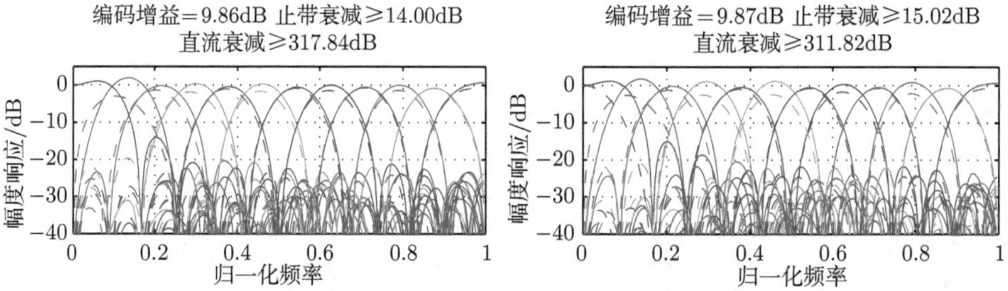

(a) 低阶滤波器组为DCT (b) 低阶滤波器组为1阶滤波器组

图 7-3 不同初始化所生成滤波器组的频率响应，其中 $M=12, K=3$，实线与虚线分别表示分析滤波器组与合成滤波器组

表 7-1 比较了本章初始化得到的滤波器组与文献已报道结果，针对的是完全重构滤波器组。表 7-2 做了同样的比较，针对的是仿酉滤波器组，它是完全重构滤波器组的特殊情形，通过设置其中的自由可逆矩阵为自由正交矩阵即可得到。仿酉情形的初始化方法，容易由完全重构情形推广得到。对于表 7-1 与表 7-2，本章的方法标记为 DCT/WHT-k_0-$\cdots$-k_{l-2}-k_{l-1}-k_l，其表示 k_l-1 阶滤波器组通过设置初始滤波器组为 $k_{l-1}-1$ 阶滤波器组及随后初始化得到，$k_{l-1}-1$ 阶滤波器组通过设置初始滤波器组为 $k_{l-2}-1$ 阶滤波器组及随后初始化得到，$\cdots$，k_0-1 阶滤波器组通过设置初始滤波器组为 DCT 或 WHT 滤波器组及随后初始化得到。已报道的滤波器组指标值来自文献 [9](Table II), [15](Table I), [13](Table I), [5](Table I 与 Fig. 3)①, 以及 [14](Table I 与 Fig. 13)。

① 对于文献 [5] 的表 I，本章摘录的数据属于 $\boldsymbol{U}_0$ 固定情形，而不属 $\boldsymbol{U}_0$ 自由情形，后者无法确保生成无直流泄漏的滤波器组。

表 7-1 本章初始化生成的 LPPRFB 与已报道结果的比较

$M \times MK$	参考文献	CG/dB	SA/−dB	DA/−dB
7×21	[9]	9.50	11.97	37.94
	DCT-3	9.50	12.54	29.11
8×16	[9]	9.62	13.50	327.40
	[13]	9.62	13.76	最优值
	[14]	9.62	11.87	322.10
	DCT-2	9.62	12.53	315.06
	WHT-2	9.62	12.59	318.58
8×32	[9]	9.63	15.43	327.57
	DCT-2-3-4	9.71	16.22	315.06
	WHT-4	9.72	15.64	313.32
16×32	[9]	9.96	14.28	303.32
	[14]	9.96	—	—
	DCT-2	9.96	14.51	315.57
	WHT-2	9.95	14.38	316.73
32×64	[14]	10.07	—	—
	DCT-2	10.06	15.16	313.12
	WHT-2	10.03	8.96	314.36

表 7-2 本章初始化生成的 LPPUFB 与已报道结果的比较

$M \times MK$	参考文献	CG/dB	SA/−dB	DA/−dB
8×16	[9]	9.22	19.38	312.56
	[5]	9.27	—	最优值
	[14]	9.26	17.72	322.10
	DCT-2	9.27	18.01	313.32
	WHT-2	9.27	18.01	322.10
8×24	[15]	9.36	19.48	最优值
	[5]	9.38	—	最优值
	DCT-3	9.38	19.28	322.10
	WHT-2-3	9.38	19.28	324.60
8×32	[5]	9.46	—	最优值
	DCT-2-4	9.41	23.83	317.24
	WHT-4	9.46	18.93	324.60
8×40	[9]	9.52	16.18	322.10
	[5]	9.52	22.76	318.58
	DCT-2-5	9.52	20.35	318.58
	WHT-2-4-5	9.52	20.35	324.60
16×32	[5]	9.81	—	最优值
	[14]	9.81	—	—
	DCT-2	9.81	17.56	315.57
	WHT-2	9.81	17.56	312.05
16×48	[5]	9.85	—	最优值
	DCT-2-3	9.85	20.92	314.23
	WHT-3	9.85	20.92	317.15
32×64	[14]	10.01	—	—
	DCT-2	10.01	17.67	313.93
	WHT-2	10.01	17.66	313.32

由表 7-1 与表 7-2 可知，多数情形下本章方法生成的滤波器组具有最大的编码增益。对于 32×64 的 LPPRFB，本章滤波器组的编码增益不敌文献 [14]；不过对于 8×16 的 LPPUFB，本章滤波器组的编码增益优于文献 [14]。而且由图 7-4(e) 可知，本章的 32×64 的 LPPRFB 也具有较好的频率响应。此外，有时本章滤波器组的编码增益与止带衰减均优于文献结果，如 8×32 的 LPPRFB[亦见图 7-4(c)]。对于 16×32 与 32×64 的 LPPRFB，本章的滤波器组中，DCT 标记情形的结果要优于 WHT 标记情形。这是因为对于自由参数过多情形，不太好的初始滤波器组更难逼近最优滤波器组。事实上，16×32 与 32×64 的 LPPRFB，其自由参数较多，前者包含 192 个自由参数，有时甚至多达 768 个；同时 WHT 的频率响应不敌 DCT。

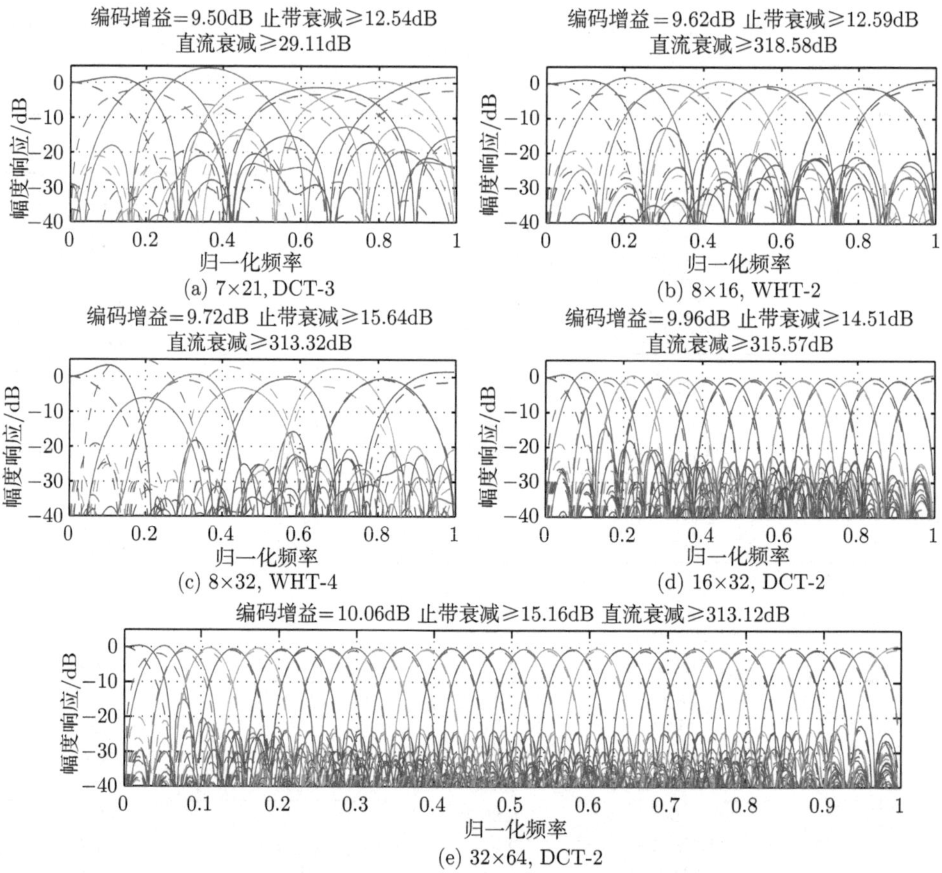

(a) 7×21, DCT-3
(b) 8×16, WHT-2
(c) 8×32, WHT-4
(d) 16×32, DCT-2
(e) 32×64, DCT-2

图 7-4 本章初始化生成的 LPPRFB 的频率响应

表 7-1 与表 7-2 中，本章初始化得到的部分滤波器组，其频率响应如图 7-4、

图 7-5、图 7-6(b) 所示。图 7-6 示例了本章方法得到的优化滤波器组及相应的初始滤波器组，对应 $M=32$ 且 $K=2$ 的 LPPUFB 的初始化，其中的初始滤波器组是平移了 16 个单位的 DCT 滤波器组。

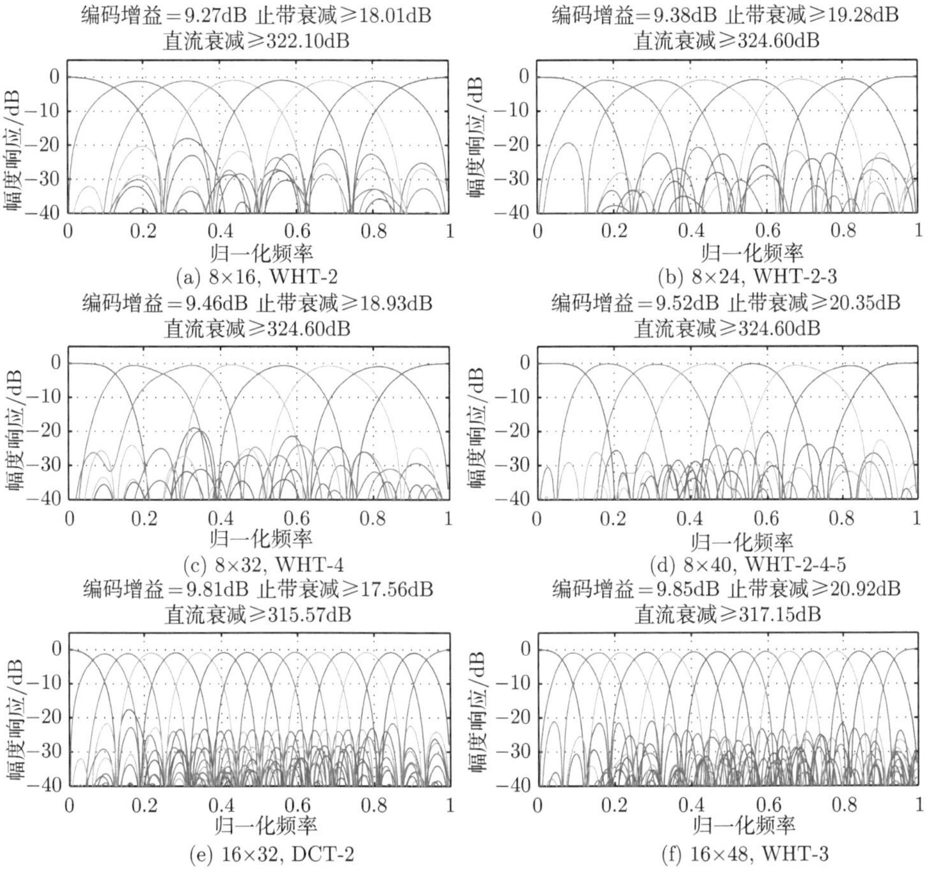

(a) 8×16, WHT-2 (b) 8×24, WHT-2-3

(c) 8×32, WHT-4 (d) 8×40, WHT-2-4-5

(e) 16×32, DCT-2 (f) 16×48, WHT-3

图 7-5 本章初始化生成的 LPPUFB 的频率响应

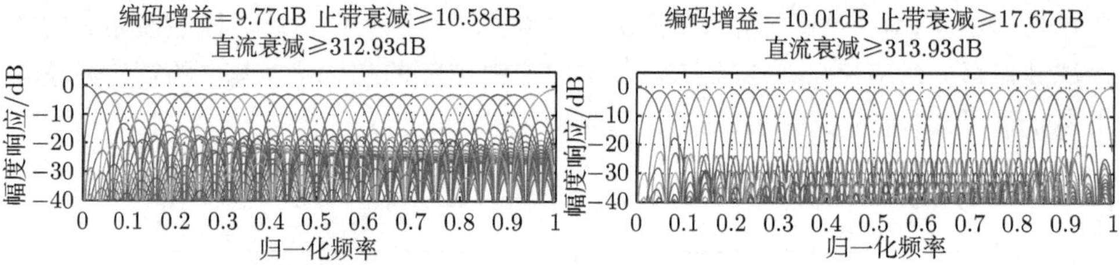

(a) 初始滤波器组　　(b) 优化滤波器组

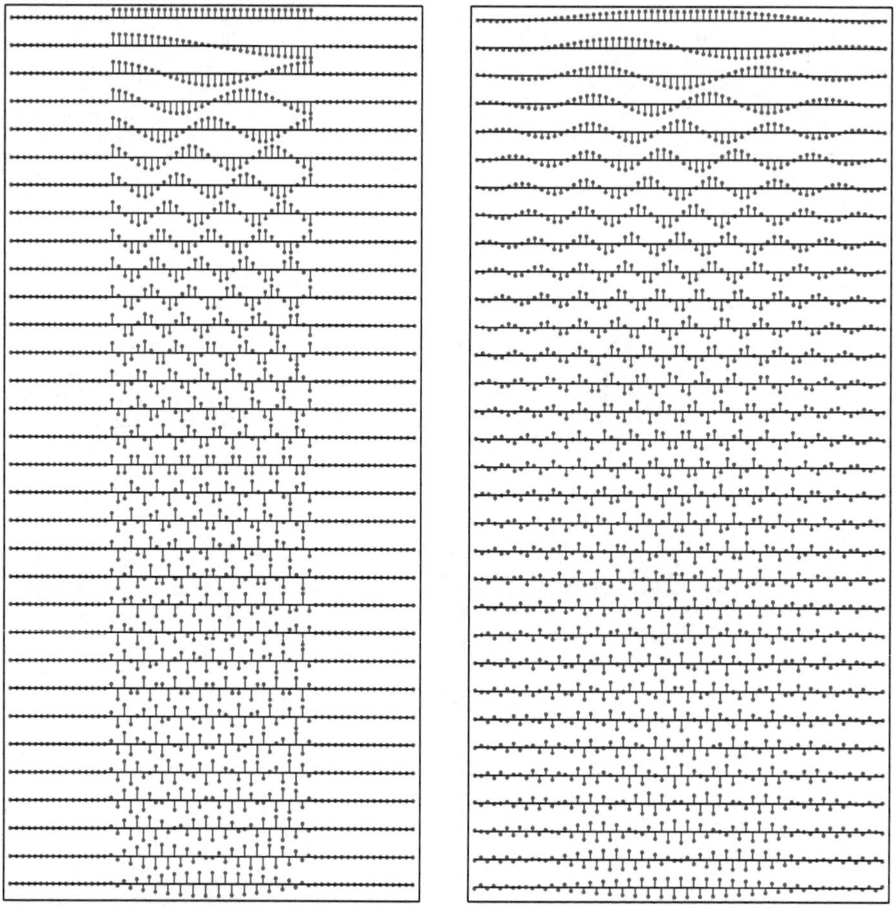

(c) 初始滤波器组　　(d)优化滤波器组

图 7-6　本章初始化生成的 LPPUFB 的频率响应与脉冲响应，其中 $M = 32, K = 2$

7.3 任意长度情形

任意长度情形的初始化，用于处理滤波器长度为 $KM+\beta$ 的情形。这里 M 为取样因子，K 为正整数，$0 \leqslant \beta < M$。为讨论方便，令 $m=\lfloor M/2 \rfloor$，$b=\lfloor \beta/2 \rfloor$。

7.3.1 初始化对象

为构造滤波器长度为 $MK+\beta$ 的滤波器组，采用格型结构分解其多相矩阵为构造模块的连乘。多相矩阵包括分析多相矩阵 $\boldsymbol{E}(z)$ 和合成多相矩阵 $\boldsymbol{R}(z)$，后者可通过前者表示，因而后续讨论只考虑前者，即 $\boldsymbol{E}(z)$。分析多相矩阵定义为

$$\boldsymbol{E}(z)=(E_{i,l}(z);i,l=0,1,\cdots,M-1)$$

其中

$$E_{i,l}(z)=\sum_{k=0}^{K_0-1} h_i(Mk+l)z^{-k}$$

这里, $h_i(n)$ 为滤波器系数，即

$$H_i(z)=\sum_{n=0}^{KM+\beta-1} h_i(n)z^{-n}$$

此外，$l<\beta$ 时有 $K_0=K$，$l \geqslant \beta$ 时有 $K_0=K+1$，称 $K-1$ 为系统的阶。称此系统为任意长度线性相位完全重构滤波器组（ALLPPRFB），如果其多相矩阵满足线性相位与完全重构性质。$\beta=0$ 的情形对应约束长度 LPPRFB（CLLPPRFB）。ALLPPRFB 的格型结构可设计如下 [17,18]。

当 M 为偶数时，β 必为偶数 [17]，此时

$$\boldsymbol{E}(z)=\boldsymbol{G}_{K-1}(z)\boldsymbol{G}_{K-2}(z)\cdots\boldsymbol{G}_1(z)\boldsymbol{E}_0(z) \tag{7.33}$$

其中

$$\boldsymbol{G}_k(z)=\frac{1}{2}\mathrm{diag}(\boldsymbol{I}_m,\boldsymbol{V}_k)\boldsymbol{W}_M\mathrm{diag}(\boldsymbol{I}_m,z^{-1}\boldsymbol{I}_m)\boldsymbol{W}_M \tag{7.34}$$

$$\begin{aligned}\boldsymbol{E}_0(z)=&\frac{\sqrt{2}}{2}\mathrm{diag}(\boldsymbol{U}_0,\boldsymbol{V}_0)\boldsymbol{W}_M\mathrm{diag}(\boldsymbol{I}_m,\boldsymbol{J}_m)\\&\cdot\mathrm{diag}(\boldsymbol{I}_b,\boldsymbol{I}_{M-\beta},z^{-1}\boldsymbol{I}_b)\\&\cdot\begin{bmatrix}\boldsymbol{I}_b&&\\&&\boldsymbol{I}_{M-\beta}\\&\boldsymbol{I}_b&\end{bmatrix}\mathrm{diag}(\boldsymbol{I}_b,\boldsymbol{J}_b,\boldsymbol{I}_{M-\beta})\end{aligned}$$

$$\cdot \operatorname{diag}(\boldsymbol{W}_\beta, \boldsymbol{I}_{M-\beta})\operatorname{diag}\left(\frac{1}{2}\boldsymbol{I}_b, \frac{1}{2}\boldsymbol{N}_0, \boldsymbol{I}_{M-\beta}\right)$$

$$\cdot \operatorname{diag}(\boldsymbol{W}_\beta, \boldsymbol{I}_{M-\beta})\operatorname{diag}(\boldsymbol{I}_b, \boldsymbol{J}_b, \boldsymbol{I}_{M-\beta}) \tag{7.35}$$

此处，自由可逆矩阵 $\boldsymbol{V}_i$、$\boldsymbol{U}_0$、$\boldsymbol{N}_0$ 的大小分别为 m、m、b。

当 M 为奇数且 β 为偶数时，此时 K 必为奇数 [17]，可以得到

$$\boldsymbol{E}(z) = \boldsymbol{G}_{(K-1)/2}(z)\boldsymbol{G}_{(K-3)/2}(z)\cdots\boldsymbol{G}_1(z)\boldsymbol{E}_0(z) \tag{7.36}$$

其中

$$\boldsymbol{G}_k(z) = \frac{1}{4}\operatorname{diag}(\boldsymbol{U}_k, \boldsymbol{I}_m)\boldsymbol{W}_M\operatorname{diag}(\boldsymbol{I}_{m+1}, z^{-1}\boldsymbol{I}_m)\boldsymbol{W}_M$$

$$\cdot \operatorname{diag}(\boldsymbol{I}_{m+1}, \boldsymbol{V}_k)\boldsymbol{W}_M\operatorname{diag}(\boldsymbol{I}_m, z^{-1}\boldsymbol{I}_{m+1})\boldsymbol{W}_M \tag{7.37}$$

$$\boldsymbol{E}_0(z) = \frac{\sqrt{2}}{2}\operatorname{diag}(\boldsymbol{U}_0, \boldsymbol{V}_0)\boldsymbol{W}_M\operatorname{diag}(\boldsymbol{I}_{m+1}, \boldsymbol{J}_m)$$

$$\cdot \operatorname{diag}(\boldsymbol{I}_b, \boldsymbol{I}_{M-\beta}, z^{-1}\boldsymbol{I}_b)$$

$$\cdot \begin{bmatrix} \boldsymbol{I}_b & & \\ & & \boldsymbol{I}_{M-\beta} \\ & \boldsymbol{I}_b & \end{bmatrix} \operatorname{diag}(\boldsymbol{I}_b, \boldsymbol{J}_b, \boldsymbol{I}_{M-\beta})$$

$$\cdot \operatorname{diag}(\boldsymbol{W}_\beta, \boldsymbol{I}_{M-\beta})\operatorname{diag}\left(\frac{1}{2}\boldsymbol{I}_b, \frac{1}{2}\boldsymbol{N}_0, \boldsymbol{I}_{M-\beta}\right)$$

$$\cdot \operatorname{diag}(\boldsymbol{W}_\beta, \boldsymbol{I}_{M-\beta})\operatorname{diag}(\boldsymbol{I}_b, \boldsymbol{J}_b, \boldsymbol{I}_{M-\beta}) \tag{7.38}$$

此情形涉及的自由可逆矩阵 $\boldsymbol{U}_i$、$\boldsymbol{V}_i$、$\boldsymbol{N}_0$ 的大小分别为 $m+1$、m、b。

当 M 为奇数且 β 为奇数时，此时 K 必为偶数 [17]，可以得到

$$\boldsymbol{E}(z) = \boldsymbol{G}_{(K-2)/2}(z)\boldsymbol{G}_{(K-4)/2}(z)\cdots\boldsymbol{G}_1(z)\boldsymbol{E}_0(z) \tag{7.39}$$

其中

$$\boldsymbol{G}_k(z) = \frac{1}{4}\operatorname{diag}(\boldsymbol{U}_k, \boldsymbol{I}_m)\boldsymbol{W}_M\operatorname{diag}(\boldsymbol{I}_{m+1}, z^{-1}\boldsymbol{I}_m)\boldsymbol{W}_M$$

$$\cdot \operatorname{diag}(\boldsymbol{I}_{m+1}, \boldsymbol{V}_k)\boldsymbol{W}_M\operatorname{diag}(\boldsymbol{I}_m, z^{-1}\boldsymbol{I}_{m+1})\boldsymbol{W}_M \tag{7.40}$$

$$\boldsymbol{E}_0(z) = \frac{\sqrt{2}}{2}\operatorname{diag}(\boldsymbol{U}_0, \boldsymbol{V}_0)\boldsymbol{W}_M\operatorname{diag}(\boldsymbol{I}_{m+1}, \boldsymbol{J}_m)$$

$$\cdot \operatorname{diag}(\boldsymbol{I}_{m+1}, z^{-1}\boldsymbol{I}_m)$$

$$
\begin{aligned}
&\cdot \begin{bmatrix} \boldsymbol{I}_m & & \\ & & 1 \\ & \boldsymbol{I}_m & \end{bmatrix} \mathrm{diag}(\boldsymbol{I}_m, \boldsymbol{J}_m, 1)\mathrm{diag}(\boldsymbol{W}_{2m}, 1) \\
&\cdot \mathrm{diag}\left(\frac{1}{2}\boldsymbol{I}_m, \frac{1}{2}\boldsymbol{N}_0, 1\right) \mathrm{diag}(\boldsymbol{W}_{2m}, 1)\mathrm{diag}(\boldsymbol{I}_m, \boldsymbol{J}_m, 1) \\
&\cdot \mathrm{diag}(z^{-1}\boldsymbol{I}_b, \boldsymbol{I}_{M-b-1}, z^{-1}) \\
&\cdot \begin{bmatrix} \boldsymbol{I}_b & & & \\ & & & \boldsymbol{I}_{M-\beta} \\ & & \boldsymbol{I}_b & \\ & 1 & & \end{bmatrix} \mathrm{diag}(\boldsymbol{I}_{b+1}, \boldsymbol{J}_b, \boldsymbol{I}_{M-\beta}) \\
&\cdot \mathrm{diag}(\boldsymbol{W}_\beta, \boldsymbol{I}_{M-\beta})\mathrm{diag}\left(\frac{1}{2}\boldsymbol{N}_1, \frac{1}{2}\boldsymbol{I}_b, \boldsymbol{I}_{M-\beta}\right) \\
&\cdot \mathrm{diag}(\boldsymbol{W}_\beta, \boldsymbol{I}_{M-\beta})\mathrm{diag}(\boldsymbol{I}_{b+1}, \boldsymbol{J}_b, \boldsymbol{I}_{M-\beta})
\end{aligned}
\tag{7.41}
$$

此情形涉及的自由正交矩阵 $\boldsymbol{U}_i$、$\boldsymbol{V}_i$、$\boldsymbol{N}_0$、$\boldsymbol{N}_1$ 的大小分别为 $m+1$、m、m、$b+1$。

与文献 [6] 相同，自由可逆矩阵 $\boldsymbol{U}_k$、$\boldsymbol{V}_k$、$\boldsymbol{N}_0$、$\boldsymbol{N}_1$ 包含了格型结构的所有自由参数，包括 Givens 旋转角与正对角元素。

7.3.2 初始化思路

长度为 $KM+\beta$ 的长滤波器组将被长度为 $K'M+\beta'$ 的短滤波器组初始化。默认采用正常符号表示长滤波器组的相关参数，而带撇号的符号表示短滤波器组的相关参数。初始化长滤波器组的自由参数使得

$$
\begin{aligned}
&(h_i(0), \cdots, h_i(KM+\beta-1)) \\
=&(\boldsymbol{0}_{1\times a_0}, h_i'(0), \cdots, h_i'(K'M+\beta'-1), \boldsymbol{0}_{1\times a_0})
\end{aligned}
\tag{7.42}
$$

其中，$h_i(n)$ 与 $h_i'(n)$ 分别为长滤波器组与短滤波器组的滤波器系数。符号 $a_0 = (MK+\beta-MK'-\beta')/2$ 必为整数，因为长、短滤波器组的长度奇偶性相同 [17]。称式(7.42)为初始化条件。由式(7.42)可知，若不考虑 a_0 个单位的平移，长滤波器组 $H_i(z), i=0,1,\cdots,M-1$ 等价于短滤波器组 $H_i'(z)$, $i=0,1,\cdots,M-1$。下面的讨论主要考虑两滤波器组的长度差小于 $2M$ 的情形，其他情形可通过组合这些情形得到。

引理 7.5

假设长、短滤波器组的长度分别为 $KM+\beta$ 与 $K'M+\beta'$，长度差为 $2a_0$ 且小于 $2M$。初始化条件(7.42)成立当且仅当

$$\boldsymbol{E}(z)=\boldsymbol{E}'(z)\begin{bmatrix} & \boldsymbol{I}_{M-a_0} \\ z^{-1}\boldsymbol{I}_{a_0} & \end{bmatrix}$$

♠

证明　先证必要性。令 $\boldsymbol{E}(z)=[\boldsymbol{E}_a(z),\boldsymbol{E}_b(z)]$ 且 $\boldsymbol{E}'(z)=[\boldsymbol{E}'_a(z),\boldsymbol{E}'_b(z)]$，其中 $\boldsymbol{E}_a(z)$ 与 $\boldsymbol{E}'_b(z)$ 的大小为 $M\times a_0$，$\boldsymbol{E}_b(z)$ 与 $\boldsymbol{E}'_a(z)$ 的大小为 $M\times(M-a_0)$。如果初始化条件(7.42)成立，则 $E_{i,l}(z)$ 可通过 $E'_{i,l}(z)$ 表示如下。当 $0\leqslant l<a_0$ 时，有

$$\begin{aligned}E_{i,l}(z)&=\sum_{k=0}h'_i(Mk+l+M-a_0)z^{-(k+1)}\\&=z^{-1}E'_{i,l+M-a_0}(z)\end{aligned}\tag{7.43}$$

由此可得

$$\begin{aligned}\boldsymbol{E}_a(z)&=\left(z^{-1}E'_{i,l}(z);i=0,1,\cdots,M-1,l=M-a_0,M-a_0+1,\cdots,M-1\right)\\&=z^{-1}\boldsymbol{E}'_b(z)\end{aligned}\tag{7.44}$$

当 $a_0\leqslant l<M$ 时，有

$$E_{i,l}(z)=\sum_{k=0}h'_i(Mk+l-a_0)z^{-k}=E'_{i,l-a_0}(z)\tag{7.45}$$

由此可得

$$\begin{aligned}\boldsymbol{E}_b(z)&=\left(E'_{i,l}(z);i=0,1,\cdots,M-1,l=0,1,\cdots,M-a_0-1\right)\\&=\boldsymbol{E}'_a(z)\end{aligned}\tag{7.46}$$

由式(7.44)与式(7.46)可得 $\boldsymbol{E}(z)=[z^{-1}\boldsymbol{E}'_b(z),\boldsymbol{E}'_a(z)]=\boldsymbol{E}'(z)\begin{bmatrix} & \boldsymbol{I}_{M-a_0} \\ z^{-1}\boldsymbol{I}_{a_0} & \end{bmatrix}$。

充分性的证明对应上述讨论的逆过程。证毕。 □

采用任意短滤波器组初始化长滤波器组的方法可通过引理 7.5 得到。

当 M 为偶数时，相应初始化可通过组合如下两种情形得到。

（1） $\mathcal{F}_1^e(\beta',\beta)$: 长、短两滤波器组的长度分别为 $KM+\beta$ 与 $KM+\beta'$，其中 β 与 β' 为偶数，$0\leqslant\beta'<\beta<M$。

（2） $\mathcal{F}_2^e(\beta')$: 长、短两滤波器组的长度分别为 $KM+M$ 与 $KM+\beta'$，其中 β' 为偶数，$0\leqslant\beta'<M$。

假设长、短两滤波器组的长度分别为 $KM+\beta$ 与 $K'M+\beta'$。根据文献 [17]，当 M 为偶数时，β 与 β' 必为偶数。当 $K=K'$ 时，初始化操作使用一次 $\mathcal{F}_1^e(\beta',\beta)$ 即可完成。当 $K>K'$ 时，初始化操作需要使用一次 $\mathcal{F}_2^e(\beta')$，$K-K'-1$ 次 $\mathcal{F}_2^e(0)$，以及最后再使用一次 $\mathcal{F}_1^e(0,\beta)$。

当 M 为奇数时，相应初始化可通过组合如下四种情形得到。

（1）$\mathcal{F}_1^o(\beta',\beta)$: 长、短两滤波器组的长度分别为 $KM+\beta$ 与 $KM+\beta'$，其中 K 为奇数，β 与 β' 为偶数，$0\leqslant\beta'<\beta<M$。

（2）$\mathcal{F}_2^o(\beta)$: 长、短两滤波器组的长度分别为 $KM+M+\beta$ 与 $KM+2m$，其中 K 与 β 为奇数，$0<\beta<M$。

（3）$\mathcal{F}_3^o(\beta',\beta)$: 长、短两滤波器组的长度分别为 $KM+M+\beta$ 与 $KM+M+\beta'$，其中 K、β 与 β' 为奇数，$0<\beta'<\beta<M$。

（4）$\mathcal{F}_4^o(\beta')$: 长、短两滤波器组的长度分别为 $KM+2M$ 与 $KM+M+\beta'$，其中 K 与 β' 为奇数，$0<\beta'<M$。

假设长、短两滤波器组的长度分别为 $KM+\beta$ 与 $K'M+\beta'$。考虑 β 与 β' 的奇偶性，共有四种情形需要考虑。以 β 与 β' 均为偶数的情形为例，此时 K 与 K' 必为奇数 [17]。当 $K=K'$ 时，初始化操作使用一次 $\mathcal{F}_1^o(\beta',\beta)$ 即可完成。当 $K>K'$ 时，初始化操作需要使用一次 $\mathcal{F}_1^o(\beta',2m)-\mathcal{F}_2^o(m+1)-\mathcal{F}_4^o(m+1)$（这种减号连接的多次初始化，各初始化符号出现顺序表示初始化操作顺序），$(K-K'-2)/2$ 次 $\mathcal{F}_1^o(0,2m)-\mathcal{F}_2^o(m+1)-\mathcal{F}_4^o(m+1)$，以及最后再使用一次 $\mathcal{F}_1^o(0,\beta)$。其他三种情形的初始化可类似处理。

7.3.3 初始化方法

1. 偶数 M

定理 7.6

假设长、短两滤波器组的长度分别为 $KM+\beta$ 与 $KM+\beta'$，其中 M、β 与 β' 为偶数，$0\leqslant\beta'<\beta<M$。令 $\boldsymbol{V}_i$、$\boldsymbol{U}_0$ 与 $\boldsymbol{N}_0$，以及 $\boldsymbol{V}_i'$、$\boldsymbol{U}_0'$ 与 $\boldsymbol{N}_0'$，两者分别是 $\boldsymbol{E}(z)$ 与 $\boldsymbol{E}'(z)$ 的格型结构包含的自由可逆矩阵。令

$$\boldsymbol{V}_k=\boldsymbol{V}_k',\quad k=1,2,\cdots,K-1 \tag{7.47}$$

$$\boldsymbol{V}_0=\boldsymbol{V}_0'\begin{bmatrix} & \boldsymbol{I}_{b'} & \\ \boldsymbol{J}_{b-b'} & & \\ & & \boldsymbol{I}_{m-b}\end{bmatrix} \tag{7.48}$$

$$\boldsymbol{U}_0=\boldsymbol{U}_0'\begin{bmatrix} & \boldsymbol{I}_{b'} & \\ \boldsymbol{J}_{b-b'} & & \\ & & \boldsymbol{I}_{m-b}\end{bmatrix} \tag{7.49}$$

$$N_0 = \begin{bmatrix} -I_{b-b'} & \\ & N_0' \end{bmatrix} \tag{7.50}$$

那么初始化条件(7.42)成立，其中 $a_0 = b - b'$。♡

证明　令 $U_0 = [U_{00}, U_{01}]$ 且 $V_0 = [V_{00}, V_{01}]$，其中 U_{00} 与 V_{00} 的大小为 $m \times b$，U_{01} 与 V_{01} 的大小为 $m \times (m-b)$。令

$$E_0(z) = \begin{bmatrix} A_{00}(z) & A_{01}(z) & A_{02}(z) & A_{03}(z) \\ A_{10}(z) & A_{11}(z) & A_{12}(z) & A_{13}(z) \end{bmatrix} \tag{7.51}$$

其中, $A_{i0}(z)$ 与 $A_{i1}(z)$ 的大小为 $m \times b$，$A_{i2}(z)$ 与 $A_{i3}(z)$ 的大小为 $m \times (m-b)$。由式(7.35)与式(7.51)可得

$$A_{00}(z) = \frac{\sqrt{2}}{4}U_{00}(I + N_0) + \frac{\sqrt{2}}{4}U_{00}(I - N_0)z^{-1} \tag{7.52}$$

$$A_{01}(z) = \frac{\sqrt{2}}{4}U_{00}(I - N_0)J + \frac{\sqrt{2}}{4}U_{00}(I + N_0)Jz^{-1} \tag{7.53}$$

$$A_{02}(z) = \frac{\sqrt{2}}{2}U_{01} \tag{7.54}$$

$$A_{03}(z) = \frac{\sqrt{2}}{2}U_{01}J \tag{7.55}$$

$$A_{10}(z) = \frac{\sqrt{2}}{4}V_{00}(I + N_0) - \frac{\sqrt{2}}{4}V_{00}(I - N_0)z^{-1} \tag{7.56}$$

$$A_{11}(z) = \frac{\sqrt{2}}{4}V_{00}(I - N_0)J - \frac{\sqrt{2}}{4}V_{00}(I + N_0)Jz^{-1} \tag{7.57}$$

$$A_{12}(z) = \frac{\sqrt{2}}{2}V_{01} \tag{7.58}$$

$$A_{13}(z) = -\frac{\sqrt{2}}{2}V_{01}J \tag{7.59}$$

令 $U_{00} = [U_{00a}, U_{00b}]$ 且 $V_{00} = [V_{00a}, V_{00b}]$,其中 U_{00a} 与 V_{00a} 的大小为 $m\times(b-b')$，U_{00b} 与 V_{00b} 的大小为 $m \times b'$。令 $U_0' = [U_{00}', U_{01a}', U_{01b}']$ 且 $V_0' = [V_{00}', V_{01a}', V_{01b}']$，其中 U_{00}' 与 V_{00}' 的大小为 $m \times b'$，U_{01a}' 与 V_{01a}' 的大小为 $m \times (b-b')$，U_{01b}' 与 V_{01b}' 的大小为 $m \times (m-b)$。

令

$$E_0(z) = \begin{bmatrix} B_{00}(z) & B_{01}(z) & \cdots & B_{04}(z) & B_{05}(z) \\ B_{10}(z) & B_{11}(z) & \cdots & B_{14}(z) & B_{15}(z) \end{bmatrix} \tag{7.60}$$

其中，$\boldsymbol{B}_{0i}(z)$ 与 $\boldsymbol{B}_{1i}(z)$ 的行数均为 m；$\boldsymbol{B}_{i0}(z)$, $\boldsymbol{B}_{i1}(z)$, $\boldsymbol{B}_{i2}(z)$, $\boldsymbol{B}_{i3}(z)$, $\boldsymbol{B}_{i4}(z)$, $\boldsymbol{B}_{i5}(z)$ 的列数分别为 $b-b'$, b', b', $b-b'$, $m-b$, $m-b$。由式(7.48)与式(7.49)可得

$$\boldsymbol{U}_{00a}=\boldsymbol{U}'_{01a}\boldsymbol{J},\quad \boldsymbol{U}_{00b}=\boldsymbol{U}'_{00},\quad \boldsymbol{U}_{01}=\boldsymbol{U}'_{01b} \tag{7.61}$$

$$\boldsymbol{V}_{00a}=\boldsymbol{V}'_{01a}\boldsymbol{J},\quad \boldsymbol{V}_{00b}=\boldsymbol{V}'_{00},\quad \boldsymbol{V}_{01}=\boldsymbol{V}_{01b} \tag{7.62}$$

再结合式(7.51)～ 式(7.60)可得

$$\boldsymbol{B}_{00}(z)=\frac{\sqrt{2}}{2}\boldsymbol{U}'_{01a}\boldsymbol{J}z^{-1} \tag{7.63}$$

$$\boldsymbol{B}_{01}(z)=\frac{\sqrt{2}}{4}\boldsymbol{U}'_{00}(\boldsymbol{I}+\boldsymbol{N}'_0)+\frac{\sqrt{2}}{4}\boldsymbol{U}'_{00}(\boldsymbol{I}-\boldsymbol{N}'_0)z^{-1} \tag{7.64}$$

$$\boldsymbol{B}_{02}(z)=\frac{\sqrt{2}}{4}\boldsymbol{U}'_{00}(\boldsymbol{I}-\boldsymbol{N}'_0)\boldsymbol{J}+\frac{\sqrt{2}}{4}\boldsymbol{U}'_{00}(\boldsymbol{I}+\boldsymbol{N}'_0)\boldsymbol{J}z^{-1} \tag{7.65}$$

$$\boldsymbol{B}_{03}(z)=\frac{\sqrt{2}}{2}\boldsymbol{U}'_{01a} \tag{7.66}$$

$$\boldsymbol{B}_{04}(z)=\frac{\sqrt{2}}{2}\boldsymbol{U}'_{01b} \tag{7.67}$$

$$\boldsymbol{B}_{05}(z)=\frac{\sqrt{2}}{2}\boldsymbol{U}'_{01b}\boldsymbol{J} \tag{7.68}$$

$$\boldsymbol{B}_{10}(z)=\frac{\sqrt{2}}{2}\boldsymbol{V}'_{01a}\boldsymbol{J}z^{-1} \tag{7.69}$$

$$\boldsymbol{B}_{11}(z)=\frac{\sqrt{2}}{4}\boldsymbol{V}'_{00}(\boldsymbol{I}+\boldsymbol{N}'_0)-\frac{\sqrt{2}}{4}\boldsymbol{V}'_{00}(\boldsymbol{I}-\boldsymbol{N}'_0)z^{-1} \tag{7.70}$$

$$\boldsymbol{B}_{12}(z)=\frac{\sqrt{2}}{4}\boldsymbol{V}'_{00}(\boldsymbol{I}-\boldsymbol{N}'_0)\boldsymbol{J}-\frac{\sqrt{2}}{4}\boldsymbol{V}'_{00}(\boldsymbol{I}+\boldsymbol{N}'_0)\boldsymbol{J}z^{-1} \tag{7.71}$$

$$\boldsymbol{B}_{13}(z)=\frac{\sqrt{2}}{2}\boldsymbol{V}'_{01a} \tag{7.72}$$

$$\boldsymbol{B}_{14}(z)=\frac{\sqrt{2}}{2}\boldsymbol{V}'_{01b} \tag{7.73}$$

$$\boldsymbol{B}_{15}(z)=\frac{\sqrt{2}}{2}\boldsymbol{V}'_{01b}\boldsymbol{J} \tag{7.74}$$

由式(7.34)和式(7.47)可得

$$\boldsymbol{G}_{K-1}(z)\cdots\boldsymbol{G}_1(z)=\boldsymbol{G}'_{K-1}(z)\cdots\boldsymbol{G}'_1(z) \tag{7.75}$$

由式(7.33)、式(7.60)、式(7.63)～ 式(7.75)容易得到

$$\boldsymbol{E}(z) = \boldsymbol{E}'(z) \begin{bmatrix} & \boldsymbol{I}_{M-(b-b')} \\ z^{-1}\boldsymbol{I}_{b-b'} & \end{bmatrix} \tag{7.76}$$

由引理 7.5，初始化条件(7.42)成立，其中 $a_0 = b - b'$。证毕。□

定理 7.7

假设长、短两滤波器组的长度分别为 $KM + M$ 与 $KM + \beta'$，其中 M 与 β' 为偶数，$0 \leqslant \beta' < M$。令 $\boldsymbol{V}_i$ 与 $\boldsymbol{U}_0$，以及 $\boldsymbol{V}'_i$、$\boldsymbol{U}'_0$ 与 $\boldsymbol{N}'_0$，两者分别是 $\boldsymbol{E}(z)$ 与 $\boldsymbol{E}'(z)$ 的格型结构包含的自由可逆矩阵。令

$$\boldsymbol{V}_k = \boldsymbol{V}'_{k-1}, \quad k = 2, 3, \cdots, K \tag{7.77}$$

$$\boldsymbol{V}_1 = \boldsymbol{V}'_0(\boldsymbol{U}'_0)^{-1} \tag{7.78}$$

$$\boldsymbol{V}_0 = \boldsymbol{U}'_0 \begin{bmatrix} & \boldsymbol{N}'_0 \\ -\boldsymbol{J}_{m-b'} & \end{bmatrix} \tag{7.79}$$

$$\boldsymbol{U}_0 = \boldsymbol{U}'_0 \begin{bmatrix} & \boldsymbol{I}_{b'} \\ \boldsymbol{J}_{m-b'} & \end{bmatrix} \tag{7.80}$$

那么初始化条件(7.42)成立，其中 $a_0 = m - b'$。♡

证明 令 $\boldsymbol{U}'_0 = [\boldsymbol{U}'_{00}, \boldsymbol{U}'_{01}]$ 且 $\boldsymbol{V}'_0 = [\boldsymbol{V}'_{00}, \boldsymbol{V}'_{01}]$，其中 $\boldsymbol{U}'_{00}$ 与 $\boldsymbol{V}'_{00}$ 的大小为 $m \times b'$，$\boldsymbol{U}'_{01}$ 与 $\boldsymbol{V}'_{01}$ 的大小为 $m \times (m - b')$。令

$$\boldsymbol{G}_1(z)\boldsymbol{E}_0(z) = \begin{bmatrix} \boldsymbol{A}_{00}(z) & \boldsymbol{A}_{01}(z) \\ \boldsymbol{A}_{10}(z) & \boldsymbol{A}_{11}(z) \end{bmatrix} \tag{7.81}$$

其中的所有子矩阵大小均为 $m \times m$。由式(7.34)、式(7.35)与式(7.81)可得

$$\boldsymbol{A}_{00}(z) = \frac{\sqrt{2}}{4}(\boldsymbol{U}_0 + \boldsymbol{V}_0) + \frac{\sqrt{2}}{4}(\boldsymbol{U}_0 - \boldsymbol{V}_0)z^{-1} \tag{7.82}$$

$$\boldsymbol{A}_{01}(z) = \frac{\sqrt{2}}{4}(\boldsymbol{U}_0 - \boldsymbol{V}_0)\boldsymbol{J} + \frac{\sqrt{2}}{4}(\boldsymbol{U}_0 + \boldsymbol{V}_0)\boldsymbol{J}z^{-1} \tag{7.83}$$

$$\boldsymbol{A}_{10}(z) = \frac{\sqrt{2}}{4}\boldsymbol{V}_1(\boldsymbol{U}_0 + \boldsymbol{V}_0) - \frac{\sqrt{2}}{4}\boldsymbol{V}_1(\boldsymbol{U}_0 - \boldsymbol{V}_0)z^{-1} \tag{7.84}$$

$$\boldsymbol{A}_{11}(z) = \frac{\sqrt{2}}{4}\boldsymbol{V}_1(\boldsymbol{U}_0 - \boldsymbol{V}_0)\boldsymbol{J} - \frac{\sqrt{2}}{4}\boldsymbol{V}_1(\boldsymbol{U}_0 + \boldsymbol{V}_0)\boldsymbol{J}z^{-1} \tag{7.85}$$

再结合式(7.78)～ 式(7.80)可得

$$\boldsymbol{A}_{00}(z) = \frac{\sqrt{2}}{4}\left[2\boldsymbol{U}'_{01}\boldsymbol{J}z^{-1}, \boldsymbol{U}'_{00}(\boldsymbol{I} + \boldsymbol{N}'_0) + \boldsymbol{U}'_{00}(\boldsymbol{I} - \boldsymbol{N}'_0)z^{-1}\right] \tag{7.86}$$

$$\boldsymbol{A}_{01}(z)=\frac{\sqrt{2}}{4}\left[\boldsymbol{U}_{00}'(\boldsymbol{I}-\boldsymbol{N}_0')\boldsymbol{J}+\boldsymbol{U}_{00}'(\boldsymbol{I}+\boldsymbol{N}_0')\boldsymbol{J}z^{-1},2\boldsymbol{U}_{01}'z^{-1}\right] \tag{7.87}$$

$$\boldsymbol{A}_{10}(z)=\frac{\sqrt{2}}{4}\left[2\boldsymbol{V}_{01}'\boldsymbol{J}z^{-1},\boldsymbol{V}_{00}'(\boldsymbol{I}+\boldsymbol{N}_0')-\boldsymbol{V}_{00}'(\boldsymbol{I}-\boldsymbol{N}_0')z^{-1}\right] \tag{7.88}$$

$$\boldsymbol{A}_{11}(z)=\frac{\sqrt{2}}{4}\left[\boldsymbol{V}_{00}'(\boldsymbol{I}-\boldsymbol{N}_0')\boldsymbol{J}-\boldsymbol{V}_{00}'(\boldsymbol{I}+\boldsymbol{N}_0')\boldsymbol{J}z^{-1},-2\boldsymbol{V}_{01}'z^{-1}\right] \tag{7.89}$$

由式(7.34)与式(7.77)可得

$$\boldsymbol{G}_K(z)\cdots\boldsymbol{G}_2(z)=\boldsymbol{G}_{K-1}'(z)\cdots\boldsymbol{G}_1'(z) \tag{7.90}$$

由式(7.33)、式(7.81)、式(7.86)~ 式(7.90)容易得到

$$\boldsymbol{E}(z)=\boldsymbol{E}'(z)\begin{bmatrix} & \boldsymbol{I}_{m+b'} \\ z^{-1}\boldsymbol{I}_{m-b'} & \end{bmatrix} \tag{7.91}$$

由引理 7.5，初始化条件(7.42)成立，其中 $a_0=m-b'$。证毕。 □

2. 奇数 M

定理 7.8

假设长、短两滤波器组的长度分别为 $KM+\beta$ 与 $KM+\beta'$，其中 M 与 K 为奇数，β 与 β' 为偶数，$0\leqslant\beta'<\beta<M$。令 $\boldsymbol{U}_i$、$\boldsymbol{V}_i$ 与 $\boldsymbol{N}_0$，以及 $\boldsymbol{U}_i'$、$\boldsymbol{V}_i'$ 与 $\boldsymbol{N}_0'$，两者分别是 $\boldsymbol{E}(z)$ 与 $\boldsymbol{E}'(z)$ 的格型结构包含的自由可逆矩阵。令

$$\boldsymbol{U}_k=\boldsymbol{U}_k',\quad k=1,2,\cdots,(K-1)/2 \tag{7.92}$$

$$\boldsymbol{V}_k=\boldsymbol{V}_k',\quad k=1,2,\cdots,(K-1)/2 \tag{7.93}$$

$$\boldsymbol{U}_0=\boldsymbol{U}_0'\begin{bmatrix} & \boldsymbol{I}_{b'} & \\ \boldsymbol{J}_{b-b'} & & \\ & & \boldsymbol{I}_{m-b+1} \end{bmatrix} \tag{7.94}$$

$$\boldsymbol{V}_0=\boldsymbol{V}_0'\begin{bmatrix} & \boldsymbol{I}_{b'} & \\ \boldsymbol{J}_{b-b'} & & \\ & & \boldsymbol{I}_{m-b} \end{bmatrix} \tag{7.95}$$

$$\boldsymbol{N}_0=\begin{bmatrix} -\boldsymbol{I}_{b-b'} & \\ & \boldsymbol{N}_0' \end{bmatrix} \tag{7.96}$$

那么初始化条件(7.42)成立，其中 $a_0=b-b'$。 ♡

证明　证明过程与定理 7.6 类似。 □

定理 7.9

假设长、短两滤波器组的长度分别为 $KM+M+\beta$ 与 $KM+2m$，其中 M、K 与 β 为奇数，$0<\beta<M$。令 $\boldsymbol{N}_0$、$\boldsymbol{N}_1$、$\boldsymbol{U}_k$ 与 $\boldsymbol{V}_k$，以及 $\boldsymbol{N}_0'$、$\boldsymbol{U}_k'$ 与 $\boldsymbol{V}_k'$，两者分别是 $\boldsymbol{E}(z)$ 与 $\boldsymbol{E}'(z)$ 的格型结构包含的自由可逆矩阵。令

$$\boldsymbol{U}_k=\boldsymbol{U}_k',\quad k=1,2,\cdots,(K-1)/2 \tag{7.97}$$

$$\boldsymbol{V}_k=\boldsymbol{V}_k',\quad k=1,2,\cdots,(K-1)/2 \tag{7.98}$$

$$\boldsymbol{U}_0=\boldsymbol{U}_0'\begin{bmatrix}\boldsymbol{J}_b & \\ & \boldsymbol{I}_{m-b+1}\end{bmatrix} \tag{7.99}$$

$$\boldsymbol{V}_0=\boldsymbol{V}_0'\begin{bmatrix}\boldsymbol{J}_b & \\ & \boldsymbol{I}_{m-b}\end{bmatrix} \tag{7.100}$$

$$\boldsymbol{N}_0=\begin{bmatrix}\boldsymbol{J}_b & \\ & \boldsymbol{I}_{m-b}\end{bmatrix}\boldsymbol{N}_0'\begin{bmatrix}-\boldsymbol{J}_b & \\ & \boldsymbol{I}_{m-b}\end{bmatrix} \tag{7.101}$$

$$\boldsymbol{N}_1=\boldsymbol{I}_{b+1} \tag{7.102}$$

那么初始化条件(7.42)成立，其中 $a_0=b+1$。 ♡

证明　令 $\boldsymbol{U}_0=[\boldsymbol{U}_{00},\boldsymbol{U}_{01}]$，其中 $\boldsymbol{U}_{00}$ 与 $\boldsymbol{U}_{01}$ 的大小分别为 $(m+1)\times m$ 与 $(m+1)\times 1$。令 $\boldsymbol{N}_0=[\boldsymbol{N}_{00},\boldsymbol{N}_{01}]$ 与 $\boldsymbol{I}_m=[\hat{\boldsymbol{I}}_0,\hat{\boldsymbol{I}}_1]$，其中 $\boldsymbol{N}_{00}$ 与 $\hat{\boldsymbol{I}}_0$ 的大小为 $m\times b$，$\boldsymbol{N}_{01}$ 与 $\hat{\boldsymbol{I}}_1$ 的大小为 $m\times(m-b)$。令

$$\boldsymbol{N}_1=\begin{bmatrix}\boldsymbol{N}_{10} & \boldsymbol{n}_{11}\\ \boldsymbol{n}_{10} & a\end{bmatrix}$$

其中的子矩阵大小分别为 $b\times b$，$b\times 1$，$1\times b$，1×1。令

$$\boldsymbol{E}_0(z)=\begin{bmatrix}\boldsymbol{A}_{00}(z) & \boldsymbol{A}_{01}(z) & \boldsymbol{A}_{02}(z) & \boldsymbol{A}_{03}(z) & \boldsymbol{A}_{04}(z)\\ \boldsymbol{A}_{10}(z) & \boldsymbol{A}_{11}(z) & \boldsymbol{A}_{12}(z) & \boldsymbol{A}_{13}(z) & \boldsymbol{A}_{14}(z)\end{bmatrix} \tag{7.103}$$

其中，$\boldsymbol{A}_{0i}(z)$ 与 $\boldsymbol{A}_{1i}(z)$ 的行数分别为 $m+1$ 和 m，$\boldsymbol{A}_{i0}(z)$ 与 $\boldsymbol{A}_{i2}(z)$ 的列数为 b，$\boldsymbol{A}_{i1}(z)$ 的列数为 1，$\boldsymbol{A}_{i3}(z)$ 与 $\boldsymbol{A}_{i4}(z)$ 的列数为 $m-b, i=1,2,3,4$。由式(7.41)和式(7.103)可得

$$\begin{aligned}\boldsymbol{A}_{00}(z)=&\frac{\sqrt{2}}{8}\boldsymbol{U}_{00}(\hat{\boldsymbol{I}}_0-\boldsymbol{N}_{00})(\boldsymbol{N}_{10}-\boldsymbol{I})\\ &+\left[\frac{\sqrt{2}}{4}\boldsymbol{U}_{00}(\hat{\boldsymbol{I}}_0+\boldsymbol{N}_{00})\boldsymbol{N}_{10}+\frac{\sqrt{2}}{2}\boldsymbol{U}_{01}\boldsymbol{n}_{10}\right]z^{-1}\end{aligned}$$

$$+\frac{\sqrt{2}}{8}\boldsymbol{U}_{00}(\hat{\boldsymbol{I}}_0-\boldsymbol{N}_{00})(\boldsymbol{N}_{10}+\boldsymbol{I})z^{-2} \tag{7.104}$$

$$\begin{aligned}\boldsymbol{A}_{01}(z)=&\frac{1}{4}\boldsymbol{U}_{00}(\hat{\boldsymbol{I}}_0-\boldsymbol{N}_{00})\boldsymbol{n}_{11}+\left[\frac{1}{2}\boldsymbol{U}_{00}(\hat{\boldsymbol{I}}_0+\boldsymbol{N}_{00})\boldsymbol{n}_{11}+\boldsymbol{U}_{01}a\right]z^{-1}\\&+\frac{1}{4}\boldsymbol{U}_{00}(\hat{\boldsymbol{I}}_0-\boldsymbol{N}_{00})\boldsymbol{n}_{11}z^{-2}\end{aligned} \tag{7.105}$$

$$\begin{aligned}\boldsymbol{A}_{02}(z)=&\frac{\sqrt{2}}{8}\boldsymbol{U}_{00}(\hat{\boldsymbol{I}}_0-\boldsymbol{N}_{00})(\boldsymbol{N}_{10}+\boldsymbol{I})\boldsymbol{J}\\&+\left[\frac{\sqrt{2}}{4}\boldsymbol{U}_{00}(\hat{\boldsymbol{I}}_0+\boldsymbol{N}_{00})\boldsymbol{N}_{10}\boldsymbol{J}+\frac{\sqrt{2}}{2}\boldsymbol{U}_{01}\boldsymbol{n}_{10}\boldsymbol{J}\right]z^{-1}\\&+\frac{\sqrt{2}}{8}\boldsymbol{U}_{00}(\hat{\boldsymbol{I}}_0-\boldsymbol{N}_{00})(\boldsymbol{N}_{10}-\boldsymbol{I})\boldsymbol{J}z^{-2}\end{aligned} \tag{7.106}$$

$$\boldsymbol{A}_{03}(z)=\frac{\sqrt{2}}{4}\boldsymbol{U}_{00}(\hat{\boldsymbol{I}}_1+\boldsymbol{N}_{01})+\frac{\sqrt{2}}{4}\boldsymbol{U}_{00}(\hat{\boldsymbol{I}}_1-\boldsymbol{N}_{01})z^{-1} \tag{7.107}$$

$$\boldsymbol{A}_{04}(z)=\frac{\sqrt{2}}{4}\boldsymbol{U}_{00}(\hat{\boldsymbol{I}}_1-\boldsymbol{N}_{01})\boldsymbol{J}+\frac{\sqrt{2}}{4}\boldsymbol{U}_{00}(\hat{\boldsymbol{I}}_1+\boldsymbol{N}_{01})\boldsymbol{J}z^{-1} \tag{7.108}$$

$$\begin{aligned}\boldsymbol{A}_{10}(z)=&\frac{\sqrt{2}}{8}\boldsymbol{V}_0(\hat{\boldsymbol{I}}_0-\boldsymbol{N}_{00})(\boldsymbol{N}_{10}-\boldsymbol{I})+\frac{\sqrt{2}}{4}\boldsymbol{V}_0(\hat{\boldsymbol{I}}_0+\boldsymbol{N}_{00})z^{-1}\\&+\frac{\sqrt{2}}{8}\boldsymbol{V}_0(\hat{\boldsymbol{I}}_0-\boldsymbol{N}_{00})(\boldsymbol{N}_{10}+\boldsymbol{I})z^{-2}\end{aligned} \tag{7.109}$$

$$\boldsymbol{A}_{11}(z)=\frac{1}{4}\boldsymbol{V}_0(\hat{\boldsymbol{I}}_0-\boldsymbol{N}_{00})\boldsymbol{n}_{11}-\frac{1}{4}\boldsymbol{V}_0(\hat{\boldsymbol{I}}_0-\boldsymbol{N}_{00})\boldsymbol{n}_{11}z^{-2} \tag{7.110}$$

$$\begin{aligned}\boldsymbol{A}_{12}(z)=&\frac{\sqrt{2}}{8}\boldsymbol{V}_0(\hat{\boldsymbol{I}}_0-\boldsymbol{N}_{00})(\boldsymbol{N}_{10}+\boldsymbol{I})\boldsymbol{J}-\frac{\sqrt{2}}{4}\boldsymbol{V}_0(\hat{\boldsymbol{I}}_0+\boldsymbol{N}_{00})\boldsymbol{J}z^{-1}\\&-\frac{\sqrt{2}}{8}\boldsymbol{V}_0(\hat{\boldsymbol{I}}_0-\boldsymbol{N}_{00})(\boldsymbol{N}_{10}-\boldsymbol{I})\boldsymbol{J}z^{-2}\end{aligned} \tag{7.111}$$

$$\boldsymbol{A}_{13}(z)=\frac{\sqrt{2}}{4}\boldsymbol{V}_0(\hat{\boldsymbol{I}}_1+\boldsymbol{N}_{01})-\frac{\sqrt{2}}{4}\boldsymbol{V}_0(\hat{\boldsymbol{I}}_1-\boldsymbol{N}_{01})z^{-1} \tag{7.112}$$

$$\boldsymbol{A}_{14}(z)=\frac{\sqrt{2}}{4}\boldsymbol{V}_0(\hat{\boldsymbol{I}}_1-\boldsymbol{N}_{01})\boldsymbol{J}-\frac{\sqrt{2}}{4}\boldsymbol{V}_0(\hat{\boldsymbol{I}}_1+\boldsymbol{N}_{01})\boldsymbol{J}z^{-1} \tag{7.113}$$

再结合式(7.99)～ 式(7.102)可得

$$[\boldsymbol{A}_{02}(z),\boldsymbol{A}_{03}(z)]=\frac{\sqrt{2}}{4}\boldsymbol{U}_{00}'(\boldsymbol{I}+\boldsymbol{N}_0')+\frac{\sqrt{2}}{4}\boldsymbol{U}_{00}'(\boldsymbol{I}-\boldsymbol{N}_0')z^{-1} \tag{7.114}$$

$$[\boldsymbol{A}_{04}(z),z\boldsymbol{A}_{00}(z)]=\frac{\sqrt{2}}{4}\boldsymbol{U}_{00}'(\boldsymbol{I}-\boldsymbol{N}_0')\boldsymbol{J}+\frac{\sqrt{2}}{4}\boldsymbol{U}_{00}'(\boldsymbol{I}+\boldsymbol{N}_0')\boldsymbol{J}z^{-1} \tag{7.115}$$

$$z\boldsymbol{A}_{01}(z) = \boldsymbol{U}'_{01} \tag{7.116}$$

$$[\boldsymbol{A}_{12}(z), \boldsymbol{A}_{13}(z)] = \frac{\sqrt{2}}{4}\boldsymbol{V}'_0(\boldsymbol{I}+\boldsymbol{N}'_0) - \frac{\sqrt{2}}{4}\boldsymbol{V}'_0(\boldsymbol{I}-\boldsymbol{N}'_0)z^{-1} \tag{7.117}$$

$$[\boldsymbol{A}_{14}(z), z\boldsymbol{A}_{10}(z)] = \frac{\sqrt{2}}{4}\boldsymbol{V}'_0(\boldsymbol{I}-\boldsymbol{N}'_0)\boldsymbol{J} - \frac{\sqrt{2}}{4}\boldsymbol{V}'_0(\boldsymbol{I}+\boldsymbol{N}'_0)\boldsymbol{J}z^{-1} \tag{7.118}$$

$$z\boldsymbol{A}_{11}(z) = \boldsymbol{0} \tag{7.119}$$

其中，$\boldsymbol{U}'_0 = [\boldsymbol{U}'_{00}, \boldsymbol{U}'_{01}]$，$\boldsymbol{U}'_{00}$ 与 $\boldsymbol{U}'_{01}$ 的大小分别为 $(m+1)\times m$ 与 $(m+1)\times 1$。由式(7.37)、式(7.40)、式(7.97)与式(7.98)可得

$$\boldsymbol{G}_{(K-1)/2}(z)\cdots\boldsymbol{G}_1(z) = \boldsymbol{G}'_{(K-1)/2}(z)\cdots\boldsymbol{G}'_1(z) \tag{7.120}$$

由式(7.36)、式(7.39)、式(7.103)、式(7.114)~ 式(7.120)容易得到

$$\boldsymbol{E}(z) = \boldsymbol{E}'(z)\begin{bmatrix} & \boldsymbol{I}_{M-(b+1)} \\ z^{-1}\boldsymbol{I}_{b+1} & \end{bmatrix} \tag{7.121}$$

由引理 7.5，初始化条件(7.42)成立，其中 $a_0 = b+1$。证毕。 □

定理 7.10

假设长、短两滤波器组的长度分别为 $KM+M+\beta$ 与 $KM+M+\beta'$，其中 M、K、β 与 β' 均为奇数，$0<\beta'<\beta<M$。令 $\boldsymbol{U}_k$、$\boldsymbol{V}_k$、$\boldsymbol{N}_0$ 与 $\boldsymbol{N}_1$，以及 $\boldsymbol{U}'_k$、$\boldsymbol{V}'_k$、$\boldsymbol{N}'_0$ 与 $\boldsymbol{N}'_1$，两者分别是 $\boldsymbol{E}(z)$ 与 $\boldsymbol{E}'(z)$ 的格型结构包含的自由可逆矩阵。令

$$\boldsymbol{U}_k = \boldsymbol{U}'_k, \quad k=1,2,\cdots,(K-1)/2 \tag{7.122}$$

$$\boldsymbol{V}_k = \boldsymbol{V}'_k, \quad k=1,2,\cdots,(K-1)/2 \tag{7.123}$$

$$\boldsymbol{U}_0 = \boldsymbol{U}'_0\begin{bmatrix} & \boldsymbol{I}_{b'} & \\ \boldsymbol{J}_{b-b'} & & \\ & & \boldsymbol{I}_{m-b+1} \end{bmatrix} \tag{7.124}$$

$$\boldsymbol{V}_0 = \boldsymbol{V}'_0\begin{bmatrix} & \boldsymbol{I}_{b'} & \\ \boldsymbol{J}_{b-b'} & & \\ & & \boldsymbol{I}_{m-b} \end{bmatrix} \tag{7.125}$$

$$\boldsymbol{N}_0 = \begin{bmatrix} & \boldsymbol{J}_{b-b'} & \\ \boldsymbol{I}_{b'} & & \\ & & \boldsymbol{I}_{m-b} \end{bmatrix}\boldsymbol{N}'_0\begin{bmatrix} & \boldsymbol{I}_{b'} & \\ -\boldsymbol{J}_{b-b'} & & \\ & & \boldsymbol{I}_{m-b} \end{bmatrix} \tag{7.126}$$

$$\boldsymbol{N}_1 = \begin{bmatrix} \boldsymbol{I}_{b-b'} & \\ & \boldsymbol{N}_1' \end{bmatrix} \tag{7.127}$$

那么初始化条件(7.42)成立，其中 $a_0 = b - b'$。♡

证明 令 $\boldsymbol{E}_0(z)$ 如式(7.103)所示，其中 $\boldsymbol{A}_{ij}(z)(i = 0,1; j = 1,2,3,4)$ 如式(7.104)∼ 式(7.113)所示。令 $\boldsymbol{U}_0' = [\boldsymbol{U}_{00}', \boldsymbol{U}_{01}']$，其中 $\boldsymbol{U}_{00}'$ 与 $\boldsymbol{U}_{01}'$ 的大小分别为 $(m+1) \times m$ 与 $(m+1) \times 1$。令 $\boldsymbol{N}_0' = [\boldsymbol{N}_{00}', \boldsymbol{N}_{01}']$ 与 $\boldsymbol{I}_m = [\hat{\boldsymbol{I}}_0', \hat{\boldsymbol{I}}_1']$，其中 $\boldsymbol{N}_{00}'$ 与 $\hat{\boldsymbol{I}}_0'$ 的大小为 $m \times b'$，$\boldsymbol{N}_{01}$ 与 $\hat{\boldsymbol{I}}_1$ 的大小为 $m \times (m - b')$。令

$$\boldsymbol{N}_1' = \begin{bmatrix} \boldsymbol{N}_{10}' & \boldsymbol{n}_{11}' \\ \boldsymbol{n}_{10}' & a' \end{bmatrix}$$

其中的子矩阵大小分别为 $b' \times b'$、$b' \times 1$、$1 \times b'$、1×1。令

$$\boldsymbol{E}_0(z) = \begin{bmatrix} \boldsymbol{B}_{00}(z) & \boldsymbol{B}_{01}(z) & \cdots & \boldsymbol{B}_{05}(z) & \boldsymbol{B}_{06}(z) \\ \boldsymbol{B}_{10}(z) & \boldsymbol{B}_{11}(z) & \cdots & \boldsymbol{B}_{15}(z) & \boldsymbol{B}_{16}(z) \end{bmatrix} \tag{7.128}$$

其中，$\boldsymbol{B}_{0i}(z)$ 与 $\boldsymbol{B}_{1i}(z)$ 的行数分别为 $m+1$ 与 m，$\boldsymbol{B}_{i0}(z)$ 到 $\boldsymbol{B}_{i6}(z)$ 的列数分别为 $b-b'$、b'、1、b'、$b-b'$、$m-b$、$m-b$，$i = 1,2,3,4,5$。由式(7.124)∼ 式(7.127)与式(7.103)∼ 式(7.113)可得

$$\boldsymbol{B}_{i1}(z) = \boldsymbol{A}_{i0}'(z) \tag{7.129}$$

$$\boldsymbol{B}_{i2}(z) = \boldsymbol{A}_{i1}'(z) \tag{7.130}$$

$$\boldsymbol{B}_{i3}(z) = \boldsymbol{A}_{i2}'(z) \tag{7.131}$$

$$[\boldsymbol{B}_{i4}(z), \boldsymbol{B}_{i5}(z)] = \boldsymbol{A}_{i3}'(z) \tag{7.132}$$

$$[\boldsymbol{B}_{i6}(z), z\boldsymbol{B}_{i0}(z)] = \boldsymbol{A}_{i4}'(z) \tag{7.133}$$

其中，$\boldsymbol{A}_{ij}'(z)$ 与式(7.104)∼ 式(7.113)相应的符号具有相同的形式，只是标记了撇号。由式(7.40)、式(7.122)、式(7.123)可得

$$\boldsymbol{G}_{(K-1)/2}(z) \cdots \boldsymbol{G}_1(z) = \boldsymbol{G}_{(K-1)/2}'(z) \cdots \boldsymbol{G}_1'(z) \tag{7.134}$$

由式(7.39)、式(7.103)、式(7.128)∼ 式(7.134)容易得到

$$\boldsymbol{E}(z) = \boldsymbol{E}'(z) \begin{bmatrix} & \boldsymbol{I}_{M-(b-b')} \\ z^{-1}\boldsymbol{I}_{b-b'} & \end{bmatrix} \tag{7.135}$$

由引理 7.5，初始化条件(7.42)成立，其中 $a_0 = b - b'$。证毕。 □

定理 7.11

假设长、短两滤波器组的长度分别为 $KM+2M$ 与 $KM+M+\beta'$，其中 M、K 与 β' 均为奇数，$0<\beta'<M$。令 $\boldsymbol{U}_k$ 与 $\boldsymbol{V}_k$，以及 $\boldsymbol{U}'_k$、$\boldsymbol{V}'_k$、$\boldsymbol{N}'_0$ 与 $\boldsymbol{N}'_1$，两者分别是 $\boldsymbol{E}(z)$ 与 $\boldsymbol{E}'(z)$ 的格型结构包含的自由可逆矩阵。令

$$\boldsymbol{U}_k = \boldsymbol{U}'_{k-1}, \quad k = 2,3,\cdots,(K+1)/2 \tag{7.136}$$

$$\boldsymbol{V}_k = \boldsymbol{V}'_{k-1}, \quad k = 2,3,\cdots,(K+1)/2 \tag{7.137}$$

$$\boldsymbol{U}_1 = \boldsymbol{U}'_0 \mathrm{diag}\left(\boldsymbol{V}_0'^{-1}, 1\right) \tag{7.138}$$

$$\boldsymbol{V}_1 = \boldsymbol{V}'_0 \boldsymbol{N}'_0 \begin{bmatrix} -\boldsymbol{I}_{b'} & \\ & \boldsymbol{I}_{m-b'} \end{bmatrix} \boldsymbol{V}_0'^{-1} \tag{7.139}$$

$$\boldsymbol{U}_0 = \mathrm{diag}(\boldsymbol{V}'_0, 1) \begin{bmatrix} & \boldsymbol{I}_{b'} & \\ \boldsymbol{J}_{m-b'} & & \\ & & 1 \end{bmatrix} \mathrm{diag}\left(\boldsymbol{I}_{m-b'}, \boldsymbol{N}'_1\right) \tag{7.140}$$

$$\boldsymbol{V}_0 = -\boldsymbol{V}'_0 \begin{bmatrix} & \boldsymbol{I}_{b'} \\ \boldsymbol{J}_{m-b'} & \end{bmatrix} \tag{7.141}$$

那么初始化条件(7.42)成立，其中 $a_0 = m - b'$。 ♡

证明　长度为 $KM+2M$ 的 CLLPPRFB，等价于长度为 $KM+M+\beta$ 且 $\beta = M$ 的 ALLPPRFB。将这样的 ALLPPRFB 表示为 FB_β，其包含的符号用尖号标识。由定理 7.10，FB_β 的初始化可实现如下：

$$\hat{\boldsymbol{U}}_k = \boldsymbol{U}'_k, \quad k = 1,2,\cdots,(K-1)/2 \tag{7.142}$$

$$\hat{\boldsymbol{V}}_k = \boldsymbol{V}'_k, \quad k = 1,2,\cdots,(K-1)/2 \tag{7.143}$$

$$\hat{\boldsymbol{U}}_0 = \boldsymbol{U}'_0 \begin{bmatrix} & \boldsymbol{I}_{b'} & \\ \boldsymbol{J}_{m-b'} & & \\ & & 1 \end{bmatrix} \tag{7.144}$$

$$\hat{\boldsymbol{V}}_0 = \boldsymbol{V}'_0 \begin{bmatrix} & \boldsymbol{I}_{b'} \\ \boldsymbol{J}_{m-b'} & \end{bmatrix} \tag{7.145}$$

$$\hat{\boldsymbol{N}}_0 = \begin{bmatrix} & \boldsymbol{J}_{m-b'} \\ \boldsymbol{I}_{b'} & \end{bmatrix} \boldsymbol{N}'_0 \begin{bmatrix} & \boldsymbol{I}_{b'} \\ -\boldsymbol{J}_{m-b'} & \end{bmatrix} \tag{7.146}$$

$$\hat{\boldsymbol{N}}_1 = \begin{bmatrix} \boldsymbol{I}_{m-b'} & \\ & \boldsymbol{N}_1' \end{bmatrix} \tag{7.147}$$

类似于文献 [10]，通过下面的赋值，FB_β 可等价转换为滤波器长度为 $MK+2M$ 的 CLLPPRFB，即

$$\boldsymbol{U}_k = \hat{\boldsymbol{U}}_{k-1}, \quad k=2,3,\cdots,(K+1)/2 \tag{7.148}$$

$$\boldsymbol{V}_k = \hat{\boldsymbol{V}}_{k-1}, \quad k=2,3,\cdots,(K+1)/2 \tag{7.149}$$

$$\boldsymbol{U}_1 = \hat{\boldsymbol{U}}_0 \mathrm{diag}\left(\hat{\boldsymbol{V}}_0^{-1}, 1\right) \tag{7.150}$$

$$\boldsymbol{V}_1 = -\hat{\boldsymbol{V}}_0 \hat{\boldsymbol{N}}_0 \hat{\boldsymbol{V}}_0^{-1} \tag{7.151}$$

$$\boldsymbol{U}_0 = \mathrm{diag}(\hat{\boldsymbol{V}}_0, 1)\hat{\boldsymbol{N}}_1 \tag{7.152}$$

$$\boldsymbol{V}_0 = -\hat{\boldsymbol{V}}_0 \tag{7.153}$$

由式(7.142)～ 式(7.153)即得证定理。证毕。 □

综合定理 7.6 ～ 定理 7.11，可采用任意短滤波器组初始化给定的长滤波器组。图 7-7 给出了定理 7.6 初始化示例，其中 $M=8, K=2$。图 7-7(a) 与图 7-7(b) 分别为短滤波器组与长滤波器组，图 7-7(c) 是通过短滤波器组初始化的长滤波器组，其中

$$\boldsymbol{P}_0 = \begin{bmatrix} & \boldsymbol{I}_2 & \\ 1 & & \\ & & 1 \end{bmatrix} \tag{7.154}$$

图 7-7 是关于偶数 M 的初始化，图 7-8 给出了奇数 M 的初始化示例。图 7-8 针对定理 7.10，其中 $M=7, K=2$，短、长两滤波器组的长度分别为 17 和 19，此外

$$\boldsymbol{P}_u = \begin{bmatrix} \boldsymbol{J}_2 & \\ & \boldsymbol{I}_2 \end{bmatrix} \tag{7.155}$$

$$\boldsymbol{P}_v = \begin{bmatrix} \boldsymbol{J}_2 & \\ & 1 \end{bmatrix} \tag{7.156}$$

$$\boldsymbol{P}_n^l = \begin{bmatrix} \boldsymbol{J}_2 & \\ & 1 \end{bmatrix} \tag{7.157}$$

$$\boldsymbol{P}_n^r = \begin{bmatrix} & 1 & \\ -1 & & \\ & & 1 \end{bmatrix} \tag{7.158}$$

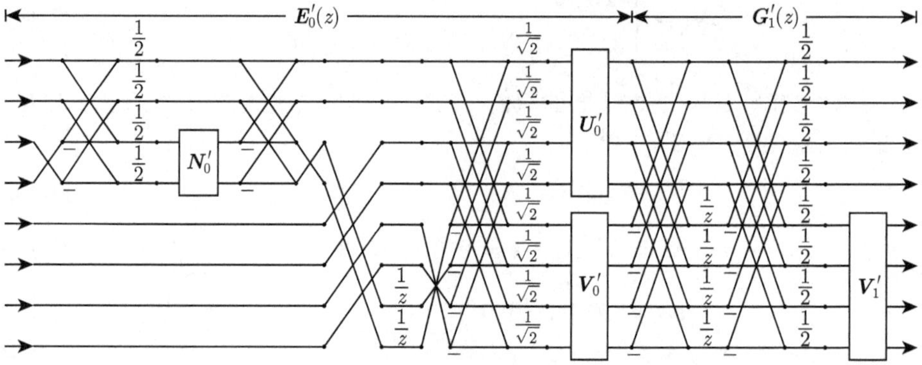

(a) 长度为 $2M+\beta'$ 的短滤波器组，其中 $M=8$, $\beta'=4$

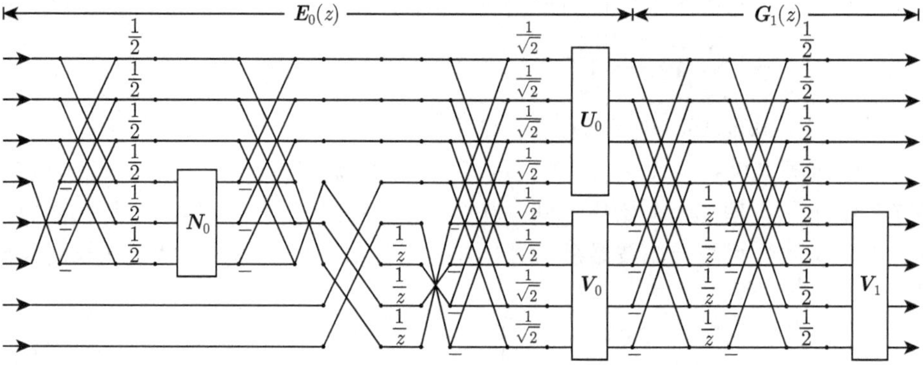

(b) 长度为 $2M+\beta$ 的长滤波器组，其中 $M=8$, $\beta=6$

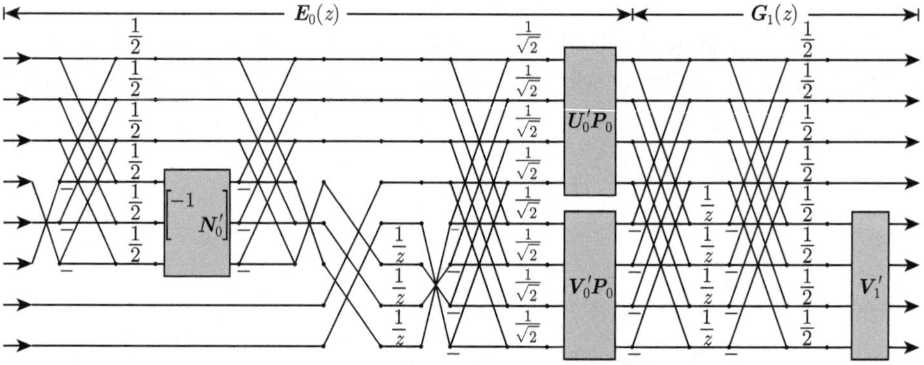

(c) 短滤波器组初始化的长滤波器组

图 7-7　定理 7.6 的初始化示例

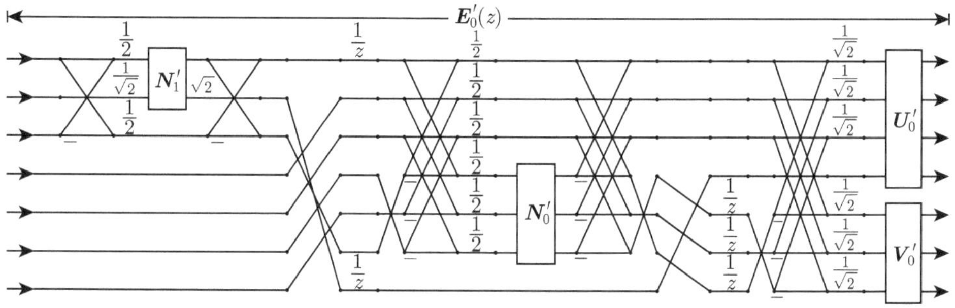

(a) 长度为 $2M+\beta'$ 的短滤波器组，其中 $M=7$, $\beta'=3$

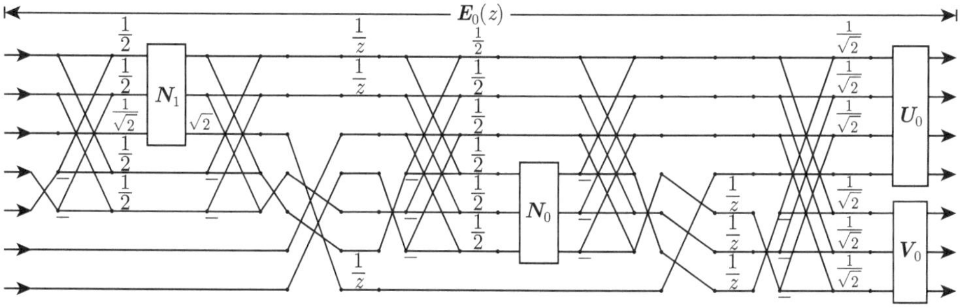

(b) 长度为 $2M+b$ 的长滤波器组，其中 $M=7$, $\beta=5$

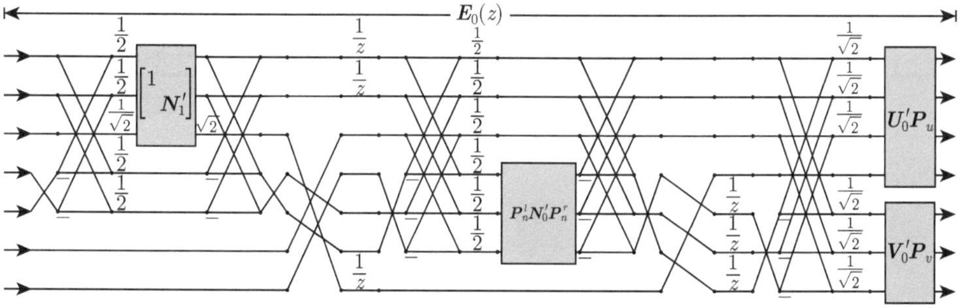

(c) 短滤波器组初始化的长滤波器组

图 7-8　定理 7.10 的初始化示例

通过定理 7.6 ~ 定理 7.11，采用类似文献 [6] 的方式，容易初始化自由可逆矩阵包含的自由参数。详见文献 [6] 的附录 A，亦即 7.2 节的 I 类与 II 类矩阵的自由参数分解方法。

7.3.4 初始化例子

优化经初始化的自由参数，可以得到更好的滤波器组。优化执行过程中，适应度函数为滤波器组编码增益、止带能量、直流泄漏的加权和 [9]，实现采用某仿真软件优化工具箱的 fminunc 函数。

优化所得滤波器组的三个指标用于性能评测，包括编码增益、止带衰减、直流衰减。本章主要比较滤波器组的编码增益，它在图像压缩中起着重要作用。对于直流衰减大于 300dB 的情形（可视为达到最优值），第二重要的指标是止带衰减。

初始化生成的滤波器组记为

$$B_{\text{shorter}}-\frac{k}{\beta} \tag{7.159}$$

它表示滤波器组的长度为 $kM+\beta$，是通过设置初始滤波器组为 B_{shorter} 及随后优化得到的，其中 B_{shorter} 表示较短的滤波器组。例如，DCT-$\frac{1}{4}$-$\frac{1}{6}$ 是通过初始化它为 DCT-$\frac{1}{4}$ 再结合随后优化得到的，其中 DCT-$\frac{1}{4}$ 是通过初始化它为 DCT 再结合随后优化得到的。与本章滤波器组进行比较的滤波器组见文献 [14](Table I 与 Fig. 13), [17](Fig. 8), [9](Table II), [13](Table I), 以及文献 [5](Table I).

表 7-3 与表 7-4 比较了文献 ALLPPRFB 与本章初始化生成的滤波器组，其中表 7-4 针对的是特殊的 ALLPPRFB，即任意长度线性相位仿酉滤波器组（ALLP-PUFB)，其初始化易由 ALLPPRFB 的初始化得到。对于 8×10 的 ALLPPUFB，

表 7-3　本章初始化生成的 ALLPPRFB 与已报道结果的比较

大小	参考文献	CG/dB	SA/(−dB)	DA/(−dB)
4×6	Tran 等 [14]	8.07	—	—
	DCT-$\frac{1}{2}$	**8.09**	5.38	319.09
8×10	Tran 等 [14]	9.06	—	—
	DCT-$\frac{1}{2}$	9.06	9.45	313.32
8×12	Tran 等 [14]	9.34	—	—
	DCT-$\frac{1}{4}$	9.35	6.72	314.14
	DCT-$\frac{1}{2}$-$\frac{1}{4}$	**9.35**	**6.73**	314.14
8×14	Tran 等 [14]	9.50	—	—
	DCT-$\frac{1}{6}$	**9.51**	**7.72**	312.56
	DCT-$\frac{1}{2}$-$\frac{1}{6}$	9.51	7.70	310.62
	DCT-$\frac{1}{4}$-$\frac{1}{6}$	9.51	7.68	310.06
	DCT-$\frac{1}{2}$-$\frac{1}{4}$-$\frac{1}{6}$	9.51	7.65	311.22

表 7-4 本章初始化生成的 ALLPPUFB 与已报道结果的比较

大小	参考文献	CG/dB	SA/(−dB)	DA/(−dB)
4 × 6	Tran 等 [14]	7.57	—	—
	DCT-$\frac{1}{2}$	7.57	8.75	319.09
8 × 10	Tran 等 [14]	**8.83**	—	—
	DCT-$\frac{1}{2}$	8.82	12.03	313.32
8 × 12	Tran 等 [14]	9.00	—	—
	Tran 等 [17]	9.02	12.02	318.6
	DCT-$\frac{1}{4}$	**9.02**	**12.22**	316.08
	DCT-$\frac{1}{2}$-$\frac{1}{4}$	**9.02**	**12.22**	317.24
8 × 14	Tran 等 [14]	9.14	—	—
	DCT-$\frac{1}{6}$	**9.16**	**13.81**	311.22
	DCT-$\frac{1}{2}$-$\frac{1}{6}$	**9.16**	**13.81**	311.86
	DCT-$\frac{1}{4}$-$\frac{1}{6}$	**9.16**	**13.81**	311.86
	DCT-$\frac{1}{2}$-$\frac{1}{4}$-$\frac{1}{6}$	**9.16**	**13.81**	313.32

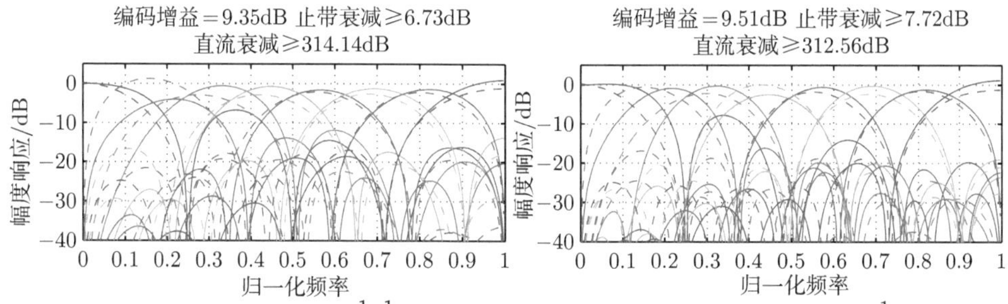

(a) 8 × 12, DCT-$\frac{1}{2}$-$\frac{1}{4}$ (b) 8 × 14, DCT-$\frac{1}{6}$

图 7-9 本章初始化生成的 ALLPPRFB 的频率响应

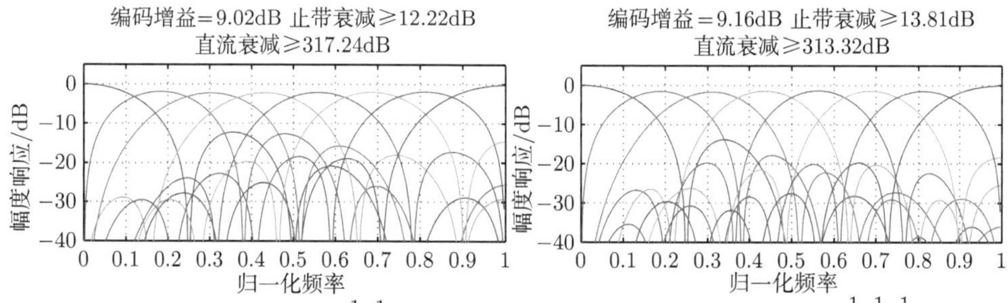

(a) 8 × 12, DCT-$\frac{1}{2}$-$\frac{1}{4}$ (b) 8 × 14, DCT-$\frac{1}{2}$-$\frac{1}{4}$-$\frac{1}{6}$

图 7-10 本章初始化生成的 ALLPPUFB 的频率响应

本章的滤波器组不敌文献结果。但对于 8×12、8×14、4×6 的 ALLPPRFB 与 ALLPPUFB，以及 8×10 的 ALLPPRFB，本章的滤波器组与文献滤波器组性能相当甚至更好。图 7-9 与图 7-10 给出了表 7-3 与表 7-4 中通过本章方法得到的部分滤波器组的频率响应，其中实线与虚线分别表示分析与合成滤波器组。

当 $\beta=0$ 时，ALLPPRFB 变成 CLLPPRFB。本章可采用文献 [6] 的方法初始化 CLLPPRFB，也可采用本章的方法。本章方法提供更多方式去初始化 CLLPPRFB，因而有可能生成更好的滤波器组，这可通过下面的比较看到。

表 7-5 与表 7-6 列出了 CLLPPRFB，以及特殊情形即 CLLPPUFB 的性能指标。表中，文献 [6] 的滤波器组命名为 B_{lower}-k，它等价于本书中的 B_{lower}-$\frac{k}{0}$，但使用文献 [6] 的初始化，其中 B_{lower} 表示低阶 CLLPPRFB。对于表 7-5，B_{lower}-k 的指标优于文献 [6] 的结果，因为这里使用了更好的优化工具设置。

从表 7-5 与表 7-6 可知，我们滤波器组的编码增益不比文献结果差。对于 7×21 的 CLLPPRFB，本章得到的滤波器组 DCT-$\frac{2}{3}$-$\frac{3}{0}$，其编码增益优于文献（包括文献 [6]）的结果。对于 8×16 与 16×32 的 CLLPPRFB（以及 CLLPPUFB），本章

表 7-5　我们初始化生成的 CLLPPRFB 与已报道结果的比较

大小	参考文献	CG/dB	SA/(−dB)	DA/(−dB)
7×21	Tran 等 [9]	9.50	11.97	37.94
	DCT-3 [6]	9.51	10.88	30.91
	DCT-$\frac{1}{6}$-$\frac{3}{0}$	9.52	12.76	35.40
	DCT-$\frac{2}{3}$-$\frac{3}{0}$	**9.52**	**13.08**	33.73
	DCT-$\frac{1}{6}$-$\frac{2}{3}$-$\frac{3}{0}$	9.51	13.25	25.86
8×16	Tran 等 [9]	9.62	13.50	327.40
	Oraintara 等 [13]	**9.62**	**13.76**	最优值
	Tran 等 [14]	9.62	11.87	322.10
	DCT-2 [6]	9.62	12.62	316.08
	DCT-$\frac{1}{4}$-$\frac{2}{0}$	9.62	12.63	315.06
16×32	Tran 等 [9]	9.96	14.28	303.32
	Tran 等 [14]	9.96	—	—
	DCT-2 [6]	9.96	14.53	317.60
	DCT-$\frac{1}{12}$-$\frac{2}{0}$	9.96	13.61	317.15

表 7-6 本章初始化生成的 CLLPPUFB 与已报道结果的比较

大小	参考文献	CG/dB	SA/(−dB)	DA/(−dB)
	Tran 等 [9]	9.22	19.38	312.56
	Liang 等 [5]	9.27	—	最优值
	Tran 等 [14]	9.26	17.72	322.10
8 × 16	DCT-2 [6]	9.27	18.01	313.32
	DCT-$\frac{1}{4}$-$\frac{2}{0}$	9.27	18.01	318.58
	Liang 等 [5]	9.81	—	最优值
	Tran 等 [14]	9.81	—	—
16 × 32	DCT-2 [6]	9.81	17.56	315.57
	DCT-$\frac{1}{12}$-$\frac{2}{0}$	9.81	17.56	314.23

的方法与文献 [6] 的方法均达到最优直流衰减（即大于 300dB）。从编码增益与止带衰减两个指标看，本章的方法得到了比文献 [6] 更好的 8 × 16 的 CLLPPRFB。因此相比文献 [6]，本章的方法确实有可能生成更好的滤波器组。

7.4 本 章 小 结

LPPRFB 格型结构的参数初始化，是滤波器组优化的重要前置步骤。本章给出了两种参数初始化方法。一种方法针对一维约束长度 LPPRFB，采用低阶滤波器组初始化高阶滤波器组，其中高、低阶滤波器组的阶差可以是系统允许的任意整数。另一种方法针对一维任意长度 LPPRFB，采用短滤波器组初始化长滤波器组，其中长、短滤波器组的长度差可以是系统允许的任意整数。由于实用的低阶和短滤波器组容易获得，这两种方法结合后续优化可确保总能生成实用滤波器组。

参 考 文 献

[1] Tran T D, Nguyen T Q. A progressive transmission image coder using linear phase uniform filterbanks as block transforms. IEEE Transactions on Image Processing, 1999, 8(11): 1493-1507.

[2] Tran T D, Ikehara M, Nguyen T Q. Linear phase paraunitary filter bank with filters of different lengths and its application in image compression. IEEE Transactions on Signal Processing, 1999, 47(10): 2730-2744.

[3] Parfieniuk M, Petrovsky A. Dependencies between coding gain and filter length in paraunitary filter banks designed using quaternionic approach. European Signal Processing Conference, Poznan, 2007: 1327-1331.

[4] Gan L, Ma K K. A simplified lattice factorization for linear-phase paraunitary filter banks with pairwise mirror image frequency responses. IEEE Transactions on Circuits and Systems-II: Express Briefs, 2004, 51(1): 3-7.

[5] Liang J, Tran T D, de Queiroz R L. DCT-based general structure for linear-phase paraunitary filterbanks. IEEE Transactions on Signal Processing, 2003, 51(6): 1572-1580.

[6] Li B, Gao X. A method for initializing free parameters in lattice structure of linear phase perfect reconstruction filter bank. Signal Processing, 2014, 98: 243-251.

[7] Li B, Gao X. A method to initialize free parameters in lattice structure of arbitrary-length linear phase perfect reconstruction filter bank. Signal Processing, 2015, 106: 319-330.

[8] Soman A K, Vaidyanathan P P, Nguyen T Q. Linear phase paraunitary filter banks: Theory, factorizations and designs. IEEE Transactions on Signal Processing, 1993, 41(12): 3480-3496.

[9] Tran T D, de Queiroz R L, Nguyen T Q. Linear-phase perfect reconstruction filter bank: Lattice structure, design, and application in image coding. IEEE Transactions on Signal Processing, 2000, 48(1): 133-147.

[10] Gan L, Ma K K. A simplified lattice factorization for linear-phase perfect reconstruction filter bank. IEEE Signal Processing Letters, 2001, 8(7): 207-209.

[11] Gan L, Ma K K. Oversampled linear-phase perfect reconstruction filterbanks: Theory, lattice structure and parameterization. IEEE Transactions on Signal Processing, 2003, 51(3): 744-759.

[12] Vaidyanathan P P. Multirate Systems and Filter Banks. Upper Saddle River: Prentice-Hall, 1993.

[13] Oraintara S, Tran T D, Nguyen T Q. A class of regular biorthogonal linear-phase filterbanks: Theory, structure, and application in image coding. IEEE Transactions on Signal Processing, 2003, 51(12): 3220-3235.

[14] Tran T D, Liang J, Tu C. Lapped transform via time-domain pre- and post-filtering. IEEE Transactions on Signal Processing, 2003, 51(6): 1557-1571.

[15] Oraintara S, Tran T D, Heller P N, et al. Lattice structure for regular paraunitary linearphase filterbanks and M-band orthogonal symmetric wavelets. IEEE Transactions on Signal Processing, 2001, 49(11): 2659-2672.

[16] Katto J, Yasuda Y. Performance evaluation of subband coding and optimization of its filter coefficients. Proceedings of SPIE, Visual Communications and Image Processing, Boston, 1991: 95-106.

[17] Tran T D, Nguyen T Q. On M-channel linear-phase FIR filter banks and application in image compression. IEEE Transactions on Signal Processing, 1997, 45(9): 2175-2187.

[18] Xu Z, Makur A. On the arbitrary-length M-channel linear phase perfect reconstruction filter banks. IEEE Transactions on Signal Processing, 2009, 57(10): 4118-4123.

第 8 章　多维 LPPRFB 格型结构的参数初始化

8.1　引　　言

优化 LPPRFB 格型结构的自由参数，可以使滤波器组满足除线性相位、完全重构之外的其他重要性质。相关优化对参数初值非常敏感，在自由参数较多时情况更为严重，因而 LPPRFB 格型结构的参数初始化是一个亟待解决的重要问题。

第 7 章讨论一维情形的 LPPRFB 格型结构参数初始化。多维情形的格型结构由于使用非张量形式的构造方法，自由参数的数量急剧扩大，导致相应参数优化更容易陷入局部极小，因而相比一维情形，多维情形的参数初始化更为迫切。事实上，如果一维情形的参数规模数量级为 $O(M)$，那么 N 维情形的参数规模将达到 $O(M^N)$。

多维 LPPRFB 格型结构设计较为经典的示例是 Muramatsu 等 [1,2] 在 1999 年和 2012 年提出的方法，不过其中的滤波器组设计例子没有提及参数初始化方法。2017 年，Muramatsu 等 [3] 在另一个多维 LPPRFB 格型结构设计工作中，提到参数初始化方法。事实上，他们使用的是较为简单的随机初始化。与一维情形的随机初始化 [4] 类似，多维情形的随机初始化由于相应的初始滤波器组往往不实用，后续优化也容易陷入局部极小。

综上可知，目前多维 LPPRFB 格型结构的参数初始化结果比较粗浅，后续优化往往不尽如人意。为此，本章对多维 LPPRFB 格型结构的参数初始化展开了初步探索，遵循低阶初始化高阶的思路。低阶的实用滤波器组容易获得，因而这种初始化方法结合后续优化能确保得到实用滤波器组。由于多维滤波器组的非分离性质，相应研究没有触及阶差为奇数的情形，不过覆盖了阶差为任意偶数的情形。

8.2　初始化对象

本章讨论广义支撑多维 LPPRFB（GSMDLPPRFB），其滤波器支撑为 $\mathcal{N}(\boldsymbol{M\Xi}')$ 且满足定义 5.4，其阶为 $\mathcal{V}(\boldsymbol{N})-\boldsymbol{1}$。为表述方便，仅讨论 M 为偶数情形。根据文献 [5] 和 [6]，其格型结构设计可通过分解其多相矩阵 $\boldsymbol{E}(\boldsymbol{z})$ 实现：

$$\boldsymbol{E}(\boldsymbol{z})=\left(\prod_{d=D-1}^{0}\prod_{i=N_d-1}^{1}\boldsymbol{G}_{i,d}(z_d)\right)\boldsymbol{E}_0(\boldsymbol{z}) \tag{8.1}$$

其中，$\boldsymbol{G}_{i,d}(z_d)$ 为传播模块且满足

$$\boldsymbol{G}_{i,d}(z_d)=z_d^{-1}\boldsymbol{D}\boldsymbol{G}_{i,d}(z_d^{-1})\boldsymbol{D}$$

据此其可分解为 [6,7]

$$\boldsymbol{G}_{i,d}(z_d)=\frac{1}{2}\mathrm{diag}(\boldsymbol{I}_{M/2},\boldsymbol{V}_{i,d})\boldsymbol{W}_M(z_d) \tag{8.2}$$

其中,自由可逆矩阵 $\boldsymbol{V}_{i,d}$ 的大小分别为 $\dfrac{M}{2}$。易验证所有传播模块的阶和为 $\mathcal{V}(\boldsymbol{N})-\boldsymbol{1}$，初始模块 $\boldsymbol{E}_0(\boldsymbol{z})$ 的阶为 $\boldsymbol{0}$。

初始模块 $\boldsymbol{E}_0(\boldsymbol{z})$ 可分解为

$$\boldsymbol{E}_0(\boldsymbol{z})=\mathrm{diag}(\boldsymbol{Q}_0,\boldsymbol{Q}_1)\boldsymbol{P}\mathrm{diag}\left(\boldsymbol{E}_0^{(b)}(\boldsymbol{z});b=0,1,\cdots,2^D-1\right) \tag{8.3}$$

其中，$\boldsymbol{Q}_0$、$\boldsymbol{Q}_1$ 是大小为 $\dfrac{M}{2}$ 的自由可逆矩阵；置换矩阵 $\boldsymbol{P}$ 可表示为

$$\boldsymbol{P}=\begin{bmatrix}\boldsymbol{I}_{l_0} & & & & & & & \\ & \boldsymbol{I}_{l_1} & & & & & & \\ & & \ddots & & & & & \\ & & & \boldsymbol{I}_{l_{2^D-1}} & & & & \\ \boldsymbol{I}_{\hat{l}_0} & & & & & & & \\ & \boldsymbol{I}_{\hat{l}_1} & & & & & & \\ & & \ddots & & & & & \\ & & & \boldsymbol{I}_{\hat{l}_{2^D-1}} & & & & \end{bmatrix}$$

此处，$l_b=\hat{l}_b=\dfrac{\mathcal{K}(\boldsymbol{M}_{(b)})}{2}$；$\boldsymbol{E}_0^{(b)}(\boldsymbol{z})$ 是取样矩阵为 $\boldsymbol{M}_{(b)}(b=0,1,\cdots,2^D-1)$ 的 $\boldsymbol{1}-\boldsymbol{b}$ 阶约束支撑多维 LPPRFB 的多相矩阵。由文献 [1] 和 [6] 有

$$\boldsymbol{E}_0^{(b)}(\boldsymbol{z})=\left(\prod_{d=D-1}^{0}\prod_{i=1-b_d}^{1}\frac{1}{2}\mathrm{diag}(\boldsymbol{I}_{\mathcal{K}(\boldsymbol{M}_{(b)})/2},\boldsymbol{V}_{i,d}^{(b)})\boldsymbol{W}_{\mathcal{K}(\boldsymbol{M}_{(b)})}(z_d)\right)$$

$$\cdot \frac{\sqrt{2}}{2}\mathrm{diag}(\boldsymbol{U}^{(b)}, \boldsymbol{V}^{(b)})\boldsymbol{W}_{\mathcal{K}(\boldsymbol{M}_{(b)})}\hat{\boldsymbol{I}}_{\mathcal{K}(\boldsymbol{M}_{(b)})} \tag{8.4}$$

其中，自由矩阵 $\boldsymbol{V}_{i,d}^{(b)}$、$\boldsymbol{U}^{(b)}$、$\boldsymbol{V}^{(b)}$ 的大小均为 $\dfrac{\mathcal{K}(\boldsymbol{M}_{(b)})}{2}$。

8.3 初始化思路

在下面的讨论中，不带撇号与带撇号的符号分别对应 $\mathcal{V}(\boldsymbol{N})-\boldsymbol{1}$ 阶与 $\mathcal{V}(\boldsymbol{N}')-\boldsymbol{1}$ 阶 GSMDLPPRFB，其中前者的阶更大。假设滤波器组的阶差向量 $\mathcal{V}(\boldsymbol{N})-\mathcal{V}(\boldsymbol{N}') \overset{\text{def}}{=\!=} [a_0, a_1, \cdots, a_{D-1}]^{\mathrm{T}}$ 为偶数。采用低阶滤波器组初始化高阶滤波器组，易知高阶与低阶滤波器组的系数 $\boldsymbol{h}_i(\boldsymbol{k})$ 与 $\boldsymbol{h}'_i(\boldsymbol{k})$ 满足

$$\boldsymbol{h}_i(\boldsymbol{k}) = z_0^{-\frac{a_0}{2}} z_1^{-\frac{a_1}{2}} \cdots z_{D-1}^{-\frac{a_{D-1}}{2}} \boldsymbol{h}'_i(\boldsymbol{k}) \tag{8.5}$$

称式(8.5)为初始化条件。这里主要讨论阶差向量的第 q 分量 $a_q = 2$、其余分量为 0 的情形，阶差向量各分量为任意偶数情形易由这种情形扩展得到。此时的初始化条件为

$$\boldsymbol{h}_i(\boldsymbol{k}) = z_q^{-1}\boldsymbol{h}'_i(\boldsymbol{k}) \tag{8.6}$$

引理 8.1

令 $\mathcal{V}(\boldsymbol{N}) = [N_0, \cdots, N_{q-1}, N_q, N_{q+1}, \cdots, N_{D-1}]^{\mathrm{T}}$，$\mathcal{V}(\boldsymbol{N}') = [N_0, \cdots, N_{q-1}, N_q - 2, N_{q+1}, \cdots, N_{D-1}]^{\mathrm{T}}$，初始化条件(8.6)成立当且仅当 $\boldsymbol{E}(\boldsymbol{z}) = z_q^{-1}\boldsymbol{E}'(\boldsymbol{z})$。♠

证明 必要性的证明如下。如果初始化条件(8.6)成立，则有

$$E_{i,l}(\boldsymbol{z}) = \sum_{\boldsymbol{k}} \boldsymbol{h}'_i(\boldsymbol{M}\boldsymbol{k} + \boldsymbol{t}_l)\boldsymbol{z}^{-\boldsymbol{k}} z_q^{-1} = z_q^{-1}E'_{i,l}(\boldsymbol{z}) \tag{8.7}$$

其中，$E_{i,l}$ 表示 $\mathcal{V}(\boldsymbol{N})$ 阶滤波器组第 i 个滤波器的第 l 个多相分量，而 $E'_{i,l}$ 对应 $\mathcal{V}(\boldsymbol{N}')$ 阶滤波器组。于是有

$$\boldsymbol{E}(\boldsymbol{z}) = \left(z_q^{-1}E'_{i,l}(\boldsymbol{z}); i, l = 0, 1, \cdots, M-1\right) = z_q^{-1}\boldsymbol{E}'(\boldsymbol{z}) \tag{8.8}$$

充分性的证明通过上述推导的逆过程即可完成。证毕。 □

8.4　初始化方法

定理 8.2

令 $\mathcal{V}(\boldsymbol{N}) = [N_0, \cdots, N_{q-1}, N_q, N_{q+1}, \cdots, N_{D-1}]^{\mathrm{T}}$，$\mathcal{V}(\boldsymbol{N}') = [N_0, \cdots, N_{q-1}, N_q - 2, N_{q+1}, \cdots, N_{D-1}]^{\mathrm{T}}$。假设 $\boldsymbol{V}_{i,d}$、$\boldsymbol{V}_{i,d}^{(b)}$、$\boldsymbol{U}^{(b)}$、$\boldsymbol{V}^{(b)}$ 是 $\boldsymbol{E}(\boldsymbol{z})$ 分解中的自由可逆矩阵，$\boldsymbol{V}'_{i,d}$、$\boldsymbol{V}_{i,d}^{(b)'}$、$\boldsymbol{U}^{(b)'}$、$\boldsymbol{V}^{(b)'}$ 是 $\boldsymbol{E}'(\boldsymbol{z})$ 分解中的自由可逆矩阵。令

$$\boldsymbol{V}_{N_q-1,q} = \boldsymbol{V}_{N_q-2,q} = -\boldsymbol{I}_{M/2} \tag{8.9}$$

$$\boldsymbol{V}_{i,q} = \boldsymbol{V}'_{i,q}, \quad i = 1, 2, \cdots, N_q - 3 \tag{8.10}$$

$$\boldsymbol{V}_{i,d} = \boldsymbol{V}'_{i,d}, \quad i = 1, 2, \cdots, N_d - 1, d = 0, 1, \cdots, q-1, q+1, \cdots, D-1 \tag{8.11}$$

$$\boldsymbol{V}_{i,d}^{(b)} = \boldsymbol{V}_{i,d}^{(b)'}, \quad i = 1, 2, \cdots, 1 - b_d, d = 0, 1, \cdots, D-1, b = 0, 1, \cdots, 2^D - 1 \tag{8.12}$$

$$\boldsymbol{U}^{(b)} = \boldsymbol{U}^{(b)'}, \quad b = 0, 1, \cdots, 2^D - 1 \tag{8.13}$$

$$\boldsymbol{V}^{(b)} = \boldsymbol{V}^{(b)'}, \quad b = 0, 1, \cdots, 2^D - 1 \tag{8.14}$$

其中，b_d 表示整数 b 对应的二进制向量 $\boldsymbol{b}$ 的第 d 个分量。那么初始化条件(8.6)成立。♡

证明　由式(8.2)～式(8.4)以及问题假设可知

$$\begin{aligned}
&\left(\prod_{d=D-1}^{q+1}\prod_{i=N_d-1}^{1}\boldsymbol{G}_{i,d}(z_d)\right)\left(\prod_{i=N_q-3}^{1}\boldsymbol{G}_{i,q}(z_q)\right)\left(\prod_{d=q-1}^{0}\prod_{i=N_d-1}^{1}\boldsymbol{G}_{i,d}(z_d)\right)\boldsymbol{E}_0(\boldsymbol{z})\\
=&\left(\prod_{d=D-1}^{q+1}\prod_{i=N_d-1}^{1}\boldsymbol{G}'_{i,d}(z_d)\right)\left(\prod_{i=N_q-3}^{1}\boldsymbol{G}'_{i,q}(z_q)\right)\left(\prod_{d=q-1}^{0}\prod_{i=N_d-1}^{1}\boldsymbol{G}'_{i,d}(z_d)\right)\boldsymbol{E}'_0(\boldsymbol{z})
\end{aligned} \tag{8.15}$$

$$\begin{aligned}
&\boldsymbol{G}_{N_q-1,q}(z_q)\boldsymbol{G}_{N_q-2,q}(z_q)\\
=&\operatorname{diag}(\boldsymbol{I}_{M/2}, -\boldsymbol{I}_{M/2})\boldsymbol{W}_M(z_q)\cdot\operatorname{diag}(\boldsymbol{I}_{M/2}, -\boldsymbol{I}_{M/2})\boldsymbol{W}_M(z_q) = z_q^{-1}\boldsymbol{I}_M
\end{aligned} \tag{8.16}$$

再结合式(8.1)可得

$$
\begin{aligned}
\boldsymbol{E}(\boldsymbol{z}) &= \left(\prod_{d=D-1}^{0}\prod_{i=N_d-1}^{1}\boldsymbol{G}_{i,d}(z_d)\right)\boldsymbol{E}_0(\boldsymbol{z})\\
&= \left(\prod_{d=D-1}^{q+1}\prod_{i=N_d-1}^{1}\boldsymbol{G}_{i,d}(z_d)\right)\\
&\quad\cdot\left(\boldsymbol{G}_{N_q-1,q}(z_q)\boldsymbol{G}_{N_q-2,q}(z_q)\prod_{i=N_q-3}^{1}\boldsymbol{G}_{i,q}(z_q)\right)\\
&\quad\cdot\left(\prod_{d=q-1}^{0}\prod_{i=N_d-1}^{1}\boldsymbol{G}_{i,d}(z_d)\right)\boldsymbol{E}_0(\boldsymbol{z})\\
&= \left(\prod_{d=D-1}^{q+1}\prod_{i=N_d-1}^{1}\boldsymbol{G}_{i,d}(z_d)\right)\left(z_q^{-1}\prod_{i=N_q-3}^{1}\boldsymbol{G}_{i,q}(z_q)\right)\\
&\quad\cdot\left(\prod_{d=q-1}^{0}\prod_{i=N_d-1}^{1}\boldsymbol{G}_{i,d}(z_d)\right)\boldsymbol{E}_0(\boldsymbol{z})\\
&= z_q^{-1}\left(\prod_{d=D-1}^{q+1}\prod_{i=N_d-1}^{1}\boldsymbol{G}_{i,d}(z_d)\right)\left(\prod_{i=N_q-3}^{1}\boldsymbol{G}_{i,q}(z_q)\right)\\
&\quad\cdot\left(\prod_{d=q-1}^{0}\prod_{i=N_d-1}^{1}\boldsymbol{G}_{i,d}(z_d)\right)\boldsymbol{E}_0(\boldsymbol{z})\\
&= z_q^{-1}\left(\prod_{d=D-1}^{q+1}\prod_{i=N_d-1}^{1}\boldsymbol{G}'_{i,d}(z_d)\right)\left(\prod_{i=N_q-3}^{1}\boldsymbol{G}'_{i,q}(z_q)\right)\\
&\quad\cdot\left(\prod_{d=q-1}^{0}\prod_{i=N_d-1}^{1}\boldsymbol{G}'_{i,d}(z_d)\right)\boldsymbol{E}'_0(\boldsymbol{z})\\
&= z_q^{-1}\boldsymbol{E}'(\boldsymbol{z})
\end{aligned}
\tag{8.17}
$$

由引理 8.1 可知初始化条件(8.6)成立。证毕。 □

通过定理 8.2，采用类似文献 [8] 的方式，容易初始化自由可逆矩阵包含的自由参数（Givens 旋转角和正对角元）。详见文献 [8] 的附录 A。

8.5 初始化例子

对初始化之后的滤波器组进行优化，可以得到更好的滤波器组。执行优化过程中，可对编码增益、止带能量、直流泄漏的加权和进行最小化。设置滤波器组正则 [9,10]，可以使直流泄漏为零。此时只需最小化编码增益与止带能量的加权和，取它们的加权系数分别为 0.8 和 0.2。

考虑取样为 $\boldsymbol{M}=\mathrm{diag}(4,4)$、滤波器组的阶为 $[2,2]^{\mathrm{T}}$、$\boldsymbol{\beta}=[2,2]^{\mathrm{T}}$ 的情形，此时滤波器组的支撑大小为 14×14。表 8-1 列出了初始化结合后续优化所生成滤波器组的性能指标，参与比较的包括常量初始化和随机初始化。常量初始化设置 Givens 旋转角初值为 π、正对角元为 2^{π}。随机初始化，其优化过程执行 20 次，取其中的最优结果。本章的 $[2,2]^{\mathrm{T}}$ 阶滤波器组由 $[2,0]^{\mathrm{T}}$ 阶滤波器组初始化再结合后续优化得到，而 $[2,0]^{\mathrm{T}}$ 阶滤波器组由 $[0,0]^{\mathrm{T}}$ 阶滤波器组初始化继而优化得到。$[0,0]^{\mathrm{T}}$ 阶滤波器组的自由参数相对较少，采用随机初始化再结合后续优化也很容易获得实用滤波器组。

由表 8-1 可知，本章的初始化取得了最优的加权结果，因为它的初始滤波器组具有较好的性质。图 8-1 给出了本章初始化经优化所得滤波器组的频率响应，展示了较好的频率区分能力。随机初始化的加权指标排第二，虽然接近本章滤波器组，但其实是执行多次优化才取得的结果。考虑到单次优化执行时间长达 8h 左右，随机初始化的效率是不理想的。常量初始化的编码增益最好，但较差的止带能量使其加权指标最差，这表明其优化过程陷入了局部极小。图 8-2 给出了常量初始化经优化所得滤波器组的频率响应，较差的止带能量使得其中的四个滤波器频率区分能力欠佳。

表 8-1　初始化所得滤波器组的性能指标

初始化方法	编码增益/dB	止带能量/dB	加权指标
常量初始化	**11.82**	−18.09	5.83
随机初始化	11.59	−11.23	7.03
本章初始化	11.61	**−11.20**	**7.04**

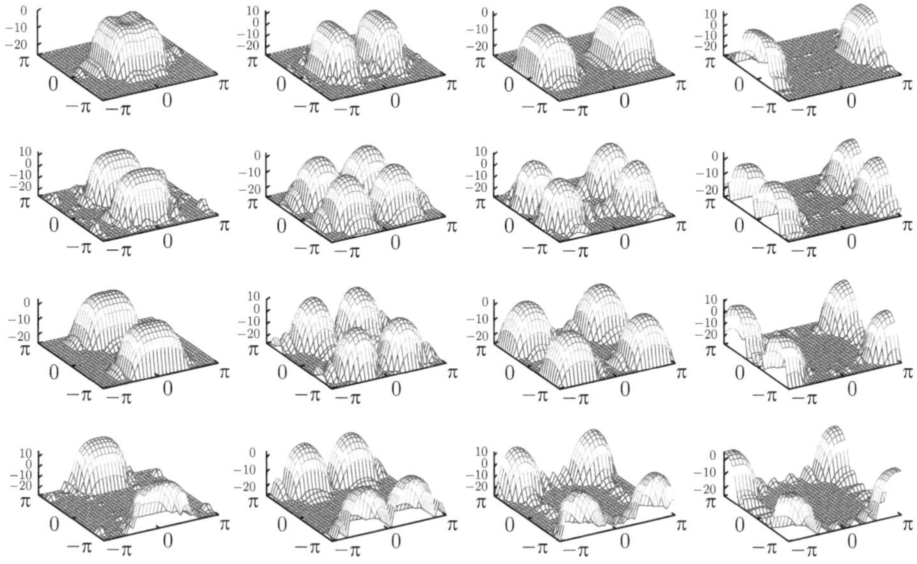

(a) 分析滤波器组

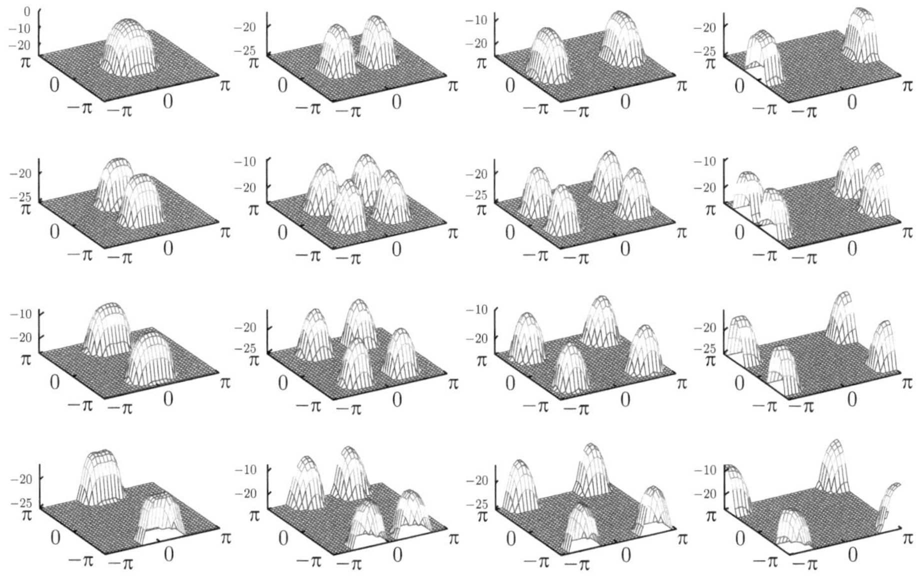

(b) 合成滤波器组

图 8-1 本章初始化经优化所得滤波器组的频率响应
横轴: x 轴频率/rad; 纵轴: y 轴频率/rad; 垂轴: 幅度响应/dB

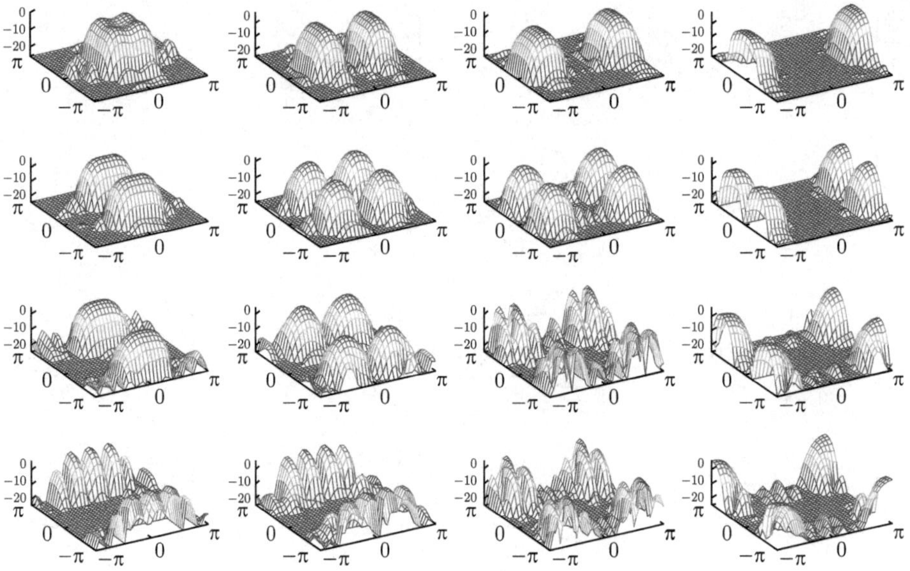

(a) 分析滤波器组

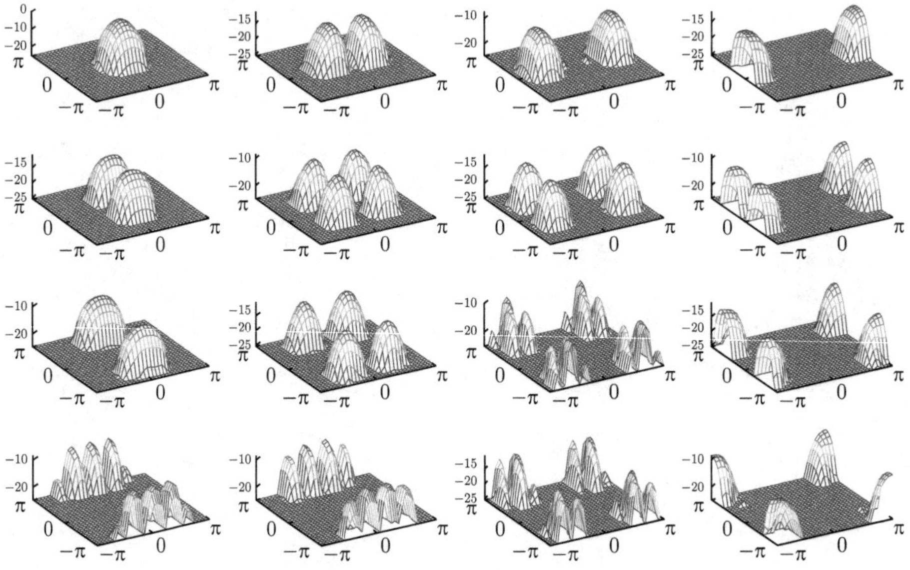

(b) 合成滤波器组

图 8-2 常量初始化经优化所得滤波器组的频率响应

横轴: x 轴频率/rad; 纵轴: y 轴频率/rad; 垂轴: 幅度响应/dB

8.6 本章小结

本章初步探索了偶数带广义支撑多维滤波器组的初始化，遵循低阶初始化高阶的思路。由于低阶的实用滤波器组容易获得，所得初始化结合后续优化可确保生成实用滤波器组。初始化的初步结果只适合高、低阶滤波器组的阶差向量各分量为偶数的情形。阶差分量包含奇数的情形，其初始化难度较大，留待进一步探索。虽然本章没有研究奇数带情形的初始化，不过由于此时的阶差向量各分量肯定是偶数[5]，因此奇数带情形的初始化很容易由偶数带情形的结果直接推广得到。

参考文献

[1] Muramatsu S, Yamada A, Kiya H. A design method of multidimensional linear-phase paraunitary filter banks with a lattice structure. IEEE Transactions on Signal Processing, 1999, 47(3): 690-700.

[2] Muramatsu S, Han D, Kobayashi T, et al. Directional lapped orthogonal transform: Theory and design. IEEE Transactions on Image Processing, 2012, 21(5): 2434-2448.

[3] Muramatsu S, Furuya K, Yuki N. Multidimensional nonseparable oversampled lapped transforms: Theory and design. IEEE Transactions on Signal Processing, 2017, 65(5): 1251-1264.

[4] Parfieniuk M, Petrovsky A. Dependencies between coding gain and filter length in paraunitary filter banks designed using quaternionic approach. European Signal Processing Conference, Poznan, 2007: 1327-1331.

[5] Gao X, Li B, Xiao F. Lattice structure for generalized-support multidimensional linear phase perfect reconstruction filter bank. IEEE Transactions on Image Processing, 2013, 22(12): 4853-4864.

[6] Gan L, Ma K K. Oversampled linear-phase perfect reconstruction filterbanks: Theory, lattice structure and parameterization. IEEE Transactions on Signal Processing, 2003, 51(3): 744-759.

[7] Gan L, Ma K K. A simplified lattice factorization for linear-phase perfect reconstruction filter bank. IEEE Signal Processing Letters, 2001, 8(7): 207-209.

[8] Li B, Gao X. A method for initializing free parameters in lattice structure of linear phase perfect reconstruction filter bank. Signal Processing, 2014, 98: 243-251.

[9] Oraintara S, Tran T D, Heller P N, et al. Lattice structure for regular paraunitary linearphase filterbanks and M-band orthogonal symmetric wavelets. IEEE Transactions on Signal Processing, 2001, 49(11): 2659-2672.

[10] Oraintara S, Tran T D, Nguyen T Q. A class of regular biorthogonal linear-phase filterbanks: Theory, structure, and application in image coding. IEEE Transactions on Signal Processing, 2003, 51(12): 3220-3235.

第 9 章　LPPRFB 的应用

本章将格型结构设计的以及初始化结合优化得到的滤波器组应用于图像处理。使用的滤波器组包括两类，一类是组合多相设计构造的多维广义支撑 LPPRFB（详见第 5 章），另一类是初始化方法对应的一维广义支撑 LPPRFB（详见 7.3 节）。关于前一类滤波器组，重点在于验证其折中性（即折中滤波器支撑与滤波器组性能），故后面只简单描述它的一种图像处理，即图像压缩。

9.1　图 像 压 缩

9.1.1　多维广义支撑 LPPRFB 的图像压缩

1. 实验滤波器组

第 5 章由组合多相设计得到的广义支撑多维 LPPRFB（GSMDLPPRFB），经编码增益指标优化之后可用于图像压缩。为得到更好的图像压缩滤波器组，需考虑止带能量、直流泄漏等其他指标。低止带能量使滤波器具有更好的频率区分能力，低直流泄漏降低了重构图像中的键盘瑕疵。这两个指标的定义如下：

$$C_{\text{stop}} = 10\lg\left(\sum_{k=0}^{M-1}\int_{\Omega_k}|H_k(\boldsymbol{\omega})|^2+|F_k(\boldsymbol{\omega})|^2\mathrm{d}\boldsymbol{\omega}\right)$$

$$C_{\text{DC}} = 10\lg\left(\sum_{k=1}^{M-1}\left|H_k(\boldsymbol{z})|_{\boldsymbol{z}=\boldsymbol{1}}\right|+\left|F_k(\boldsymbol{z})|_{\boldsymbol{z}=\boldsymbol{1}}\right|\right)$$

其中，Ω_k 是滤波器 H_k 与 F_k 的止带。采用文献 [1] 和 [2] 的方法，设置滤波器组满足正则性可使它的直流泄漏为零。

这里设置 GSMDLPPRFB 正则，同时采用编码增益与止带能量对其优化，即使用如下适用度函数：

$$C = \lambda C_{\text{coding gain}} + (1-\lambda)(-C_{\text{stop}})$$

其中，$0 \leqslant \lambda \leqslant 1$。

实验考虑滤波器组取样矩阵 $\boldsymbol{M} = \mathrm{diag}(4,4)$ 的情形。参与实验的滤波器组包括二维 DCT，以及经由上述优化得到的三个 GSMDLPPRFB：它们的阶均为

$[0,0]^{\mathrm{T}}$，而 $\boldsymbol{\beta}$ 参数分别为 $[0,0]^{\mathrm{T}}$、$[4,4]^{\mathrm{T}}$、$[2,2]^{\mathrm{T}}$。这四个滤波器的支撑长度分别为 4×4、4×4、8×8 和 6×6，其中前三个滤波器组属于特殊 GSMDLPPRFB，即约束支撑多维 LPPRFB，可通过替换文献 [3] 的滤波器组格型结构包含的自由正交矩阵为自由可逆矩阵得到；最后一个滤波器组属于着重分析的情形，即一般 GSMDLPPRFB。这个 6×6 的一般 GSMDLPPRFB 的频率响应如图 9-1 所示。

2. 实验设置

1) 匹配滤波器组的压缩算法

上述的实验滤波器组将应用于图像压缩，使用 SPIHT 编码算法 [4] 但无算术编码。SPIHT 算法对图像经滤波变换后的各级子图系数进行编码，一级的子图系数在下一级包含四个子系数。该算法的有效性在于系数与其子系数具有统计上相同的不重要性，即系数幅值较小时其子系数幅值往往也较小。

系数与子系数构成四叉树结构，则源于原始 SPIHT 算法所用滤波器组的取样矩阵 $\boldsymbol{M}=\mathrm{diag}(2,2)$，这使得图像的每一级变换包含 4 个子图。本章所用滤波器组的取样矩阵 $\boldsymbol{M}=\mathrm{diag}(4,4)$，因而每一级变换包含 16 个子图。为使用原始 SPIHT 算法，需对子图系数进行重排。重排过程需满足两个要求：①每一级变换包含 4 个子图；②系数与其 4 个子系数具有统计上相同的不重要性。

对图像进行一级变换，可得如图 9-2(a) 所示的 16 个子图 $A_{1,j},j=0,1,\cdots,15$，每个子图的大小为原始图像的 1/16；相应变换滤波器频率响应的分布与图 9-1 相同。要进行两级变换，则以子图 $A_{1,0}$ 为输入进行图 9-2(a) 的变换，同样得到 16 个子图；更多级变换的实现类似。不失一般性，这里只关注图 9-2(a) 的一级变换情形。为满足重排要求一（即每一级变换包含 4 个子图），可把一级变换修改为 $\boldsymbol{M}=\mathrm{diag}(2,2)$ 取样下的两级变换，如图 9-2(b) 所示。为满足要求二（即系数与其 4 个子系数具有统计上相同的不重要性），重排后的子图 $B_{i,j}$ 需小心构造，特别是第一级子图 $B_{1,j}$。

事实上，重排后的第二级子图满足

$$B_{2,0}=A_{1,0},\quad B_{2,1}=A_{1,1},\quad B_{2,2}=A_{1,4},\quad B_{2,3}=A_{1,5}$$

第一级子图满足

$$B_{1,1}=f^{(2)}(A_{1,2},0,0)+f^{(2)}(A_{1,3},0,1)+f^{(2)}(A_{1,6},1,0)+f^{(2)}(A_{1,7},1,1)$$

$$B_{1,2}=f^{(2)}(A_{1,8},0,0)+f^{(2)}(A_{1,9},0,1)+f^{(2)}(A_{1,12},1,0)+f^{(2)}(A_{1,13},1,1)$$

$$B_{1,3}=f^{(2)}(A_{1,10},0,0)+f^{(2)}(A_{1,11},0,1)+f^{(2)}(A_{1,14},1,0)+f^{(2)}(A_{1,15},1,1)$$

其中，函数 $f^{(n)}(A,r,c)$ 表示对图像 A 同时进行横向和列向向上 n 采样，r 和 c 为采样位置参数。记函数输出为 B，其大小是输入 A 的 $n\times n$ 倍，相当于 A

的每一个系数单元格对应 B 的 $n\times n$ 个单元格。在上采样过程中 B 的这 $n\times n$ 个单

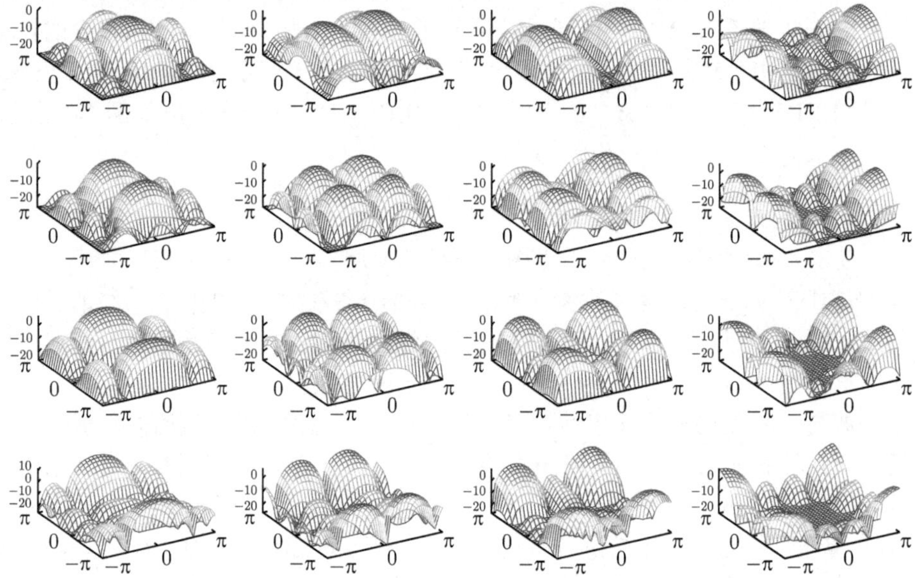

(a) 分析滤波器组

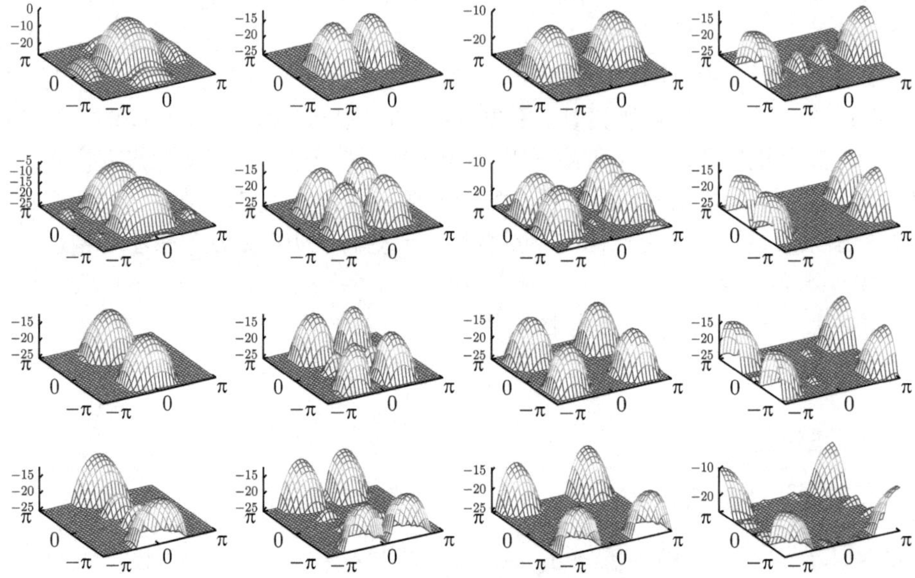

(b) 合成滤波器组

图 9-1 一般 GSMDLPPRFB 的频率响应

横轴: x 轴频率/rad; 纵轴: y 轴频率/rad; 垂轴: 幅度响应/dB

元格的 (r,c) 坐标填充 A 的对应系数，其他单元格填充零。例如当 $(r,c)=(0,1)$ 时，图 9-3(a) 数据经向上二采样，变换为图 9-3(b) 的形式。

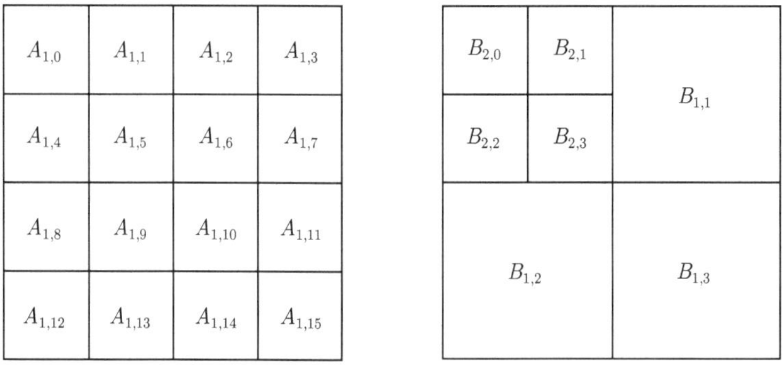

(a) $\boldsymbol{M}=\mathrm{diag}(4,4)$，一级变换　(b) $\boldsymbol{M}=\mathrm{diag}(2,2)$，两级变换

图 9-2　滤波器组对图像进行变换的子图分布

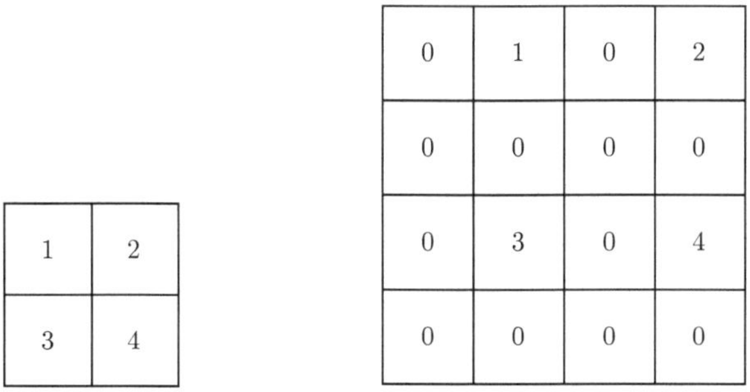

(a) 原始数据　(b) 采样后数据，$n=2$，$(r,c)=(0,1)$

图 9-3　上采样示例

回到重排问题，下面给出一个 $\boldsymbol{M}=\mathrm{diag}(4,4)$ 取样下一级变换重排的例子。图 9-4(a) 是重排前的子图；图 9-4(b) 是重排后的子图，相当于 $\boldsymbol{M}=\mathrm{diag}(2,2)$ 取样下的两级变换。实验图像进行三级变换，因而等价于原始 SPIHT 算法下的六级变换。

2) 实验图像

实验处理的图像包括 512×512 的八位 Peppers 与 Barbara 图像，分别为典型的光滑图像与纹理图像，如图 9-5 所示。

1	2	5	6	9	10	13	14
3	4	7	8	11	12	15	16
17	18	21	22	25	26	29	30
19	20	23	24	27	28	31	32
33	34	37	38	41	42	45	46
35	36	39	40	43	44	47	48
49	50	53	54	57	58	61	62
51	52	55	56	59	60	63	64

(a) 重排前

1	2	5	6	9	13	10	14
3	4	7	8	25	29	26	30
17	18	21	22	11	15	12	16
19	20	23	24	27	31	28	32
33	37	34	38	41	45	42	46
49	53	50	54	57	61	58	62
35	39	36	40	43	47	44	48
51	55	52	56	59	63	60	64

(b) 重排后

图 9-4　滤波变换子图重排示例

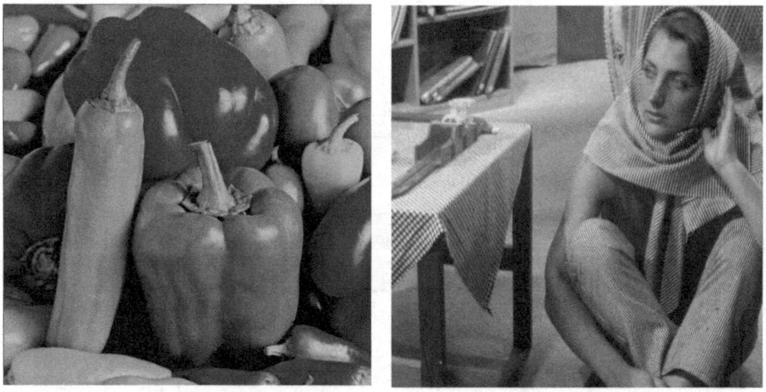

(a) Peppers　　(b) Barbara

图 9-5　实验图像

3) 评价指标

采用峰值信噪比（peak signal to noise ratio，PSNR）评价压缩性能。该指标计算原始图像与压缩图像的差异，具体公式如下：

$$\mathrm{PSNR} = 10\lg\left(\frac{255^2}{\mathrm{MSE}}\right)$$

$$\mathrm{MSE} = \frac{1}{MN}\sum_{i=0}^{M-1}\sum_{j=0}^{N-1}\left(X(i,j) - Y(i,j)\right)^2$$

其中，X、Y 分别为 $M \times N$ 的原始图像和压缩图像；(i,j) 表示像素坐标。

3. 实验结果

针对不同压缩比，表 9-1 列出了压缩图像的 PSNR，同时也给出了所用滤波器支撑。可以看到，一般 GSMDLPPRFB（$\boldsymbol{\beta}=[2,2]^{\mathrm{T}}$ 情形）的压缩性能介于 $\boldsymbol{\beta}=[0,0]^{\mathrm{T}}$ 情形与 $\boldsymbol{\beta}=[4,4]^{\mathrm{T}}$ 情形之间，因而它确实可以折中滤波器支撑与滤波器组性能。

支撑为 4×4 的二维 DCT 可由文献 [3] 扩展的约束支撑多维 LPPRFB 或本书的 GSMDLPPRFB 表示。尽管对 Peppers 图像，二维 DCT 优于本章的 4×4 的 GSMDLPPRFB，但处理 Barbara 图像时它不及本章的滤波器组。此外，由表 9-1 可知，支撑为 6×6 的一般 GSMDLPPRFB 的压缩性能总是优于二维 DCT。

表 9-1 一般 GSMDLPPRFB（倒数第 2 列）与约束支撑多维 LPPRFB（倒数第 1 与倒数第 3 列）的图像压缩性能比较

图像	压缩比	二维 DCT 4×4	$\boldsymbol{\beta}=[0,0]^{\mathrm{T}}$ 4×4	$\boldsymbol{\beta}=[2,2]^{\mathrm{T}}$ 6×6	$\boldsymbol{\beta}=[4,4]^{\mathrm{T}}$ 8×8
Peppers	8:1	37.43	37.25	37.69	37.97
	16:1	34.62	34.35	35.20	35.50
	32:1	31.48	31.30	32.38	32.81
	64:1	28.38	28.27	29.44	29.80
Barbara	8:1	33.21	33.26	33.97	35.12
	16:1	28.39	28.54	29.10	30.11
	32:1	25.43	25.52	25.78	26.52
	64:1	23.35	23.31	23.53	24.14

一般 GSMDLPPRFB 可以折中滤波器支撑与滤波器组性能的现象，也可通过比较具体的压缩图像得到。图 9-6 给出了压缩比为 64:1 的 Peppers 图像。由图可知，DCT 和 $\beta=[0,0]^{\mathrm{T}}$ 的滤波器组压缩的图像具有明显的键盘效应。与之对比，一般 GSMDLPPRFB（$\beta=[2,2]^{\mathrm{T}}$）压缩的图像中键盘效应显著减弱，而 $\beta=[4,4]^{\mathrm{T}}$ 的滤波器组压缩的图像几乎没有键盘效应，达到了最佳视觉效果。值得一提的是，尽管一般 GSMDLPPRFB 的整体性能不及 $\beta=[4,4]^{\mathrm{T}}$ 的滤波器组，但局部细节的处理上仍有可能超越后者。从图 9-6(c) 和 (d) 可知，对于最下面的辣椒柄（位于图像右下部分的最底端），一般 GSMDLPPRFB 处理的结果是轮廓清晰的，而 $\beta=[4,4]^{\mathrm{T}}$ 的滤波器组所得结果的细节比较模糊。由上述讨论可知，一般 GSMDLPPRFB 确实可以折中滤波器支撑与滤波器组性能，而且局部细节处理上还可能超越支撑稍大的约束支撑滤波器组。

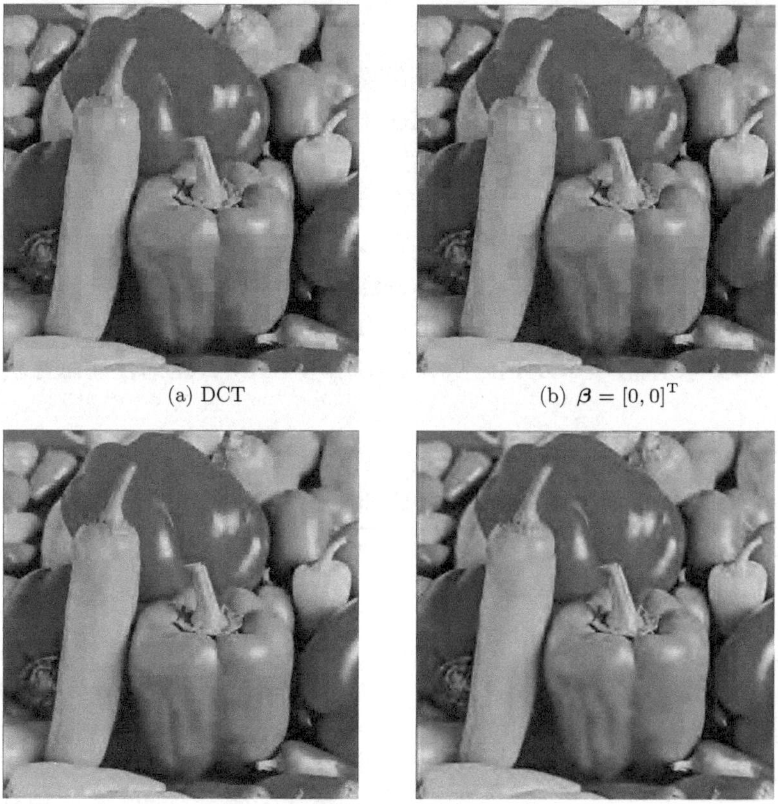

(a) DCT　(b) $\boldsymbol{\beta}=[0,0]^{\mathrm{T}}$

(c) $\boldsymbol{\beta}=[2,2]^{\mathrm{T}}$　(d) $\boldsymbol{\beta}=[4,4]^{\mathrm{T}}$

图 9-6　压缩比为 64:1 的 Peppers 图像

图 9-6 以光滑图像为例，分析了一般 GSMDLPPRFB 的折中作用；而图 9-7 将给出针对纹理图像的情形，即压缩比为 32:1 的 Barbara 图像。由图可知，DCT 和 $\boldsymbol{\beta}=[0,0]^{\mathrm{T}}$ 的滤波器组压缩的图像，键盘效应使得人物脸部模糊不清。一般 GSMDLPPRFB（$\boldsymbol{\beta}=[2,2]^{\mathrm{T}}$）压缩的图像，人物脸部要清晰光滑得多。当然，$\boldsymbol{\beta}=[4,4]^{\mathrm{T}}$ 的滤波器组压缩的图像，人物脸部更清晰，特别是人物眼部。类似于光滑图像的处理，处理纹理图像时，一般 GSMDLPPRFB 的局部细节的处理能力也有可能超越 $\boldsymbol{\beta}=[4,4]^{\mathrm{T}}$ 的滤波器组。从图 9-7(c) 和 (d) 可以看到，对于靠近人物左手的桌腿垂直边缘（位于图像的中部），一般 GSMDLPPRFB 处理的结果是清晰锐利的，而 $\boldsymbol{\beta}=[4,4]^{\mathrm{T}}$ 的滤波器组所得结果包含光晕瑕疵。这个压缩例子不仅展示了一般 GSMDLPPRFB 的折中作用，也显示了它在某些局部细节处理上优于支撑稍大的约束支撑滤波器组。

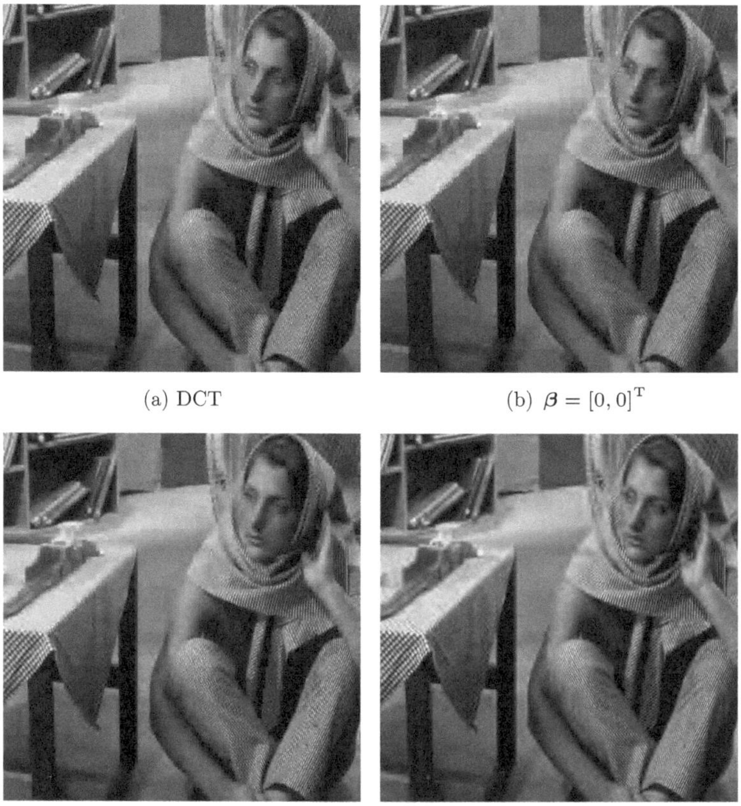

(a) DCT (b) $\boldsymbol{\beta}=[0,0]^{\mathrm{T}}$

(c) $\boldsymbol{\beta}=[2,2]^{\mathrm{T}}$ (d) $\boldsymbol{\beta}=[4,4]^{\mathrm{T}}$

图 9-7 压缩比为 32:1 的 Barbara 图像

9.1.2 一维广义支撑 LPPRFB 的图像压缩

1. 实验滤波器组

7.3 节的初始化方法及随后优化生成的一维广义支撑（任意长度）LPPRFB（即 7.3 节表 7-3 的 ALLPPRFB，以及表 7-4 的 ALLPPUFB）将用于图像压缩。选用其中的 8 带长度为 14 的滤波器组参与实验，包括完全重构情形与仿酉情形；参与比较的是 Tran 等 [5] 的等长滤波器组。这些滤波器组的频率响应如图 9-8 与图 9-9 所示。

2. 实验设置

1) 匹配滤波器组的压缩算法

应用于图像压缩的是上面提到的一维 8 带滤波器组，它们相当于取样为 $\boldsymbol{M}=\mathrm{diag}(8,8)$ 的二维 64 带滤波器组。图像压缩采用不带算术编码的 SPIHT 算法 [4]，类似于 9.1.1 节，使用该算法之前也需对子图系数进行重排。

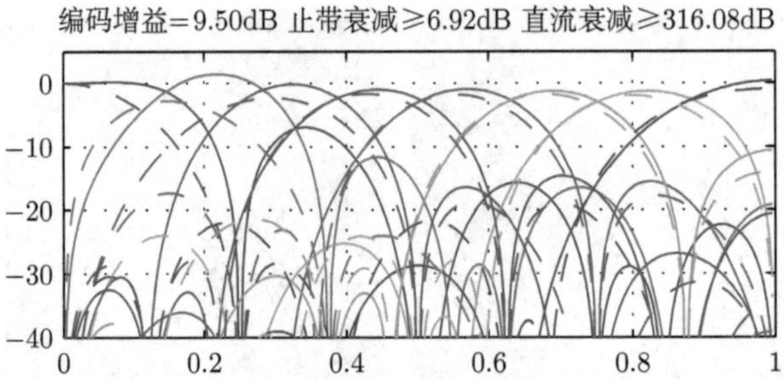

(a) Tran等[5] 的滤波器组

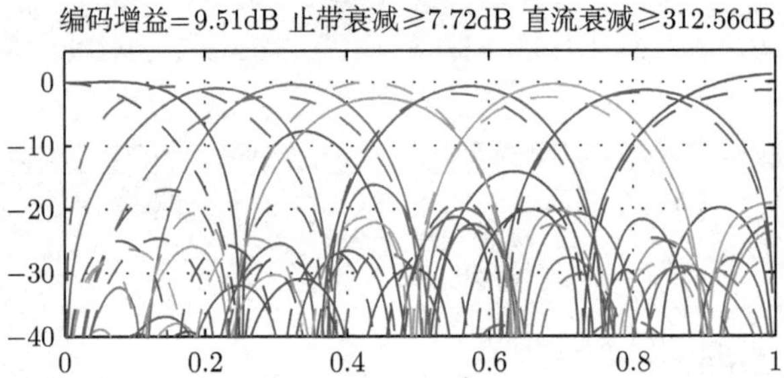

(b) DCT-$\frac{1}{6}$

图 9-8　8 带长度为 14 的任意长度滤波器组（完全重构情形）

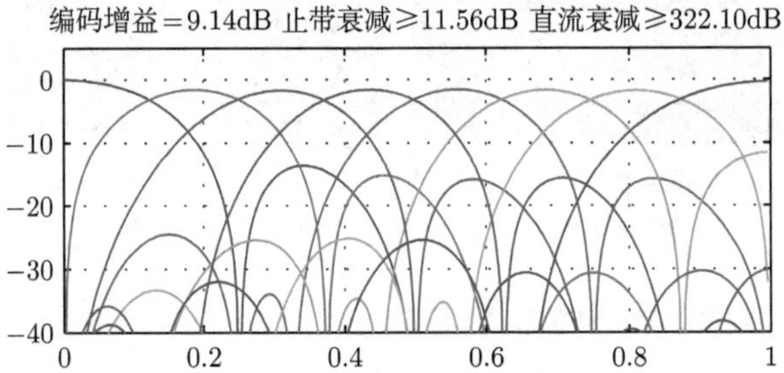

(a) Tran等[5] 的滤波器组

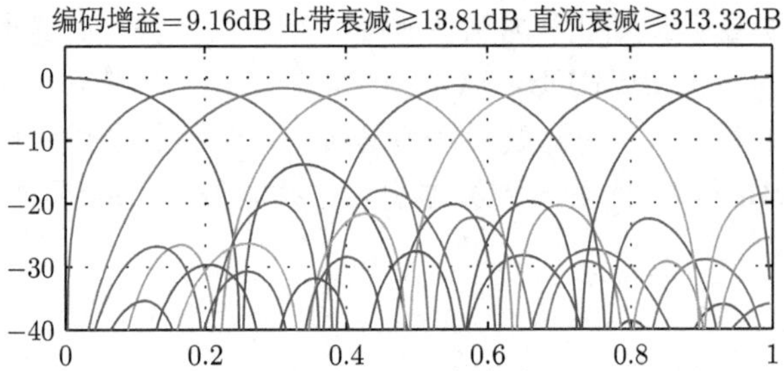

(b) DCT-$\frac{1}{2}$-$\frac{1}{4}$-$\frac{1}{6}$

图 9-9　8 带长度为 14 的任意长度滤波器组（仿酉情形）

重排过程描述如下。对图像进行一级变换，可得如图 9-10(a) 所示的 64 个子图。可把它变换成 $\boldsymbol{M}=\operatorname{diag}(2,2)$ 取样下的三级变换，如图 9-10(b) 所示。重排后的第三级子图满足

$$B_{3,0}=A_{1,0},\quad B_{3,1}=A_{1,1},\quad B_{3,2}=A_{1,8},\quad B_{3,3}=A_{1,9}$$

重排后的第二级子图满足

$$B_{2,1}=f^{(2)}(A_{1,2},0,0)+f^{(2)}(A_{1,3},0,1)+f^{(2)}(A_{1,10},1,0)+f^{(2)}(A_{1,11},1,1)$$
$$B_{2,2}=f^{(2)}(A_{1,16},0,0)+f^{(2)}(A_{1,17},0,1)+f^{(2)}(A_{1,24},1,0)+f^{(2)}(A_{1,25},1,1)$$
$$B_{2,3}=f^{(2)}(A_{1,18},0,0)+f^{(2)}(A_{1,19},0,1)+f^{(2)}(A_{1,26},1,0)+f^{(2)}(A_{1,27},1,1)$$

类似 9.1.1 节，函数 $f^{(n)}(A,r,c)$ 表示对图像 A 同时进行横向和列向向上 n 采样，r、c 为采样位置参数。重排后的第三级子图满足

$$\begin{aligned}
B_{3,1}=&f^{(4)}(A_{1,4},0,0)+f^{(4)}(A_{1,5},0,1)+f^{(4)}(A_{1,6},0,2)+f^{(4)}(A_{1,7},0,3)\\
&+f^{(4)}(A_{1,12},1,0)+f^{(4)}(A_{1,13},1,1)+f^{(4)}(A_{1,14},1,2)+f^{(4)}(A_{1,15},1,3)\\
&+f^{(4)}(A_{1,20},2,0)+f^{(4)}(A_{1,21},2,1)+f^{(4)}(A_{1,22},2,2)+f^{(4)}(A_{1,23},2,3)\\
&+f^{(4)}(A_{1,28},3,0)+f^{(4)}(A_{1,29},3,1)+f^{(4)}(A_{1,30},3,2)+f^{(4)}(A_{1,31},3,3)\\
B_{3,2}=&f^{(4)}(A_{1,32},0,0)+f^{(4)}(A_{1,33},0,1)+f^{(4)}(A_{1,34},0,2)+f^{(4)}(A_{1,35},0,3)\\
&+f^{(4)}(A_{1,40},1,0)+f^{(4)}(A_{1,41},1,1)+f^{(4)}(A_{1,42},1,2)+f^{(4)}(A_{1,43},1,3)\\
&+f^{(4)}(A_{1,48},2,0)+f^{(4)}(A_{1,49},2,1)+f^{(4)}(A_{1,50},2,2)+f^{(4)}(A_{1,51},2,3)\\
&+f^{(4)}(A_{1,56},3,0)+f^{(4)}(A_{1,57},3,1)+f^{(4)}(A_{1,58},3,2)+f^{(4)}(A_{1,59},3,3)\\
B_{3,3}=&f^{(4)}(A_{1,36},0,0)+f^{(4)}(A_{1,37},0,1)+f^{(4)}(A_{1,38},0,2)+f^{(4)}(A_{1,39},0,3)\\
&+f^{(4)}(A_{1,44},1,0)+f^{(4)}(A_{1,45},1,1)+f^{(4)}(A_{1,46},1,2)+f^{(4)}(A_{1,47},1,3)\\
&+f^{(4)}(A_{1,52},2,0)+f^{(4)}(A_{1,53},2,1)+f^{(4)}(A_{1,54},2,2)+f^{(4)}(A_{1,55},2,3)\\
&+f^{(4)}(A_{1,60},3,0)+f^{(4)}(A_{1,61},3,1)+f^{(4)}(A_{1,62},3,2)+f^{(4)}(A_{1,63},3,3)
\end{aligned}$$

处理实际图像的重排例子见图 9-11。重排前是 $\boldsymbol{M}=\operatorname{diag}(8,8)$ 取样下的一级变换，重排后得到 $\boldsymbol{M}=\operatorname{diag}(2,2)$ 取样下的三级变换。

$A_{1,0}$	$A_{1,1}$	$A_{1,2}$	$A_{1,3}$	$A_{1,4}$	$A_{1,5}$	$A_{1,6}$	$A_{1,7}$
$A_{1,8}$	$A_{1,9}$	$A_{1,10}$	$A_{1,11}$	$A_{1,12}$	$A_{1,13}$	$A_{1,14}$	$A_{1,15}$
$A_{1,16}$	$A_{1,17}$	$A_{1,18}$	$A_{1,19}$	$A_{1,20}$	$A_{1,21}$	$A_{1,22}$	$A_{1,23}$
$A_{1,24}$	$A_{1,25}$	$A_{1,26}$	$A_{1,27}$	$A_{1,28}$	$A_{1,29}$	$A_{1,30}$	$A_{1,31}$
$A_{1,32}$	$A_{1,33}$	$A_{1,34}$	$A_{1,35}$	$A_{1,36}$	$A_{1,37}$	$A_{1,38}$	$A_{1,39}$
$A_{1,40}$	$A_{1,41}$	$A_{1,42}$	$A_{1,43}$	$A_{1,44}$	$A_{1,45}$	$A_{1,46}$	$A_{1,47}$
$A_{1,48}$	$A_{1,49}$	$A_{1,50}$	$A_{1,51}$	$A_{1,52}$	$A_{1,53}$	$A_{1,54}$	$A_{1,55}$
$A_{1,56}$	$A_{1,57}$	$A_{1,58}$	$A_{1,59}$	$A_{1,60}$	$A_{1,61}$	$A_{1,62}$	$A_{1,63}$

(a) $\boldsymbol{M} = \mathrm{diag}(8, 8)$，一级变换

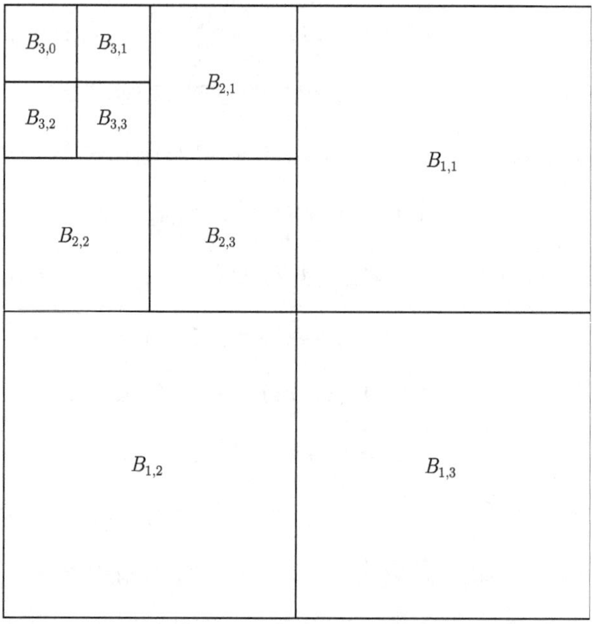

(b) $\boldsymbol{M} = \mathrm{diag}(2, 2)$，三级变换

图 9-10　滤波器组对图像进行变换的子图分布

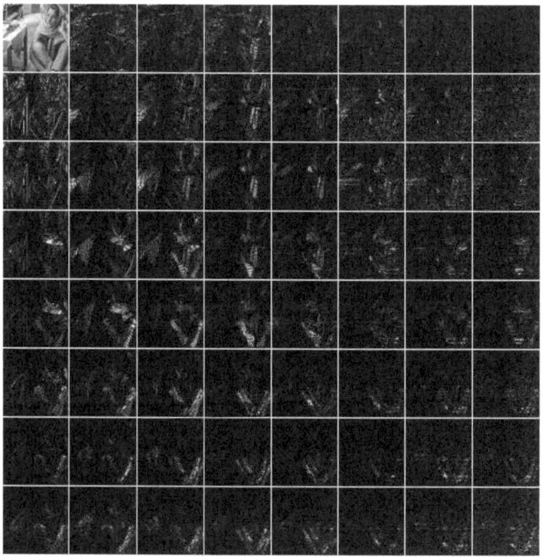

(a) $\boldsymbol{M}=\mathrm{diag}(8, 8)$, 一级变换

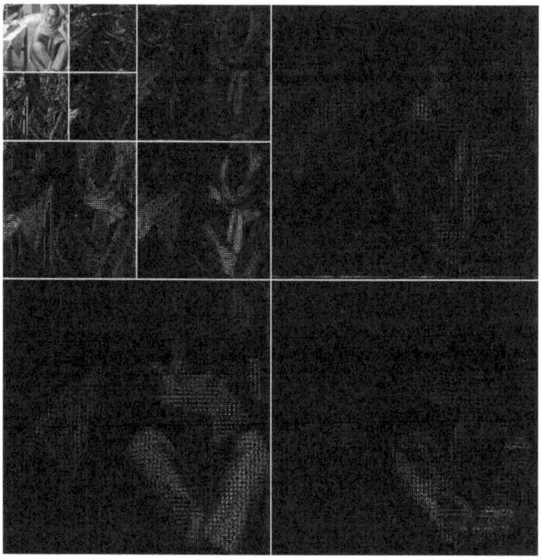

(b) $\boldsymbol{M}=\mathrm{diag}(2, 2)$, 三级变换

图 9-11 实际图像的滤波变换子图重排示例

压缩实验中，图像进行两级变换，等价于原始 SPIHT 算法下的六级变换。

2) 实验图像与评价指标

实验处理的是 512×512 的八位图像，除了 Peppers 与 Barbara，还包括 Girl 与 Boats。评价指标为压缩图像的 PSNR。

3. 实验结果

表 9-2 列出了不同压缩比下图像的 PSNR，其中的第 3 列对应 DCT 滤波器组，第 4 列与第 5 列对应图 9-9 的两个 8×14 的 ALLPPUFB，第 6 列与第 7 列对应图 9-8 的两个 8×14 的 ALLPPRFB。表 9-2 第 4 列与第 6 列是 Tran 等 [5] 设计的滤波器组，第 5 列与第 7 列对应本书的滤波器组。

表 9-2　本书的滤波器组（第 5 列与第 7 列）与传统滤波器组（第 4 列与第 6 列）的图像压缩性能比较

图像	压缩比	DCT 8×8	Tran 等 [5] 8×14(PU)	DCT-$\frac{1}{2}$-$\frac{1}{4}$-$\frac{1}{6}$ 8×14(PU)	Tran 等 [5] 8×14(PR)	DCT-$\frac{1}{6}$ 8×14(PR)
Girl	16:1	37.29	37.63	**37.65**	37.89	37.83
	32:1	33.70	34.12	**34.16**	34.60	34.51
	64:1	30.50	30.85	**30.89**	31.57	31.51
	128:1	27.64	27.85	**27.86**	28.83	28.63
Peppers	16:1	35.23	35.44	35.43	35.58	35.53
	32:1	32.08	32.58	32.58	33.03	33.00
	64:1	28.74	29.04	**29.05**	29.76	**29.92**
	128:1	25.79	25.99	25.97	26.72	**26.82**
Barbara	16:1	29.58	30.47	**30.61**	30.64	30.54
	32:1	26.03	26.56	**26.68**	26.83	**26.87**
	64:1	23.68	24.09	**24.13**	24.22	**24.38**
	128:1	21.98	21.96	**21.97**	22.42	22.26
Boats	16:1	32.97	33.27	**33.28**	33.66	33.43
	32:1	29.40	29.60	**29.64**	30.06	29.85
	64:1	26.49	26.70	**26.73**	27.16	27.03
	128:1	24.27	24.42	**24.44**	24.80	24.79

由表 9-2 可知，对于不同图像与压缩比的大约一半的情形，本书的滤波器组优于文献 [5] 同样大小（即 8×14）与同样类型（ALLPPUFB 或 ALLPPRFB）的滤波器组。因此，本书初始化生成的滤波器组，其应用性能确实可能优于文献已发表的传统滤波器组。

图 9-12 给出了压缩比为 64∶1 的 Peppers 图像。图中第一行对应仿酉滤波器组的压缩结果，相比 Tran 等的滤波器组，本书滤波器组对标记处辣椒柄的处理效果更好，具有更少的杂块因而更清晰。图中第二行是完全重构滤波器组的压缩结果，Tran 等的滤波器组处理的标记处辣椒萼具有不清晰边缘，导致萼片断裂；而本书滤波器组处理的萼片是清晰完整的。

图 9-12 针对的是光滑图像，图 9-13 针对的是纹理图像，给出了压缩比为 64∶1 的 Barbara 图像。图中第一行对应仿酉滤波器组的压缩结果，相比 Tran 等的滤波器组，本书滤波器组对标记处围巾的处理效果更好，保留了更多的物件固有纹理。图中第二行是完全重构滤波器组的压缩结果，Tran 等的滤波器组处理的标记

处裤子失去了大量的固有纹理；本书滤波器组对纹理的保持效果要好得多。

(a) Tran等（PU）

(b) DCT-$\frac{1}{2}$-$\frac{1}{4}$-$\frac{1}{6}$ (PU)

(c) Tran等（PR）

(d) DCT-$\frac{1}{6}$ (PR)

图 9-12　压缩比为 64:1 的 Peppers 图像

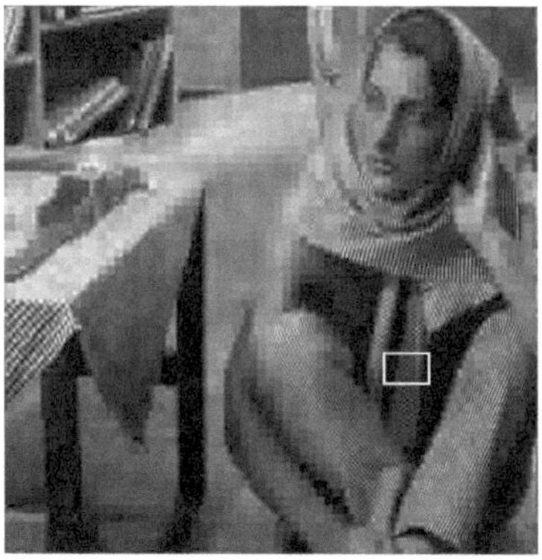

(a) Tran等（PU）

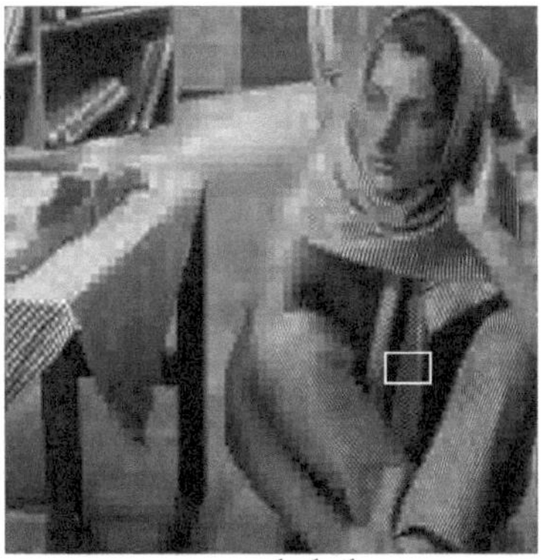

(b) DCT-$\frac{1}{2}$-$\frac{1}{4}$-$\frac{1}{6}$ (PU)

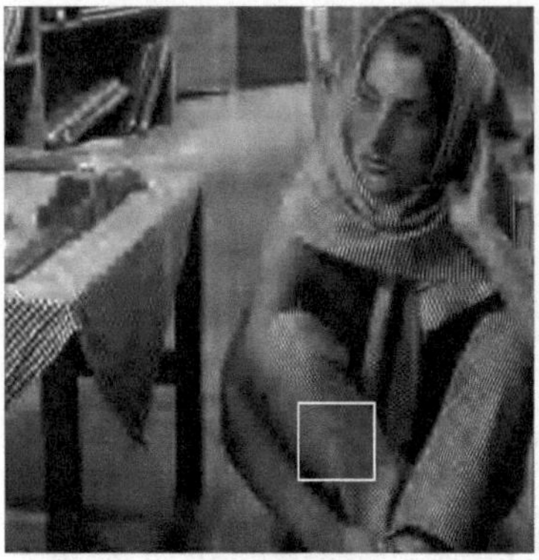

(c) Tran等（PR）

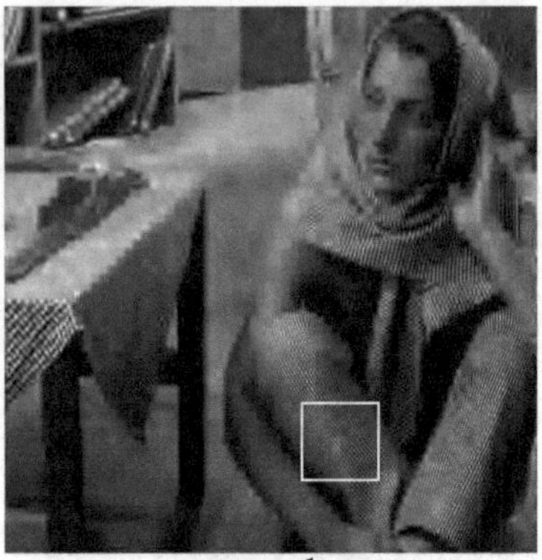

(d) DCT-$\frac{1}{6}$(PR)

图 9-13　压缩比为 64:1 的 Barbara 图像

9.2　图 像 融 合

9.2.1　实验滤波器组

遥感图像融合选用的滤波器组与 9.1.2 节相同，即一维 8 带长度为 14 的滤波器组。为描述简洁，这里只考虑完全重构滤波器组，而不考虑仿酉滤波器组。参与比较的是 Tran 等 [5] 构造的等长滤波器组。这些滤波器组的频率响应如图 9-8 所示。

9.2.2　实验设置

1. 遥感图像融合算法

遥感图像融合输入的是全色图像和多光谱图像。全色图像是灰度图像，它清晰但无光谱信息；多光谱图像是彩色图像，它有光谱信息但不清晰。融合输出图像（即融合图像）不仅清晰而且包含光谱信息，能够为后续应用提供更有效的数据。图 9-14 给出了遥感图像融合的示例。

融合过程需对输入图像进行滤波变换。这里使用非抽取变换 [6]，相对一般的抽取变换，它具有平移不变性，从而避免所处理图像出现光晕效应。对于原始图像，采用实验滤波器组进行两级非抽取变换，得到的变换图像如图 9-15 所示。图 9-15(a) 和 (b) 分别对应第一级变换和第二级变换，每一级变换包含 64 个与原始图像大小相同的子图，每个子图对应一个二维滤波器的变换结果。这些二维滤波器由实验所用的 8 个一维滤波器通过两两张量方式得到，因而共有 64 个。

多光谱图像经滤波变换，其光谱信息集中于低频子图 [即图 9-15(a) 或 (b) 最左上角的一个子图]，空间细节信息集中于高频子图 [即图 9-15(a) 或 (b) 除最左上角之外的其他 63 个子图]。全色图像经滤波变换，其空间细节信息集中于高频子图。由于全色图像的空间细节信息远多于多光谱图像，因而组合多光谱图像的低频子图与全色图像的高频子图所得融合图像将兼具多光谱图像的光谱信息与全色图像的空间细节信息。

(a) 全色图像　(b) 多光谱图像

(c) 融合图像

图 9-14　遥感图像融合示例

融合过程采用一级滤波变换，类似于文献 [7] 融合算法可描述如下：

第 1 步：变换全色图像 P，得到低频子图 P_0 和高频子图 $P_1, P_2, \cdots, P_{63}$。

第 2 步：变换多光谱图像 M 的 R 通道，得到低频子图 R_0 和高频子图 $R_1, R_2, \cdots, R_{63}$。

第 3 步：替换 P 的低频子图为 R 的低频子图，再对 P 的所有子图进行逆变换，即得到融合图像 F 的 R 通道。

第 4 步：采用类似的方式可得融合图像 F 的 G 通道和 B 通道。

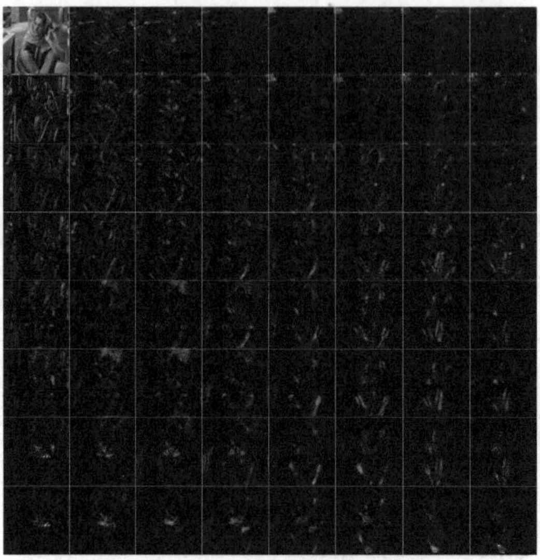

(a) 第一级变换

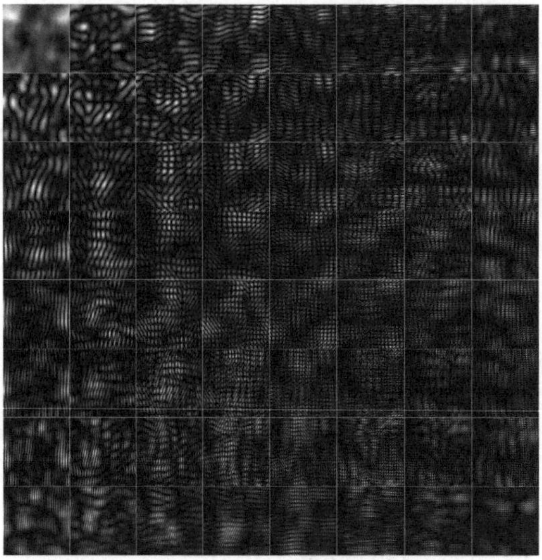

(b) 第二级变换

图 9-15　非抽取变换

2. 实验图像

实验处理的图像包括两组 256×256 的全色图像和多光谱图像，它们如图 9-16 所示。

3. 评价指标

评价融合图像质量，需计算其光谱失真度和空间分辨率。光谱失真度利用光谱扭曲（distortion，Dis）[8] 表示，定义为

$$\mathrm{Dis}(b)=\frac{1}{M\times N}\sum_{i=0}^{M-1}\sum_{j=0}^{N-1}|F(b,i,j)-M(b,i,j)|$$

其中，$M\times N$ 为图像大小；F 与 M 分别为融合图像和多光谱图像；$b=0,1,2$ 分别对应图像的 R、G、B 三通道。光谱扭曲 Dis 越小，意味着融合图像保留了更多的光谱信息。

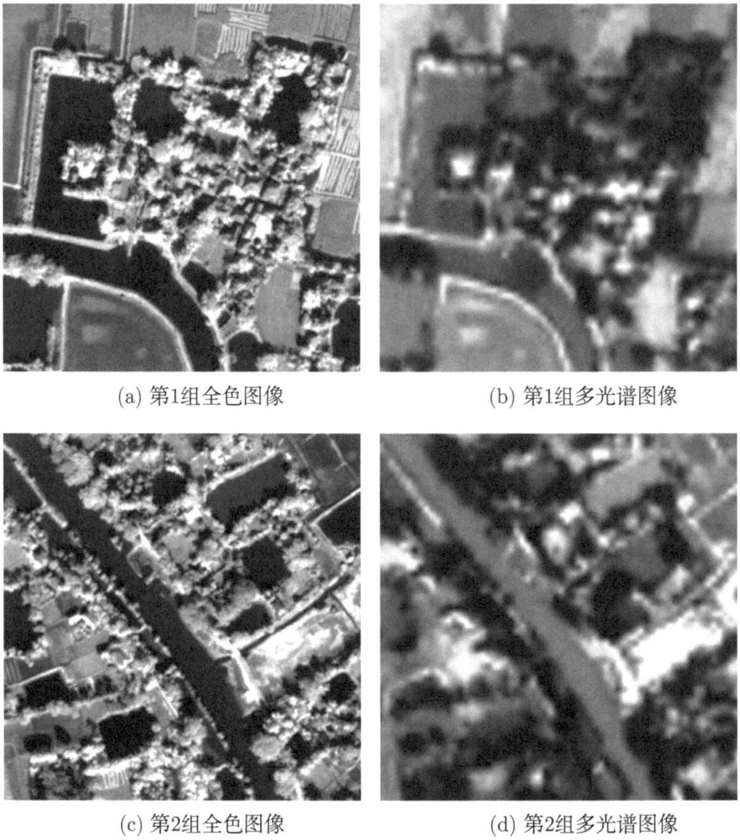

(a) 第1组全色图像　(b) 第1组多光谱图像

(c) 第2组全色图像　(d) 第2组多光谱图像

图 9-16　全色图像和多光谱图像

空间分辨率利用空间相关系数（spatial correlation coefficient，sCC）[9] 表示，定义为

$$\mathrm{sCC}(b)=\frac{\sum_{i=0}^{M-1}\sum_{j=0}^{N-1}\left(Q(i,j)-\overline{Q}\right)\left(S(b,i,j)-\overline{S}(b)\right)}{\sqrt{\left[\sum_{i=0}^{M-1}\sum_{j=0}^{N-1}\left(Q(i,j)-\overline{Q}\right)\right]^2\left[\sum_{i=0}^{M-1}\sum_{j=0}^{N-1}\left(S(b,i,j)-\overline{S}(b)\right)\right]^2}}$$

其中,Q 是高通滤波后的全色图像;S 是高通滤波后的多光谱图像且其中 $b=0,1,2$ 分别对应图像的 R、G、B 三通道；$\overline{Q}$ 和 $\overline{S}(b)$ 分别表示相应图像的均值。此处的高通滤波器为

$$\begin{bmatrix} -1 & -1 & -1 \\ -1 & 8 & -1 \\ -1 & -1 & -1 \end{bmatrix}$$

空间相关系数 sCC 的值越大，意味着空间分辨率越高。

9.2.3 实验结果

表 9-3 列出了两组全色图像和多光谱图像融合所得图像的指标，其中第 4 列对应 Tran 等 [5] 的滤波器组，第 5 列对应本书的滤波器组。由表可知，Tran 等 [5] 的滤波器组保留更多的光谱信息，本书的滤波器组的空间分辨率更高。

表 9-3　本书的滤波器组（第 5 列）与传统滤波器组（第 4 列）的遥感图像融合性能比较

图像	指标	通道	Tran 等 [5] 8×14 (PR)	DCT-$\frac{1}{6}$ 8×14 (PR)
第 1 组	Dis	R	22.620	22.656
		G	24.548	24.585
		B	25.360	25.400
		平均	24.176	24.213
	sCC	R	0.93356	**0.93372**
		G	0.95585	**0.95591**
		B	0.96287	**0.96294**
		平均	0.95076	**0.95086**
第 2 组	Dis	R	23.856	23.899
		G	25.490	25.537
		B	27.052	27.102
		平均	25.466	25.513
	sCC	R	0.92383	**0.92400**
		G	0.94711	**0.94722**
		B	0.96285	**0.96295**
		平均	0.94460	**0.94472**

图 9-17 和图 9-18 给出了两组全色图像和多光谱图像的融合结果。从视觉上看，本书的滤波器组和 Tran 等[5] 的滤波器组的融合结果几乎相同。

(a) Tran等

(b) DCT-$\frac{1}{6}$

图 9-17　第 1 组全色图像和多光谱图像的融合结果

(a) Tran等

(b) DCT-$\frac{1}{6}$

图 9-18　第 2 组全色图像和多光谱图像的融合结果

总体来说，本书的滤波器组与 Tran 等[5] 的滤波器组性能几乎相当。具体指标上，两者各有所强；本书的滤波器组得到了更高的空间分辨率，Tran 等的滤波器组获得了更丰富的光谱信息。

9.3 图像去噪

9.3.1 实验滤波器组

图像去噪选用的滤波器组与 9.1.2 节相同，即一维 8 带长度为 14 的滤波器组。去噪算法的推导大多假设变换滤波器组正交[10]，事实上同样支撑下正交（仿西）滤波器组往往优于完全重构滤波器组。故相应实验只考虑仿酉滤波器组，参与比较的主要是 Tran 等 [5] 构造的等长滤波器组。这些滤波器组的频率响应如图 9-9 所示。

9.3.2 实验设置

1. 图像去噪算法

假设噪声图像包含高斯白噪声。采用滤波器组去噪，具体步骤如下。首先对噪声图像进行滤波变换，与 9.3.1 节的图像融合一样，本节使用非抽取变换 [6]。经验表明，进行一级变换即可，于是得到 64 个子图，$A_{1,1}, A_{1,2}, \cdots, A_{1,64}$。其中，$A_{1,1}$ 为低频子图，其余为高频子图。

然后对子图的噪声系数进行阈值化处理。噪声主要集中在高频子图，且相应系数绝对值较小。因而设置一个阈值，将高频子图的小系数清零即达到去噪效果。令 x 为高频子图系数，$\hat{x}$ 为处理后的系数，根据 Donoho 和 Johnstone [10] 的硬阈值公式可知

$$\hat{x} = \begin{cases} x, & |x| > t \\ 0, & |x| \leqslant t \end{cases}$$

其中，t 为阈值，参照文献 [11] 可选取 $t = 3\sigma$，σ 为噪声标准差。

最后对阈值处理后的子图进行逆变换，得到去噪图像。

2. 实验图像

实验处理的图像包括 512×512 的 Girl 图像和 Barbara 图像。前者是典型的光滑图像，后者是典型的纹理图像。

3. 评价指标

类似图像压缩，可以使用去噪图像的峰值信噪比 PSNR 评价去噪性能。

9.3.3 实验结果

表 9-4 列出了不同噪声标准差下去噪图像的 PSNR，其中第 6 列对应本书的滤波器组，第 5 列对应 Tran 等 [5] 的滤波器组，第 4 列对应 DCT 滤波器组，第 3 列对应噪声图像。

由表 9-4 可知，对于 Girl 图像，Tran 等的滤波器组优于本书的滤波器组。对于 Barbara 图像，本书的滤波器组更好。这表明本书的滤波器组更适合处理纹理图像。值得注意的是，处理低噪（$\sigma = 15$）光滑图像时，DCT 滤波器组优于本书和 Tran 等的滤波器组。不过在高噪光滑图像和纹理图像的处理上，本书和 Tran 等的滤波器组更好。

表 9-4 噪声图像和去噪图像的 PSNR

图像	σ	含噪图像	DCT 8×8	Tran 等的方法 [5] 8×14(PU)	DCT-$\frac{1}{2}$-$\frac{1}{4}$-$\frac{1}{6}$ 8×14(PU)
Girl	15	24.98	**33.35**	33.34	33.33
	20	22.53	31.74	**31.76**	31.75
	25	20.63	30.44	**30.48**	**30.48**
	30	19.09	29.34	**29.39**	**29.39**
	35	17.81	28.37	**28.43**	**28.43**
	40	16.71	27.52	**27.57**	**27.57**
Barbara	15	24.61	31.57	31.89	**31.92**
	20	22.16	29.88	30.27	**30.31**
	25	20.29	28.58	29.02	**29.07**
	30	18.78	27.52	27.99	**28.04**
	35	17.53	26.61	27.11	**27.17**
	40	16.47	25.81	26.32	**26.37**

图 9-19 给出了去噪后的 Girl 图像，其中 $\sigma=40$。图 9-19(a) 的含噪图像受到噪声的严重污染。图 9-19(b)~(d) 分别是 DCT 滤波器组、Tran 等的滤波器组与本书滤波器组得到的去噪图像，图像噪声都得到了明显的去除。这三幅去噪图像的 PSNR 分别是 27.52、27.57 和 27.57。本书的滤波器组和 Tran 等的滤波器组，两者所得图像的 PSNR 相同，视觉上几乎无差别。

图 9-20 给出了去噪后的 Barbara 图像，其中 $\sigma=40$。由图可知，含噪图像也被严重污染，而 DCT 滤波器组、Tran 等的滤波器组和本书滤波器组都达到了较好的去噪效果。从图 9-20(b)~(d) 标记处的衣物可知，本书的和 Tran 等的滤波

(a) 含噪Girl图像, σ=40

(b) DCT 去噪

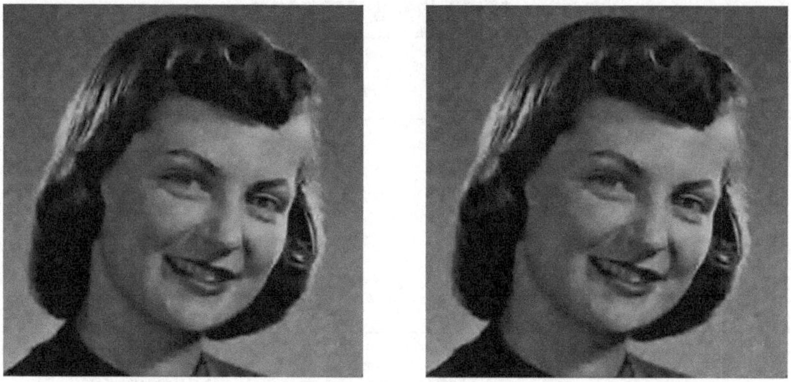

(c) Tran 等(PU)去噪　　(d) DCT-$\frac{1}{2}$-$\frac{1}{4}$-$\frac{1}{6}$ (PU)去噪

图 9-19　Girl 图像去噪

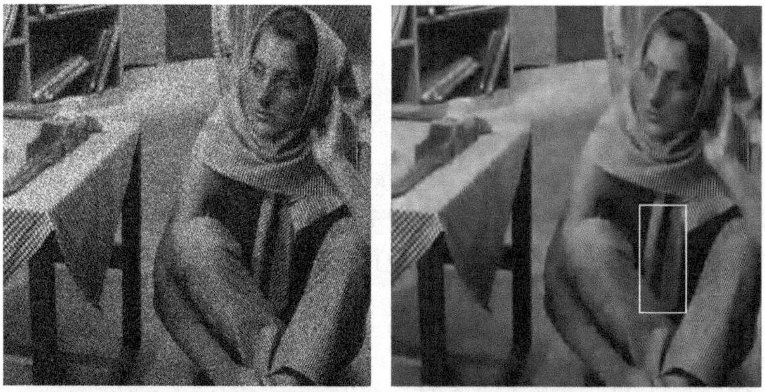

(a) 含噪 Barbara 图像， $\sigma = 40$　　(b) DCT去噪

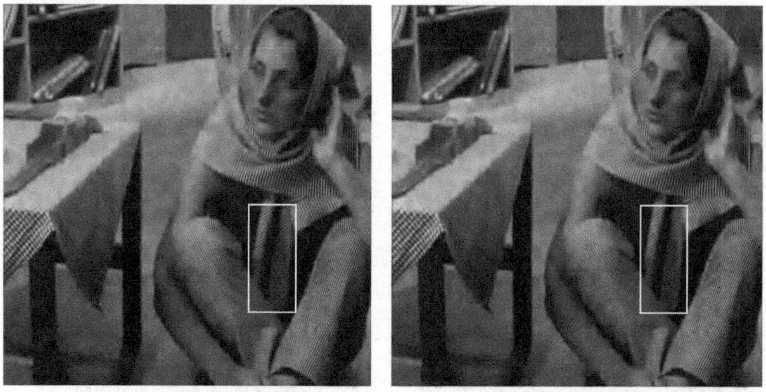

(c) Tran 等(PU)去噪　　(d) DCT-$\frac{1}{2}$-$\frac{1}{4}$-$\frac{1}{6}$ (PU)去噪

图 9-20　Barbara 图像去噪

器组明显优于 DCT 滤波器组，较好地恢复了衣物纹理。此外，本书滤波器组所得去噪图像的 PSNR 优于 Tran 等的滤波器组（26.37 v.s. 26.32）。

综上可知，本书的滤波器组相比 Tran 等[5] 的滤波器组，去噪的视觉效果几乎相当。具体指标上，Tran 等[5] 的滤波器组适合处理光滑图像，本书的滤波器组更适合处理纹理图像。

参 考 文 献

[1] Oraintara S, Tran T D, Heller P N, et al. Lattice structure for regular paraunitary linearphase filterbanks and M-band orthogonal symmetric wavelets. IEEE Transactions on Signal Processing, 2001, 49(11): 2659-2672.

[2] Oraintara S, Tran T D, Nguyen T Q. A class of regular biorthogonal linear-phase filterbanks: Theory, structure, and application in image coding. IEEE Transactions on Signal Processing, 2003, 51(12): 3220-3235.

[3] Muramatsu S, Yamada A, Kiya H. A design method of multidimensional linear-phase paraunitary filter banks with a lattice structure. IEEE Transactions on Signal Processing, 1999, 47(3): 690-700.

[4] Said A, Pearlman W A. A new, fast, and efficient image codec based on set partitioning in hierarchical trees. IEEE Transactions on Circuits and Systems for Video Technology, 1996, 6(3): 243-250.

[5] Tran T D, Liang J, Tu C. Lapped transform via time-domain pre- and post-filtering. IEEE Transactions on Signal Processing, 2003, 51(6): 1557-1571.

[6] Starck J L, Fadili J, Murtagh F. The undecimated wavelet decomposition and its reconstruction. IEEE Transactions on Image Processing, 2007, 16(2): 297-309.

[7] Li S, Kwok J T, Wang Y. Using the discrete wavelet frame transform to merge landsat TM and SPOT panchromatic images. Information Fusion, 2002, 3: 17-23.

[8] Chavez P S, Sides S C, Anderson J A. Comparison of three different methods to merge multiresolution and multispectral data: Landsat TM and SPOT panchromatic. Photogrammetric Engineering and Remote Sensing, 1991, 57: 295-303.

[9] Zhou J, Civco D L, Silander J A. A wavelet transform method to merge landsat TM and SPOT panchromatic data. International Journal of Remote Sensing, 1998, 19: 743-757.

[10] Donoho D L, Johnstone I M. Ideal spatial adaptation via wavelet shrinkage. Biometrika, 1994, 81: 425-455.

[11] Lu Y. Multidimensional Geometrical Signal Representation: Constructions and Applications. Urbana-Champaign: University of Illinois at Urbana-Champaign, 2007.

第 10 章 总结与展望

10.1 研究总结

线性相位完全重构滤波器组(LPPRFB)是数字信号领域广为使用的技术,格型结构是设计与实现 LPPRFB 最为有效的方式之一。当前约束支撑 LPPRFB 的格型结构理论已相当成熟，而广义支撑 LPPRFB（GSLPPRFB）的格型结构研究远未完善且存在一系列空白有待填补。此外，格型结构设计的 LPPRFB 已经结构性满足多种实用性质，优化其中的自由参数可以得到更好的滤波器组。相关优化对参数初值非常敏感，故而 LPPRFB 格型结构的参数初始化是一个重要的研究课题。另外，格型结构设计的 LPPRFB 最终要落实到工程应用，因而其应用研究也需要引起关注。为此，本书对 LPPRFB 格型结构的设计、参数的初始化以及应用展开了研究。

在 LPPRFB 格型结构的设计上，本书主要针对远未成熟的广义支撑 LPPRFB。①对一维严格采样情形，提出了组合多相设计、取舍变换设计与可逆设计，丰富了相关的格型结构设计理论。②对一维过采样情形，设计了所有可能情形下的格型结构，而已有方法只考虑了对称与反对称滤波器数目相等的情形。③对于多维严格采样情形，合理地限定了多维广义支撑，建立了多维广义支撑滤波器组满足线性相位的条件以及多维广义支撑 LPPRFB 的存在条件，设计了所有可能情形下的格型结构。④对于多维过采样情形，建立对称极性条件，设计了一系列格型结构，讨论了过采样在方向性滤波器组设计中的应用。

在 LPPRFB 格型结构的参数初始化上，本书的研究包括一维与多维情形，其中以一维为重点。对于一维情形，本书设计了两种初始化方法。一种方法采用低阶滤波器组初始化高阶目标滤波器组，侧重于约束支撑 LPPRFB 格型结构的参数初始化。另一种方法采用短滤波器组初始化长的目标滤波器组，侧重于广义支撑 LPPRFB 格型结构的参数初始化。由于低阶与短长度情形下的高性能滤波器组容易获得，所以这两种方法结合后续优化生成的滤波器组可确保是实用的。

在 LPPRFB 的应用方面，除了讨论同类文献广为报道的图像压缩之外，本书也探索了图像融合、图像去噪等应用。实验结果表明，本书的滤波器组展示了与同行报道的同类滤波器组相当甚至更优越的性能。

10.2 研究展望

LPPRFB 的研究意义重大，本书在 LPPRFB 格型结构的研究上取得了一定的成果，但还有很多工作有待进一步研究，希望在以后的工作中不断探索与完善。

在 LPPRFB 格型结构的设计方面，可以探索各种性质、设置下的新型 LPPRFB 研究。性质可以是对偶镜像（PMI）、插值等。广义支撑的 PMI 型 LPPRFB 的格型结构研究属于空白。插值型 LPPRFB 的格型结构设计属于研究难点。滤波器组重要的设计参数包括对称中心、滤波器重数等。目前，LPPRFB 的格型结构设计主要针对所有滤波器的对称中心相同的情形，显然各滤波器对称中心不尽相同的情形可以提供更多可能的选择，但相关研究比较粗浅，没有形成系统性结果。此外，目前 LPPRFB 的格型结构研究多关注一重滤波器组（单滤波器组），多重滤波器组（多滤波器组）的格型结构设计仅限特殊情形，更广泛的研究亟待进行。

在 LPPRFB 格型结构的优化上，一直面临一个问题，参数较多时相应优化很容易陷入局部极小甚至无法施行。因而巨多参数情形下，LPPRFB 格型结构的优化算法有待探索。以往文献多直接调用某仿真软件优化工具箱自带函数，然后所有参数在优化函数引导下一起调整。这样的优化过程有待提升，例如同一时间调整的参数可以设置为所有参数的一个子集，如此则巨多参数下的优化将变成较少参数下的优化，从而加快优化的收敛速度。这里存在一个值得探索的问题，即如何合理地划分 LPPRFB 格型结构参数的子集。

在 LPPRFB 的应用上，虽然本书已经探索了图像压缩、图像融合、图像去噪等应用，但还有很多应用也值得关注，如特征提取、图像水印、数字通信等。